개정판

선생님과 함께 하는

영재 물리 실험

개정판

선생님과 함께 하는
영재 물리 실험(CD포함)

지은이 • 장 기 완
펴낸이 • 조 승 식
펴낸곳 • (주)도서출판 북스힐
등록 • 제22-457호
주소 • 142-877 서울시 강북구 수유2동 240-225
www.bookshill.com
E-mail • bookswin@unitel.co.kr
전화 • 02-994-0071
팩스 • 02-994-0073

2010년 7월 10일 1판 1쇄 발행
2012년 1월 2일 개정판 1쇄 발행

값 20,000원
ISBN 978-89-5526-816-4

개정판

선생님과 함께 하는

영재 물리 실험

장기완 지음

북스힐

머리말

비교적 많은 학생들이 물리를 어렵다고 생각하는 경향이 있는 듯하다. 또한 우리가 관측하는 물리현상에 대한 실험을 수행하기 위해서는 많은 시간과 노력이 필요하다는 생각을 할 수 있으나, 그렇지 않은 경우도 많이 있다. 저자의 견해로는 대학생 및 중·고등학생을 대상으로 물리를 강의하면서 느낀 점은 암기 위주로 물리내용을 습득하려 한다는 점이다. 암기에 의존한 지식은 시험을 치르기 위해 짧은 시간에 지식을 습득하는 방법이 될 수 있을지는 모르나, 장기적으로는 본인을 위해서 올바른 방법은 아니다. 따라서 보다 정확한 개념을 이해하기 위해서는 실험과 병행된 교육이 일선 학교에서 진행되어야 하지만 현실적인 어려움이 있어서인지는 몰라도 아직까지는 강의 위주의 교육이 실시되는 경우가 많다.

이 책에서는 교사나 학생들이 비교적 쉽게 물리 개념을 이해하도록 간단한 실험방법과 함께 실험에 대한 동영상을 함께 수록하여 두었다. 대부분의 일선 학교에 빔 프로젝트가 설치되어 있으므로 이를 활용하면 학생들이 개념을 이해하는 데 도움이 되리라 생각한다. 따라서 실제로 실험을 하지 못하는 경우에 보다 확실하게 물리 개념을 이해하는 데 도움을 주도록 하였다. 이외에 많은 재미있는 물리실험들이 있으리라 생각되지만, 우선은 일선 학교나 가정에서 보다 쉽게 접근이 가능한 일부 실험에 대해서 수록하였으며, 부족한 내용에 대해서는 향후 점차 내용을 보충하고 보강하려고 한다. 한 가지 두려운 점은 이 책에서 제공한 동영상만을 봄으로써 교사나 학생들이 스스로 실험을 하면서 배우는 논리적인 사고의 증진과 아이디어를 빼앗는 어리석음을 범하는 결과를 가져오지 않을까 하는 것이다. 이 책은 짧은 시간 내에 보다 정확한 개념의 이해를 증진시키기 위한 하나의 보조수단이므로 스스로 실험을 직접 하면서, 이 책에서 제공하지 못하는 논리적 사고와 함께 창의성을 증진시키기를 바란다.

이 책에 수록된 일부 내용은 본인이 학회나 외국의 과학박물관 또는 인터넷을 통하여 얻은 것으로 평소, 교사나 학생들에게 알려주면 물리 개념을 이해하는 데 도움이 되리라 생각한 것들을 정리한 것이다. 혹시라도 본인의 부주의로 물리내용의 이해에 있어서 오해하는 일이 없기를 바라며, 독자들의 지적을 기대한다.

창원대학교 영재교육원

장 기 완

차례

빛의 특성 이해하기

01

물리량의 기본단위와
물리량을 간단히 표현하는 방법

물리량을 표현하는 기본단위 및 이 책의 내용을 이해하는 데 필요한 물리량을 수식으로 표현하는 방법에 대해 설명하였다. 처음 접하는 물리현상에 대한 설명을 읽다보면 부분적으로 어려움이 있을 수 있으나, 차근차근 따져가면서 읽고 이해를 한다면 논리적 사고력의 증진과 함께 이 책에서 설명한 내용을 이해하는 데 큰 도움이 되리라 생각한다.

1.1 물리량의 기본단위

물리량은 ① 길이, ② 질량, ③ 시간의 3가지를 기본으로 하여 표현된다. 이러한 3가지의 물리량을 표현하는 방법도 단위를 무엇으로 사용하느냐에 따라서 구별이 되기도 하지만, 이 책에서는 현재 국제적으로 통용되고 있는 단위를 기본으로 설명하고자 한다.

① 길이(m)

길이에 대한 표준은 각 나라마다 기원이 서로 다른데, 현재 길이에 대한 기본단위로 사용되는 "미터"에 대해서만 설명하고자 한다. 1미터는 프랑스 파리를 지나는 경도의 적도에서 북극까지 거리의 1/10,000,000로 정의되어 이를 바탕으로 열에 의한 팽창이나 수축이 잘 안되는 백금과 이리듐의 합금으로 만든 특수 막대에 두 눈금을 새기어 이를 표준 길이로 사용하였다. 그러다가, 1970년대에는 "크립톤 86"이라는 광원에서 방출되는 적황색 빛의 파장의 1,650,763.73배에 해당하는 길이를 1미터(m)로 정의하여 사용하다가 1983년 10월부터 현재까지는 진공 속에서 빛이 1/299,792,458초 동안 진행한 거리로 정의되어 사용되고 있다. 이는 진공 속에서 빛의 속력이 299,792,458 m/sec 임을 의미하기도 한다.

② 질량(kg)

질량에 대한 표준은 프랑스 국제 도량형국에 보관되어 있는 백금과 이리듐의 합금으로 만든 원통형 막대의 질량으로 정의되었으며, 이러한 표준 질량은 1887년에 설정되어 현재까지 사용되고 있다. 이러한 질량에 대한 표준 원기를 똑같이 복제한 질량 표준이 각 나라의 표준 연구원에 배부되어 이를 기준으로 질량에 대한 표준을 만들어 사용하고 있다.

③ 시간(sec)

1960년 이전까지 시간의 표준은 태양이 하늘에서 가장 높게 위치한 시점부터 다음날 가장 높게 위치할 때까지의 시간 간격인 평균 태양일을 이용하여 1초=(1/60)(1/60)(1/24)

(1/365)가 정의되었다. 하지만 지구의 자전운동이 조금씩 변하므로, 1967년 시간의 표준으로 원자번호 133번인 세슘(Cs) 원자의 고유진동수를 기준으로 다시 정의되었으며, 현재는 세슘 원자로부터 나오는 빛이 9,192,631,770회 진동할 때 걸리는 시간을 1초로 정의하여 사용되고 있다. 미국 표준연구원에서 개발된 세슘원자는 2천만 년 동안 1초도 틀리지 않을 정도로 정확하며 세슘원자의 진동수를 시간의 기본으로 사용하는 경우에, 세계 어디서나 같은 값을 가지므로 사용하기에 매우 편리하다.

위에서 설명한 것처럼 물리량을 표현하는 3개의 기본단위는 미터(m), 킬로그램(kg), 초(sec)로 구성되며, 이를 기본으로 구성된 단위계를 M.K.S 단위계(또는 S.I 단위계)라고 한다.

1.2 물리량에는 어떠한 것들이 있을까?

물리량은 크게 2가지로 구분하여 사용되고 있다. ① 면적 또는 부피와 같이 크기만으로 설명이 가능한 물리량을 "스칼라량"이라고 하며 ② "오른쪽으로 초당 8 m로 달린다"와 같이 방향과 크기를 모두 언급해야 설명이 가능한 물리량을 "벡터량"이라고 한다. 이처럼 물리량은 크게 "스칼라량과 벡터량"의 2가지로 구분하여 사용되고 있다.

① 스칼라량

물체의 크기나 부피, 질량, 온도, 일 등을 표현하는 경우에는 방향을 같이 표시할 필요는 없다. 또한 "자동차는 시속 150 km/h로 달릴 수 있다거나 비행기는 시속 800 km/h로 날아갈 수 있어" 등과 같이 단순히 물체의 이동하는 정도가 빠르거나 느린 정도를 표현할 때에도 방향을 표시할 필요는 없다. 이처럼 물체의 크기, 부피, 질량, 속력 및 온도 등에 속하는 물리량처럼 크기만으로도 설명이 충분한 물리량을 스칼라량이라고 한다.

② 벡터량

물체에 어떤 힘을 가해주는 경우에 어느 방향으로 얼마의 크기를 가해주었는지 또는 물체를 회전시키는 경우, 회전축으로부터 얼마만큼 떨어진 지점에 힘을 작용하여 시계방향으로 회전시켰는지 아니면 반시계방향으로 회전시켰는지를 표현해야 상대방이 상황을 보다 완벽하게 이해를 하게 된다. 또한 사람이 어디를 갔다고 하는 경우에도 얼마나 빨리 그리고 어느 방향인지를 같이 제시해야 하는 경우도 있다. 이처럼 방향까지 제시해야 상대방이 보다 완전히 이해되는 물리량을 벡터량이라고 하는데 힘의 경우에 $\vec{F}$와 같이 힘(force)을 의미하는 기호 F 위에 화살표를 두어 벡터량을 표시하고 있다.

1.3 물리량의 간단한 수식 표현

1.2절에서 물리량은 크게 2가지로 구분하였는데 이들을 간단명료하게 표현하는 방법은 아마도 서로 간에 약속을 하고 수식을 이용하는 방법이라고 생각한다. 물리에서 수식은 어떤 물리현상을 가장 간단명료하게 표현할 수 있는 하나의 언어로 쓰이는데, 먼저 물리량을 표현하는 데 있어서 많이 사용되는 수식 표현에 대해서 간단히 설명하고자 한다.

일반적으로 물리량을 나타낼 때는 기호를 사용하게 되는데, 스칼라량을 나타내는 기호와 벡터량을 나타내는 기호는 약간 다르다. 예로서 온도(temperature), 길이(length) 및 질량(mass)과 같은 스칼라량들은 일반적으로 T, L 및 m과 같이 영어단어의 첫 문자로 표시하며, 힘, 속도(velocity) 및 가속도(acceleration)와 같은 벡터량들은 해당 단어의 첫 문자 위에 화살표를 두어 $\vec{F}$, $\vec{v}$ 및 $\vec{a}$와 같이 표현하는데 화살표는 해당되는 물리량이 방향도 가지고 있음을 의미한다. 앞에서 벡터량은 크기와 방향을 가지는 물리량이라고 하였는데 벡터량의 크기는 단순히 문자만으로 F, v 및 a와 같이 나타내거나 $|\vec{F}|$, $|\vec{v}|$ 및 $|\vec{a}|$ 와 같이 절대값으로 표현하기도 한다.

어떤 물리량을 더해 주거나 곱함에 있어 스칼라량의 덧셈 및 곱셈은 순서에 관계없이 해당 물리량을 더해주거나 곱해주면 되므로 비교적 간단하다. 즉, 길이가 각각 L_1인 막대와 L_2인 막대를 합하면 전체길이(L)는 $L = L_1 + L_2$이 되고, 가로가 L_1, 세로가 L_2인 직사각형의 면적(S)는 $S = L_1 \times L_2$이 된다. 하지만 크기와 방향을 나타내는 벡터량의 덧셈, 뺄셈 및 곱셈에 대해서는 순서가 중요한데 이에 대해서 간단히 알아보자.

1-3-1
두 벡터량의 덧셈 및 뺄셈

크기와 방향을 가지는 두 벡터량을 $\vec{A}$와 $\vec{B}$로 나타내고, 이들의 덧셈 및 뺄셈에 대해서 알아보자. $\vec{A}$와 $\vec{B}$를 더하는 경우에 그림 1-1(b)에서와 같이 $\vec{A}$의 끝에 $\vec{B}$의 시작점을 두어 $\vec{A}$의 시작점에서 $\vec{B}$의 끝점까지 연결하면 된다. 두 양을 더해서 얻어진 결과는 벡터량이 되며, 방향은 $\vec{A}$의 시작점에서 $\vec{B}$의 끝점까지 연결한 화살표의 방향이 두 양을 더해서 얻어진 벡터의 방향이 된다.

$\vec{A}$에서 $\vec{B}$를 빼는 경우에는 그림 1-1(c)에서와 같이 $\vec{A}$의 끝에 $-\vec{B}$의 시작점을 두고 $\vec{A}$의 시작점에서 $-\vec{B}$의 끝점까지 연결하면 된다. 물론 두 양을 빼서 얻어진 결과도 벡터량이 되며, 방향은 $\vec{A}$의 시작점에서 $-\vec{B}$의 끝점까지 연결한 화살표의 방향이 두 양을 빼서 얻어진 벡터의 방향이 된다. 여기서 $-\vec{B}$는 $\vec{B}$와 크기는 같으나, 방향이 반대인 벡터량을 의미한다는 것을 기억하자.

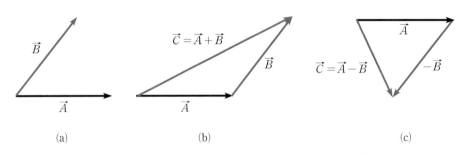

[그림 1-1] (a) 벡터 $\vec{A}$, $\vec{B}$ (b) 벡터 $\vec{A}$와 $\vec{B}$의 덧셈 (c) 벡터 $\vec{A}$와 $\vec{B}$의 뺄셈

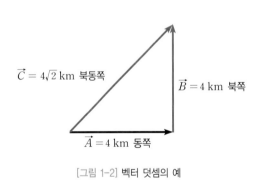

[그림 1-2] 벡터 덧셈의 예

위에서 언급한 벡터의 덧셈은 다음과 같은 경우에 적용이 된다. 즉, 처음에 있던 자리에서 동쪽으로 4 km로 걸은 후에, 다시 4 km로 북쪽을 향해서 걸으면 최종적으로 처음 위치에 대해서 어느 방향으로 얼마만큼 떨어진 곳에 도달하느냐 하는 문제를 다룰 때에 적용된다. 그림 1-2에 나타낸 바와 같이 처음에 동쪽으로 4 km로 걸은 것을 $\vec{A}$로 표현하였고, 후에 북쪽을 향하여 4 km로 걸은 것을 $\vec{B}$로 표현하였다. 이처럼 걸으면 처음 위치에 대해서 북동쪽으로 $4\sqrt{2}$ km 떨어진 지점에 도달한다는 것을 알 수 있고 이를 $\vec{C}$로 표현하였다. 이때 $\vec{C}$의 크기는 $4\sqrt{2}$ km, 방향은 북동쪽으로, $\vec{C}$는 북동쪽으로 $4\sqrt{2}$ km 떨어진 곳에 도달한다는 의미를 기호로 나타낸 것이다.

1-3-2
두 벡터의 곱셈

벡터의 곱셈에는 두 종류가 있다. 하나는 두 벡터를 곱하여 그 결과가 ⓐ 크기만을 가지는 스칼라 곱셈과 ⓑ 크기와 방향을 가지는 벡터 곱이 있는데 이에 대해서는 아래에 예를 들어 가면서 설명하고자 한다.

ⓐ 두 벡터의 스칼라 곱셈에 대한 수식 표현

어떤 물체에 힘을 가하여 물체의 위치를 변경하였다고 하였을 때, 물체에 일을 해주었다고 말한다.

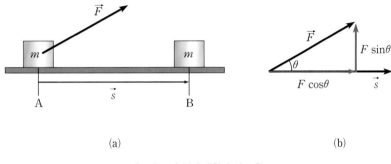

(a)   (b)

[그림 1–3] 일에 대한 수식 표현

그림 1–3에서와 같이 질량이 m인 물체에 힘($\vec{F}$)을 가하여 오른쪽으로 s(이동거리는 s이지만, 오른쪽이라는 방향이 제시되었으므로 크기와 방향을 나타내는 벡터량으로 $\vec{s}$와 같이 표현한다)만큼 이동시킨 경우에 한 일을 계산하여 보자.

그림 1–3에서 질량이 m인 물체를 "A"지점에서 "B"지점으로 이동시킨다고 할 때에, 물체에 가해준 힘 중에서 물체의 이동방향과 평행한 $F\cos\theta$라는 힘(그림 1–3(b)에서 빨강색으로 표시)만이 물체의 이동에 기여한다. 물리에서 물체에 일을 하여준다고 할 때에, 하여준 일의 양은 물체를 실제로 이동시키는 데 한 힘의 크기와 이동거리(s)를 곱해준다. 따라서 그림 1–3의 경우에 외부에서 물체에 가해준 힘에 의해서 하여준 일의 양(W)은

$$W = (F\cos\theta)(s) \qquad (1.1)$$

와 같이 표현된다. 식 (1.1)을 좀 더 간단히 표현하는 방법으로

$$W = \vec{F} \cdot \vec{s} \qquad (1.2)$$

와 같이 표현한다. 식 (1.2)가 의미하는 바는 서로 크기와 방향을 가진 2개의 물리량을 곱할 경우에, 식 (1.1)과 같이 서로 평행한 성분들만을 곱하되 그 결과는 크기만을 가지고 방향은 가지지 않는다는 의미로서 이러한 곱셈을 "스칼라 곱"이라고 부른다. 그림 1-3의 예제에서 와 같이 어떤 물체에 힘을 가하여 일을 해주는 경우에 "일을 많이 하였다 또는 적게 하였다" 라고 표현하면 완벽한 설명이 된다. 즉, 일의 양을 나타낼 때에는 단순히 크기만으로 표현이 가능하며 방향은 고려하지 않는다. 이처럼 어떤 물체에 가해주는 힘($\vec{F}$)은 벡터량이며 물체 의 이동($\vec{s}$)도 벡터량이지만, 이들 각각이 물체에 미친 전체적인 영향은 단순히 크기만으로 도 설명이 가능하므로 이와 같은 경우를 다룰 때에는 "스칼라 곱"을 사용한다.

그림 1-4(a)의 경우에 크기와 방향을 가진 두 물리량이 서로 평행하므로 이들에 대한 스 칼라 곱의 결과는 $\vec{A} \cdot \vec{B} = A \cos 0° B = AB$, 그림 1-4(b, c)의 경우는 두 물리량이 이루는 각이 θ이므로 $\vec{A} \cdot \vec{B} = A \cos \theta B = AB \cos \theta$, 그림 1-4(d)의 경우는 두 물리량이 이루는 각이 90°로서 서로 평행한 성분이 없어 $\vec{A} \cdot \vec{B} = A \cos 90° = 0$이 된다. 여기서 문자 위에 화 살표시가 없이 A, B로 표시한 것은 앞에서 설명한 바와 같이 벡터 물리량인 $\vec{A}$와 $\vec{B}$의 크기 를 의미한다.

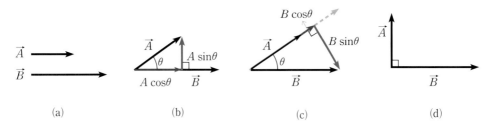

(a)   (b)   (c)   (d)

[그림 1-4] 두 물리량에 대한 스칼라 곱의 예

따라서 스칼라 곱셈은 다음과 같이 요약할 수 있을 것이다. 두 벡터를 곱해서 그 결과가 크 기만을 나타내는 스칼라량으로 주어지는 경우에 사용하는 곱셈으로 두 벡터의 서로 평행한 성분만을 서로 곱한다. 앞에서와 같이 $\vec{A} \cdot \vec{B} = A \cos \theta B = AB \cos \theta$에서 $A \cos \theta$는 벡터 $\vec{A}$에서 $\vec{B}$에 평행한 성분을 나타내고, $B \cos \theta$는 벡터 $\vec{B}$에서 $\vec{A}$에 평행한 성분을 나타낸다.

ⓑ 두 벡터의 벡터 곱셈에 대한 수식 표현

그림 1-5(a)는 회전축으로부터 거리 r_2만큼 떨어진 지점에 질량이 m인 물체가 매달려 있는 경우를 나타낸 것이다. 이 물체를 시계반대방향으로 회전시키기 위하여 똑같은 크기의 힘($\vec{F}$)을 회전축의 중심으로부터 r_1만큼 떨어진 지점에 작용시키는 ①번 경우와 r_2만큼 떨

어진 지점에 작용시키는 ②번 경우를 비교하여 보면, ②번 경우가 더 효율적임을 알 수 있다. 즉, 물체에 똑같은 힘을 같은 방향으로 작용시켜 회전시키는 경우에 회전축으로부터의 거리가 멀수록 보다 회전이 더 잘 된다는 것은 일상생활에서 많이 경험하게 된다. 물론 회전축으로부터의 거리가 같고 그림 1-5(a)에서와 같이 회전축에 대하여 $90°$의 방향으로 힘을 가해주는 경우에는 힘의 크기가 클수록 물체는 더 잘 회전하게 된다.

그림 1-5(b)의 ②와 같이 질량이 m인 물체에 힘을 작용시키면, 작용시킨 전체의 힘 중에서 "회전에 기여하는 힘($F\sin\theta$)에 의해 물체는 시계반대방향으로 회전하게 되며, 1-5(b)의 ③과 같이 작용시키면 물체는 회전하지 않는다. 한편, 그림 1-5(c)와 같이 힘을 작용시키면, 물체는 시계방향으로 회전시키게 된다.

그림 1-5로부터 알 수 있는 것은 물체를 보다 효율적으로 회전시키기 위해서는 힘을 작용시키는 지점이 회전축으로부터 거리가 멀고 회전축과 물체를 연결하는 막대에 대하여 $90°$에 가깝도록 힘을 작용시키는 경우에 물체는 더 잘 회전함을 알 수 있다. 또한 물체에 작용시키는 힘의 방향에 따라서 시계반대방향으로 회전하기도 하고 시계방향으로 회전하기도 한다는 것을 알 수 있다.

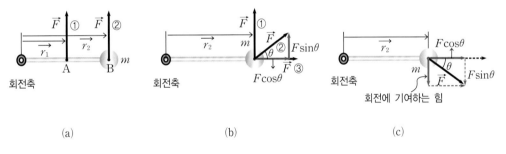

[그림 1-5] 두 벡터량의 곱을 설명하기 위한 그림

위에서 설명한 내용을 간단히 하나의 수식으로 표현하는 방법은 없을까? 이에 대해서 생각하여 보자. 물체를 보다 효율적으로 회전시킨다는 것은 "회전능률"이라는 말로 표현이 가능하지만 이는 "어느 방향으로 얼마나 잘 회전시키느냐"하는 문제이므로 회전능률과 함께 회전방향도 나타내야 보다 완벽한 설명이 가능하다. 회전능률은 기호로는 일반적으로 $\vec{\tau}$와 같이 표현하며 우리말로는 "타우"라고 읽고 벡터로 표현되므로 크기와 방향을 가지는 물리량임을 나타낸다. 그림 1-5로부터 알 수 있듯이 어떤 물체에 힘을 가하여 회전시키는 경우에 회전능률은 회전축으로부터의 거리($\vec{r}$)와 작용시킨 힘($\vec{F}$)에 의해서 결정되는데 이는 다음과 같은 식 (1.3)으로 간단히 표현된다.

$$\vec{\tau}=\vec{r}\times\vec{F} \qquad\qquad (1.3)$$

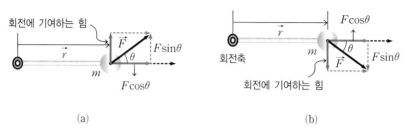

(a)   (b)

[그림 1-6] 물체의 회전능률을 설명하기 위한 그림

식 (1.3)은 어떤 물체에 힘을 가하여 회전시키는 경우에 물체를 얼마나 잘 회전시키느냐를 나타내는 회전능률의 크기가 회전축으로부터 거리($\vec{r}$의 크기)와 가해준 힘의 크기 중에서 회전축과 물체를 연결하는 막대에 수직한 힘(그림 1-6(a, b)에서 "회전에 기여하는 힘"으로 표시)만으로 주어진다는 의미로서

$$\tau=rF\sin\theta \qquad\qquad (1.4)$$

와 같이 표현된다. 물체가 "시계방향 또는 시계반대방향으로 회전하느냐"는 오른손 나사법칙에 따라 정하고 있는데 식 (1.3)에서 앞의 벡터인 $\vec{r}$에서 뒤의 벡터인 $\vec{F}$의 방향으로 오른손 나사를 회전시킬 때 나사가 진행하는 방향을 회전능률의 방향으로 정하고 있다. 즉, 그림 1-7에서와 같이 $\vec{r}$의 시작점에 $\vec{F}$의 시작점을 일치시키고, $\vec{r}$을 의미하는 청색 화살표에서 $\vec{F}$를 나타내는 검정색 화살표 방향으로 오른손 나사를 회전시킬 때 오른손 나사의 진행방향이 회전능률의 방향이다.

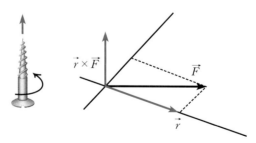

[그림 1-7] 두 벡터 곱의 방향을 설명하기 위한 그림

따라서 그림 1-5(b)에서와 같이 시계반대방향으로 회전하는 물체에 대한 회전능률의 방향은 물체의 회전방향과 같이 시계반대방향이며, 그림 1-5(c)의 경우는 이와 반대이다.

식 (1.3)이 의미하는 바는 서로 크기와 방향을 가진 2개의 물리량을 곱할 경우에, 식 (1.4)와 같이 서로 수직한 성분들만을 곱하되 그 결과는 크기와 방향을 가지며 방향은 오른손 나사법칙에 따른다는 의미로서 이러한 곱셈을 "벡터 곱"이라고 부른다. 이러한 벡터 곱셈에 대한 규칙은 앞으로 전기와 자기 부분 등에서 물리현상을 설명하기 위하여 많이 사용되는 부분이므로 잘 익혀두기 바란다.

벡터 곱셈은 다음과 같이 요약할 수 있을 것이다. 두 벡터를 곱한 결과가 크기와 방향을 가지는 물리량을 표현하는 경우에 사용하는 것으로 두 벡터를 곱한 값의 크기는 서로 수직한 성분만을 곱하는 것으로 표현된다. 즉, $\tau = rF\sin\theta$에서 $F\sin\theta$는 $\vec{F}$ 중에서 $\vec{r}$에 수직한 성분을 나타낸다.

1.4 첨부자료

이 책을 읽는데 있어서 중학교에 재학 중인 학생인 경우에 본문의 수식 등에서 사용된 부호를 처음 대하는 경우가 많아 읽기에 어려움이 있을 것으로 생각되어, 본문에서 사용된 부호들을 읽을 수 있도록 다음과 같이 요약하였다.

① $\sum$: "Summation"이라고 읽으며, 구슬과 같이 하나씩 분리가 가능한 물리량을 반복해서 더하는 경우에 사용된다.

② $\int$: "Integral"이라고 읽으며, 물을 구성하고 있는 물 분자처럼 분리가 어려운 연속적인 물리량을 더하는 경우에 주로 사용되는데, 사용된 기호는 "더해준다"는 의미의 "Summation"에서 첫 글자인 "S"를 아래·위로 잡아 늘린 모양이다.

③ ρ : "rho"라고 하며, 단위체적당 질량과 같은 체적밀도를 나타낼 때에 주로 사용된다.

④ λ : "lambda"라고 하며, 단위길이당 질량과 같은 선밀도를 나타내거나, 파의 운동에서 파장을 나타낼 때에 사용된다.

⑤ ω : "omega"라고 하며, 단위시간당 "각도"의 회전을 나타낼 때 사용된다.

⑥ μ : "mu"라고 하며, 단위길이당 질량과 같은 선밀도를 나타낼 때 사용된다.

⑦ mH : "milli Henry"라고 하며, 1 H(헨리)의 1,000분의 1을 의미한다.

⑧ KΩ : 저항의 단위로서 "killo ohm"이라고 하며, 1 Ω(옴)의 1,000배를 의미한다.

⑨ μA : 아주 작은 전류의 크기를 나타내는 전류의 단위로서 "micro ampere"라고 하며, 1 A(암페어)의 1,000,000분의 1을 의미한다.

⑩ nF : 축전지의 용량을 나타내는 단위로서 "nano Faraday"라고 하며, 1 F(패러데이)의 10억분의 1을 의미한다.

⑪ β : "beta"라고 하며, 부피팽창계수와 같은 비례상수를 나타낼 때 주로 사용된다.

⑫ Δ : "DELTA"라고 하며, 처음 온도와 나중 온도의 차이(ΔT)를 나타내는 경우와 같이 두 양의 차이를 나타내는 경우에 주로 사용된다. 또는 ΔV와 같이 미소체적을 나타나는 경우에도 많이 사용된다.

힘과 관계된 물리실험에는
어떤 것들이 있을까?

힘과 관계된 물리 현상들은 일상생활을 통하여 많이 관측되므로

다른 분야에 비하여 비교적 잘 이해를 하고 있다. 여기서는 힘과

관계된 물리현상 중에 개념이해에 도움이 되는 실험들을 중심으로

동영상과 함께 설명하되, 우선은 실험내용을 이해하는 데 필요한

기본개념에 대해서 설명하고자 한다.

2.1 힘과 관계된 물리현상들의 이해에 필요한 기본개념

2-1-1
물리에서 힘은 어떻게 정의하는가?

힘은 물체의 질량과 가속도의 곱으로 $\vec{F}=m\,\vec{a}$와 같이 표현한다. 많은 학생들이 "힘이 무엇이냐"는 질문에 질량에 가속도를 곱한 것이라고 답변을 한다. 답변을 들은 후에 다시 한 번 힘이 "질량에 가속도를 곱한 것"으로 표현된 이유에 대해 질문하면 많은 학생이 답변을 하지 못하는 경우가 있는 것을 보게 된다. 아마도 그 이유는 힘에 대한 표현식, $\vec{F}=m\,\vec{a}$가 어떤 이론으로부터 나온 것이 아니라 실험결과를 바탕으로 얻어진 실험식이라는 것을 잘 모르기 때문일 것이다.

그렇다면, 힘을 왜 $\vec{F}=m\,\vec{a}$와 같이 표현하는가? 그 이유에 대해서 생각하여 보자. 그림 2-1(a)는 수레와 물체의 질량을 일정하게 유지시킨 상태에서 추의 질량을 변화시켜 실질적으로 수레와 물체(M)에 작용하는 힘을 변화시켜 가면서 가속도를 구하는 실험모형이며, 2-1(b)는 실험을 통하여 얻어진 물체에 가해주는 힘과 가속도 사이의 관계를 그래프로 표현한 것이다. 그림 2-1(b)는 실제 실험데이터를 사용한 그래프가 아니고 개념을 설명하기 위한 모형그래프이다. 그래프 2-1(b)로부터 가속도($\vec{a}$)는 가해주는 힘($\vec{F}$), 즉 추의 무게에 비례한다는 것을 알 수 있는데 이를 수식으로는 식 (2.1)과 같이 표현하며 식 (2.1)에서 기호 "$\propto$"는 비례한다는 의미이다.

$$\vec{a} \propto \vec{F} \qquad\qquad (2.1)$$

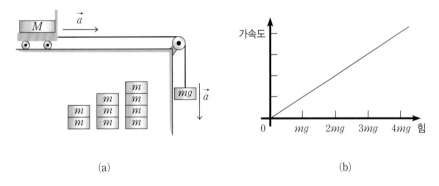

[그림 2-1] 수레와 물체에 가해주는 힘과 가속도의 관계

한편 그림 2-2(a)는 수레와 물체에 가해주는 힘을 일정하게 유지시킨 상태에서 수레 위에 올려놓는 물체의 질량(m)를 변화시키면서 가속도와 질량 사이의 관계를 알아보는 실험모형이며, 그림 2-2(b)는 질량의 변화에 따른 가속도의 변화를 그래프로 나타낸 것이다. 그림 2-2(b)의 그래프에서 가로축은 질량의 역수로 표현하였으며, 이 그래프도 실제의 실험데이터를 바탕으로 그린 것이 아니라 개념을 설명하기 위한 하나의 모형그래프이다. 실제로 실험을 수행하여 얻어진 데이터들을 그래프로 나타내면 그림 2-2(a, b)에서 얻어진 그래프와 매우 비슷한 그래프를 얻을 수 있다. 그림 2-2(b)로부터 가속도의 크기($|\vec{a}|=a$)는 물체의 질량에 반비례, 즉 질량의 역수에 비례한다는 것을 알 수 있는데, 이를 수식으로는 식(2.2)와 같이 표현한다.

$$|\vec{a}| \propto \frac{1}{m} \tag{2.2}$$

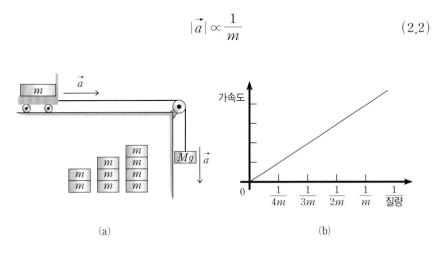

[그림 2-2] 수레와 물체의 질량과 가속도의 관계

위의 실험을 바탕으로 얻어진 결론은 가속도는 가해주는 힘에 비례하고, 질량의 역수에도

비례한다는 것이다. 따라서 이를 하나의 식으로는 $|\vec{a}| \propto |\vec{F}| \frac{1}{m}$와 같이 표현하며 비례상수를 "1"로 사용하면 가속도의 크기는 $a = F\frac{1}{m}$와 같이 표현되므로 $F = ma$이 얻어진다. 이처럼 힘을 질량에 가속도를 곱한 값으로 표현한 것은 어떤 하나의 이론에서 출발한 것이 아니라, 실험결과를 바탕으로 만들어진 것이다. 한편, 비례상수를 "1"로 표현한 것은 실험에서 물체에 가해준 힘은 질량이 m인 물체를 매달아 작용시켰으므로 힘의 단위는 $\mathrm{kg \cdot m/sec^2}$이 되며, 수레의 질량과 수레 위에 올려놓은 물체의 질량을 합한 총 질량은 "kg"으로 표현되므로 비례상수를 "1"로 두면 식 $a = F\frac{1}{m}$에서 왼쪽의 단위와 오른쪽의 단위가 같아지므로 비례상수로서 가장 작은 "1"로 선택하는 것은 매우 합리적이다.

2-1-2
운동량

운동량은 물체의 질량과 속도를 곱한 것으로, 운동하고 있는 물체가 가지는 고유의 물리량이다. 수식으로는 $\vec{P} = m\vec{v}$와 같이 표현하는데, 위에 화살표는 운동량($\vec{P}$)이 크기와 방향을 가진다는 뜻이다. 속력과 속도를 일상생활에서 많이 사용하는데 속력은 단순히 크기만을 의미하며, 속도는 크기와 방향을 가진다. 따라서 x-축 방향으로 시속 4 km/h로 걸었다고 할 때는 속도를 의미하고 기호로는 $\vec{v} = 4\,\mathrm{km/h}\,\hat{x}$와 같이 표현한다. 여기서 4 km/h는 크기를 의미하고, $\hat{x}$는 x-축 방향을 의미한다. 이러한 운동량은 외부에서 힘을 가해주지 않는 한 항상 크기와 방향이 일정하게 보존된다. 이러한 운동량에 대해서 좀 더 자세히 알아보자.

장난감 자동차와 일상생활에서 실제로 운행 중인 트럭이 같은 속도로 운동 중이라고 하자. 속도가 매우 크지 않은 경우에 운동 중인 장난감 자동차는 아무 두려움 없이 손을 대어 정지시킬 수가 있다. 하지만 운동 중인 트럭은 손으로 멈출 수가 없다. 따라서 장난감 자동차와 트럭의 속도는 서로 같지만 다른 물리량이 존재한다는 것을 알 수 있다. 그렇다면 장난감 자동차와 트럭의 차이는 무엇일까? 우선 생각할 수 있는 것으로 질량이 다르다고 생각하게 된다. 이로부터 속도는 같지만, 질량이 다른 두 물체의 경우에 이들이 가지는 물리량이 서로 다르다는 것을 알 수 있다. 또한 크기와 질량이 같은 장난감 자동차라고 하더라도 속도가 작은 것과 큰 것을 생각하여 보자. 천천히 움직이는 경우에는 아무 두려움 없이 손을 대어 멈출 수가 있으나, 고속으로 움직이는 경우에는 가벼운 장난감 자동차라 하더라도 손을 대어 멈추기가 두렵다는 것을 알 수 있다. 이는 크기와 질량이 같은 장난감 자동차라 하더라도 속도가 다르면 서로 무엇인가 차이가 나는 물리량이 존재한다는 것을 알 수 있다. 여기서 생각하는 어떤 물리량은 속도가 같은 경우에는 질량이 클수록 크고, 질량이 같은 경우에는 속도가 클수록 커진다는 것을 알 수 있다. 이러한 물리량을 하나의 식으로 표현하게 되면 질량에 속도를 곱하여 표현하는 방법이 유일하다. 왜냐하면 질량과 속도는 차원이 다른 물리량이므로 서로 더할 수가 없기 때문이다. 이와 같이 속도와 질량에 의해서 주어지는 하나의 물리량이 있는데 이것이 바로 "운동량"으로서 질량과 속도를 곱한 값이 된다.

운동 중인 물체에 힘이 작용하면 어떻게 될까? 한 예로서 달리기를 하는 친구의 등을 뒤에서 밀어준다면 친구는 더 빨리 달리게 되고, 반대로 앞에서 밀면 친구는 잘 달리지를 못하게 된다. 친구의 질량이 변하지 않는다고 가정할 때에 힘을 가해주면, 속도가 빨라지거나 느려지게 되므로 질량에 속도를 곱한 값인 운동량이 변하게 된다. 다시 말해서, 운동량은 운동 중인 물체가 가지는 고유의 물리량으로 운동 중인 물체에 외부로부터 어떤 힘이 가해지지 않으면, 운동량은 변화되지 않으므로 항상 보존되는 것이다. 물론 정지해 있는 물체의 운동량은 "0"이다.

2-1-3
에너지 보존

에너지 보존이란 외부와 완전히 차단된 상태(물리용어로는 고립계라고 한다)에 있는 어떤 물체의 총 에너지가 항상 일정하다는 의미로서, 고립계에서 에너지가 창조되거나 손실될 수 없기 때문에 고립계에서의 모든 종류의 에너지를 합한 총 에너지는 항상 일정하다. 하지만, 고립계에서 물체의 운동에너지가 열에너지 또는 위치에너지로 변하는 경우와 같이 에너지의 형태는 변할 수 있다. 이러한 에너지 보존에 대해서 좀 더 자세히 알아보자.

그림 2-3은 질량이 m인 물체가 매달려 좌우로 운동하는 경우를 나타낸 것으로 기준면으

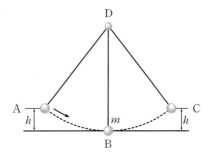

[그림 2-3] 에너지 보존

로부터 "h"만큼 올라가서 한 순간 정지하였다가 다시 내려오는 운동을 반복하게 된다. 기준 면에서의 위치에너지를 "0"이라고 하면, 물체의 속력이 가장 큰 B 지점에서는 운동에너지만 가지는 데 비하여 A 지점과 C 지점에서 물체는 정지하게 되어 운동에너지는 "0"이 되고 위 치에너지만 가지게 된다.

이때, A 지점과 C 지점에서 물체의 총 에너지는 운동에너지(실제는 "0"임)와 위치에너지를 합한 것으로 B 지점에서의 운동에너지와 위치에너지(실제는 "0"임)를 합한 것과 같다는 것이 에너지 보존이다.

물론 이러한 설명은 물체가 외부와 완전히 차단되어 물체와 공기가 부딪쳐서 공기와의 마찰이 있다든가 아니면 질량 m인 물체를 매달고 있는 D 부분에서의 어떠한 마찰력이 존재하지 않는다고 가정한 것이다. 즉, 물체의 총 에너지가 보존되기 위해서는 외부로부터 물체에 가해주는 힘이 작용하지 않아야 한다. 이러한 에너지 보존은 일상생활에서도 쉽게 찾아볼 수 있다. 왼쪽 사진은 그네를 타고 있는 어린이의 사진이다. 그네를 타고 있는 동안 어린이의 질량이 변하지 않고 주위의 공기와 어린이 사이에 작용하는 마찰력과 사진에서 "A"로 표시한 연결고리 부분에서의 마찰력이 존재하지 않으면 어린이는 계속해서 그네를 탈 수 있게 되는데 이는 어린이가 처음 그네를 탈 때에 가지고 있던 총 에너지가 항상 유지되기 때문이다. 하지만 어린이가 가만히 앉아서 그네를 탄다면, 공기와의 마찰을 비롯하여 그네와 지지대 사이의 연결고리 부분에서의 마찰에 의해서 어느 정도 시간이 지나면 그네는 멈추게 된다.

2-1-4
회전운동의 각운동량

각운동량은 물체의 회전운동과 연관되고 크기와 방향을 가진 하나의 물리량으로서 외부에서 물체를 회전시키는 힘(간단히 "토크"라고 한다)이 작용하지 않으면 항상 보존된다. 여러 개의 물체로 이뤄진 계에서의 총 각운동량은 각 물체의 각운동량을 크기와 방향을 고려하여 합한 것이다. 이러한 각운동량에 대하여 좀더 자세히 알아보자.

그림 2-4는 회전축으로부터 일정한 거리만큼 떨어진 곳에 물체가 매달려 회전하는 경우를 나타낸 것으로 그림 2-4(a, b)를 비교하여 보자. 그림 2-4(a, b)의 경우에 회전축으로

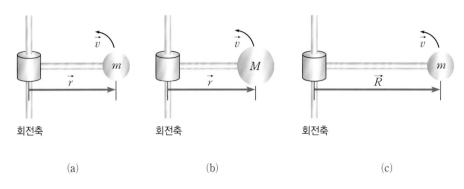

[그림 2-4] 각운동량을 설명하기 위한 그림

부터 질량이 각각 m, M인 물체중심까지의 거리가 $\vec{r}$로서 서로 같다. 질량이 서로 다른 물체가 회전축으로부터 같은 거리만큼 떨어진 상태에서 같은 속도를 가지고 그림 2-4(a, b)에서와 같이 같은 방향으로 회전하는 경우에 두 물체가 가지는 물리적인 성질이 같을까를 생각하여 보면 뭔가는 다르다는 생각을 하게 된다. 즉, 운동 중인 두 물체를 정지시키고자 하는 경우에 어느 쪽이 더 쉬울까를 생각하여 보면, 질량이 작은 2-4(a)의 경우라고 쉽게 답을 한다.

이번에는 그림 2-4(a, c)를 비교하여 보면, 두 물체의 질량과 속도는 같은데 회전축으로부터의 거리가 서로 다르다($\vec{r} < \vec{R}$)는 것을 알 수 있다. 질량이 같은 두 물체가 같은 속도로 운동 중이므로 회전축으로부터 물체까지의 거리가 짧은 2-4(a)가 2-4(c)의 경우에 비하여 정지시키기가 쉽다는 것을 알 수 있다. 그림 2-4에 대한 설명으로부터 회전운동을 하는 물체의 경우에 회전축으로부터 물체중심까지의 거리, 물체의 질량 및 속도에 관계되는 물리량이 존재하는데 이러한 물리량을 "각운동량"이라고 한다.

그림 2-5에서는 회전축으로부터 물체까지의 거리($\vec{r}$), 물체의 질량(m) 및 속도($\vec{v}$)의 크기인 속력(v)이 같지만, 물체의 회전방향이 서로 다르다. 따라서 단순히 회전축으로부터 물

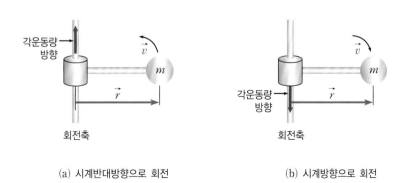

(a) 시계반대방향으로 회전   (b) 시계방향으로 회전

[그림 2-5] 각운동량의 방향

체까지의 거리, 물체의 질량 및 속력만을 가지고 물체의 회전운동을 정확히 설명하기는 부족하므로 보다 완벽히 물체의 회전운동을 설명하기 위해서는 회전방향도 고려해야 한다는 것을 알 수 있다.

따라서 회전하는 물체의 운동을 정확히 설명하기 위해서는 회전축으로부터 물체까지의 거리($\vec{r}$), 물체의 질량(m) 및 속도($\vec{v}$)를 고려해야 됨을 알았는데, 이들을 수식으로 표현하면 다음과 같다.

$$\vec{L} = \vec{r} \times (m\vec{v}) = \vec{r} \times \vec{P} \quad (\vec{P} = m\vec{v}) \tag{2.3}$$

식 (2.3)에서 $\vec{L}$을 각운동량, $\vec{P}$를 운동량이라고 하며, 기호 위의 화살표는 이들이 방향을 가지는 물리량이라는 것을 나타내기 위함이다. 여기서 곱하기 기호인 "×"를 사용하는 규칙이 있는데, 앞에서 이미 설명한 오른손 나사 법칙에 따른다(그림 1-7 참조). 즉, 회전축의 중심에서 시작하여 물체의 중심까지의 거리 $\vec{r}$을 그린 다음, $\vec{r}$의 시작점에서 시작하여 속도 $\vec{v}$의 방향으로 $\vec{v}$를 화살표로 표시한다. 이제 $\vec{r}$에서 $\vec{v}$의 방향으로 오른손 나사를 돌릴 때, 오른손 나사가 진행하는 방향이 각운동량 $\vec{L}$의 방향이 된다. 이를 그림 2-5(a)에 적용하여 보면, 각운동량의 방향이 붉은색의 화살표로 표시한 것과 같이 위로 향하는 방향이 되고, 그림 2-5(b)에 적용하여 보면, 각운동량의 방향은 아래로 향한다는 것을 알 수 있다. 원운동을 하는 경우에, $\vec{r}$와 $\vec{v}$는 서로 항상 직각을 이룬다.

이러한 각운동량은 마찰 등에 의하여 외부로부터 회전을 방해하는 회전능률(보다 자세한 설명은 2-1-5절을 참조하기 바란다)이 없으면, 회전운동이 계속 유지되기 때문에 각운동량은 보존된다. 각운동량이 보존된다는 것은 각운동량의 크기와 방향이 항상 일정하다는 것을 의미한다.

2-1-5
물체를 회전시키는 회전능률

회전능률은 회전축을 중심으로 어떤 물체를 얼마나 잘 회전시킬 수 있느냐를 나타내는 물리량으로서 회전축으로부터의 거리와 가해주는 힘의 방향에 의존한다. 물체를 시계방향으로 회전시키는 경우와 반시계방향으로 회전시키는 경우에, 가해주는 힘의 방향은 서로 반대이어야 한다.

그림 2-6(a)는 회전축으로부터 거리 r_2만큼 떨어진 지점에 질량이 m인 물체가 매달려

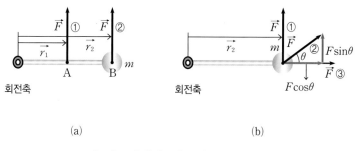

(a)　　　　　　　　　　　　(b)

[그림 2-6] 회전능률을 설명하기 위한 그림

있는 것을 나타낸 것이다. 이 물체를 시계반대방향으로 회전시키기 위하여 똑같은 크기의 힘
($\vec{F}$)을 회전축의 중심으로부터의 거리가 r_1만큼 떨어진 지점에 작용시키는 ①번 경우와 r_2만
큼 떨어진 지점에 작용시키는 ②번 경우를 비교하여 보면, ②번 경우가 훨씬 더 효율적임을
알 수 있다. 즉, 같은 힘($\vec{F}$)을 같은 방향으로 작용시키는 경우에 회전축으로부터의 거리가
멀수록 보다 효율적으로 물체를 회전시킬 수 있음을 알 수 있다.

　이번에는 그림 2-6(b)의 경우를 생각하여 보자. 같은 지점에 ①, ② 및 ③의 방향으로 같
은 크기의 힘을 작용시킨 경우에 회전을 가장 효율적으로 시키는 경우는 ①번이며, ③의 경
우는 물체를 전혀 회전시키지 않는다는 것을 알 수 있다. ②의 경우에는 작용시킨 힘 중에서
"$F\sin\theta$"라고 표시한 성분만이 회전에 기여함을 알 수 있다. 물론 같은 지점에 같은 방향으
로 힘을 작용시키는 경우에 힘의 크기가 클수록 회전을 더 잘 시키게 된다.

　위의 설명으로부터 물체를 얼마나 잘 회전시키는 정도를 나타내는 회전능률(토크라고 함)
은 회전축으로부터 힘을 작용시킨 곳까지의 거리, 회전축에 대한 힘의 방향 및 작용시킨 힘
의 크기에 의존함을 알 수 있다. 이를 수식으로는 일반적으로

$$\vec{\tau}=\vec{r}\times\vec{F} \tag{2.4}$$

와 같이 표현한다. 회전능률의 크기(τ: 타우라고 읽음)는 $\tau=rF\sin\theta$와 같이 표현되며, θ는
그림 2-6(b)에서 보는 바와 같이 $\vec{r}$의 방향과 가해준 $\vec{F}$의 방향 사이의 각을 의미한다. 여기
서 $\vec{r}$의 방향은 회전축에서 시작하여 힘이 작용하는 지점까지 연결한 방향으로 그림 2-6(a,
b)의 경우에 오른쪽 방향을 나타낸다.

　회전능률의 방향은 오른손 나사 법칙을 따르므로 $\vec{r}$에서 $\vec{F}$의 방향으로 오른손 나사를 돌
릴 때 나사의 진행방향이므로, 그림 2-6(a)의 경우에 회전능률의 방향은 지면으로부터 나
오는 방향이 된다. 물론 $\vec{F}$의 방향이 그림 2-6(a)의 방향과 반대라면, 회전능률의 방향도

반대가 되어 지면을 뚫고 들어가는 방향이 될 것이다.

　회전하는 물체에 토크가 작용하면 어떻게 될까? 물체가 회전하는 방향과 같은 방향으로 작용하면 회전속도가 증가하여 각운동량이 증가하지만, 회전하는 방향과 반대로 작용하면 회전속도는 줄어들어 각운동량은 감소한다. 따라서 회전 중인 물체에 외부에서 작용하는 토크가 없다면 물체의 각운동량은 항상 보존되며, 이를 각운동량 보존 법칙이라고 한다.

2-1-6
질량중심

　모든 물체는 질량을 가지고 있으며, 이는 물체가 가지고 있는 고유의 물리량이다. 다시 말해서 "A"라는 물체의 질량은 지구에서나 달에서나 같다. 그런데 질량을 가진 물체에 대해서 정의되는 하나의 과학용어로서 "질량중심"이라는 것이 있는데, 이는 물체의 모든 질량이 한 점에 모여 있다고 가정한 일종의 가상점이다. 몇몇의 물체들에 대한 질량중심을 표시한 예를 그림 2-7에 나타내었다.

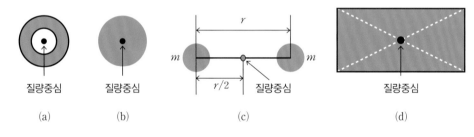

[그림 2-7] 질량중심을 설명하기 위한 그림

　그림 2-7(a)는 반지름이 일정한 원형고리와 같이 속이 비어 있는 물체로서 질량중심은 역시 고리의 중심에 있고, 2-7(b)는 당구공과 같이 속이 완전히 채워진 물체로서 질량중심은 물체의 중앙에 위치해 있다. 2-7(c)는 질량과 크기가 똑같은 두 물체로 이뤄진 경우(예를 들면 수소 또는 산소 분자)에 두 물체를 연결하는 직선 위의 1/2 되는 지점이 질량중심이 되며, 2-7(d)와 같이 얇은 직사각형 물체의 경우에는 두 대각선이 만나는 지점이 질량중심이 된다. 다시 말해서 질량중심은 물체의 모든 질량이 이 점에 모여 있다고 가정한 하나의 가상의 점이므로 질량중심을 나타내는 점의 크기는 "0"이라고 생각하면 된다.

　작은 알갱이들로 이뤄진 계의 질량중심은 계의 질량이 모두 질량중심이라는 곳에 집중되어 있다고 생각하는 하나의 특정한 점을 의미한다. 이러한 질량중심은 그 계를 이루고 있는 각각의 작은 알갱이들의 질량과 이들의 위치만의 함수로 주어지며 이를 수식으로 표현하면 다음과 같다. 즉, n개의 작은 알갱이들 중, i번째 알갱이의 질량을 m_i라 하고 이의 위치를 r_i 라고 할 때에, 질량중심(R)은

$$R = \frac{\sum_{i=1}^{n} m_i r_i}{\sum_{i=1}^{n} m_i} \tag{2.5}$$

와 같이 나타낸다. 여기서, $\sum_{i=1}^{n} m_i$의 의미는 알갱이가 총 n개 있으므로, 각각의 질량을 모두 더한다는 의미이며, 식 (2.5)에서 분자 항의 의미는 질량과 위치를 곱한 값을 모든 알갱이에 대해서 더한다는 의미이다. $\sum$기호는 물체가 알갱이 모양의 물체, 즉 사과나 구슬같이 크기가 어느 정도 있어 각각을 따로따로 취급할 수 있는 물체를 더하는 경우에 사용한다. 하지만 물은 수많은 물 분자들이 모여서 물을 형성하므로 물 분자 하나하나를 따로 취급할 수 없다. 따라서 물 분자와 같이 물체를 구성하는 기본단위들이 아주 작은 경우에는 $\sum$ 대신에 $\int$와 같은 기호를 사용한다. 즉, 물체를 구성하고 있는 구성 기본단위들이 사과처럼 따로따로 취급이 가능한 경우에는 더한다는 의미로 $\sum$를 사용하고 물과 같이 구성 기본단위들의 분포가 연속적일 때는 더한다는 의미로 $\int$을 사용한다. 따라서 물질의 분포가 물과 같이 연속적인 물질에 대한 질량중심은 수식으로

$$R = \frac{1}{M} \int r \, dm \tag{2.6}$$

와 같이 표현한다. 여기서 M은 전체질량, dm은 물체의 미소 체적이 가지는 질량을 의미하고 r은 좌표의 원점에서 미소 체적까지의 거리를 의미한다.

2-1-7
무게중심

크기와 방향이 일정한 중력장에서 질량중심은 무게중심이라고도 하는데, 물체에 작용하는 모든 중력이 무게중심이라고 하는 하나의 가상적인 점에 작용한다고 생각하는 것이다. 무게중심의 개념은 빌딩 또는 다리와 같이 정지해 있는 구조를 설계한다거나, 중력을 받으면서 움직이는 물체의 특성을 예측하는 데 매우 유용하다. 무게중심의 개념을 오뚝이 장난감에 적용하여 보자. 오뚝이 장난감의 경우에 무게중심이 아래에 있기 때문에 오뚝이가 어떤 상태로 놓이든지 간에 오뚝이는 몇 번을 움직이다가 똑바로 서게 되는 것이다.

2.2 물체는 어떤 경우에 안정된 상태에 있게 될까?

준비물

원뿔모양의 물체:1개, 밑면적과 윗면적이 다른 물체:2개, 네오디움 자석(지름 약 5 mm, 길이 약 5 mm): 2개, 스탠드: 1개, 자석에 붙는 금속: 1개, 전자저울: 1대

실험방법

① 그림 2-8의 물체 C의 중심에 자석에 잘 붙는 금속판을 붙인다.

② 원뿔모양의 물체 및 밑면적과 윗면적이 서로 다른 물체들을 그림 2-8에서와 같이 네오디움 자석을 이용하여 결합시킨다.

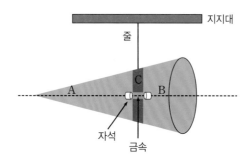

[그림 2-8] 물체의 평형 실험

③ ②에서 준비된 물체 C의 옆면에 작은 못을 이용하여 실 걸이를 만들되, 그림 2-8에서 물체, A, B, C가 모두 결합된 상태에서 수평을 유지하는 위치를 선정하여 못을 박는다.

④ 실 걸이에 줄을 연결하여 그림 2-8에서와 같이 준비된 물체를 스탠드에 매달아 수평이 되도록 한다.

⑤ 그림 2-8에서 "A"부분과 "B"부분을 떼어 저울에 매달에 각각의 무게를 비교하고 그 결과를 토의해 본다.

실험결과 및 토의

위의 실험결과를 이해하기 위해서는 물체가 평형상태에 있기 위한 조건을 이해해야 한다. 물체가 평형상태에 있다는 것은 움직이지 않고 안정된 상태에 있음을 의미하는데, 이를 만족하기 위한 조건들은 다음과 같이 2가지로 요약할 수 있다. 즉, ① 물체가 움직이지 않을 것 ② 물체가 회전하지 않을 것이다. 이중에 첫째 조건으로 물체가 움직이지 않기 위해서는 외부로부터 물체에 가해준 힘들을 모두 더하여 알짜 힘이 "0"이 되는 경우이다. 다시 말해서 물체의 왼쪽에 가해주는 힘의 크기와 똑같은 크기의 힘을 물체의 오른쪽에서 가해주면 물체에 작용하는 알짜 힘은 "0"이 된다(그림 2-9(a) 참조).

물체가 평형상태에 있기 위한 두 번째 조건으로 물체는 회전하지 않아야 한다. 이를 위해서는 물체를 회전시키려는 알짜 회전력(회전능률)이 "0"이 되어야 한다. 그림 2-9(b)에서와 같이 회전축에 대해 대칭인 물체를 같은 크기의 회전력으로 오른쪽에서는 시계반대방향으로 회전시키고, 왼쪽에서는 시계방향으로 회전시키려고 한다면, 결국에 물체는 회전축에 대해서 회전을 못하게 된다. 이는 외부로부터 물체에 회전력이 작용하지 않는 것이 아니라, 회전력은 작용하였으나 물체에 작용하는 회전력을 모두 더했을 경우에 알짜 회전력이 "0"이 되기 때문이다.

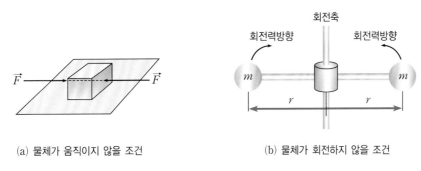

(a) 물체가 움직이지 않을 조건   (b) 물체가 회전하지 않을 조건

[그림 2-9] 물체가 평형상태에 있을 조건

그림 2-8에서 물체 A, B, C가 결합된 상태에서 수평을 유지하여 물체 A와 B의 무게를 측정하였더니, A는 약 70 g이고, B는 약 120 g이 나왔다. 무게가 이렇게 다른데 어떻게 하여 이들을 결합한 상태에서는 수평을 유지하는 것일까? 이를 이해하기 위해서는 물체의 회전에 대해서 이해할 필요가 있다. 그림 2-10에서와 같이 질량이 서로 다른 물체가 줄에 매달려

있으면서 수평을 유지하고 있는 것을 볼 수 있다. 오른쪽의 질량은 M으로 왼쪽의 질량 m에 비하여 크다고 하면 지구 중심 방향으로 향하는 이들 물체의 무게는 Mg가 mg에 비하여 더 크다. 하지만 회전력의 크기는 어떻게 될까? 회전력은 일반적으로 $\vec{\tau}$와 같이 표시하며, 수식으로는

$$\vec{\tau}=\vec{r}\times\vec{F} \ \Rightarrow \ |\vec{\tau}|=|\vec{r}|\,|\vec{F}|\sin\theta=rF \quad (\theta=90°)$$

와 같이 표현된다. 그림 2-10에서 회전축으로부터 물체중심까지의 거리가 각각 r_1, r_2이고, 각각의 물체에 작용하는 중력과 이루는 각이 90°이므로, 오른쪽 물체에 의한 회전력은 Mgr_1 이 되고, 왼쪽 물체에 의한 회전력은 mgr_2가 되며 방향은 서로 반대이다. 따라서 $Mgr_1=mgr_2$을 만족하는 조건이 되면, 물체는 그림 2-10에서와 같이 어느 한쪽으로 기울 어지지 않고 수평을 이루게 된다.

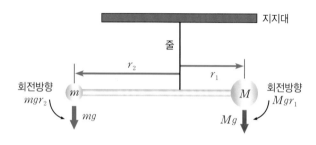

[그림 2-10] 물체의 회전평형

그림 2-8에서와 같이 물체 A, B, C가 수평을 유지하고 있는 것은 물체 A에 의한 회전력과 물체 B에 의한 회전력이 크기는 같고 방향이 서로 반대이기 때문이다. 즉, 회전평형 조건을 만족하고 있기 때문에 물체는 어느 한쪽으로 기울어지지 않는 것으로 물체 A, B, C를 매달고 있는 줄로부터 물체 A의 무게중심까지의 거리가 줄로부터 물체 B의 무게중심까지의 거리에 비하여 길기 때문에 물체 A의 무게 "70 g"는 물체 B의 무게 "100 g"에 비하여 작아도 회전력은 같게 된다. 하지만 물체 B를 떼어내면 물체 A는 아랫방향으로 기울어지게 되며, 반대로 물체 A를 떼면 물체 B가 아랫방향으로 기울어지게 되는 것이다. 여기서 이해해야 될 것은 물체의 무게는 서로 다르지만 물체를 회전시키는 회전력은 같을 수 있다는 점이다.

실험결과에 대한 동영상 보기

본 실험에 사용된 동영상은 저자가 일본의 파나소닉회사를 방문하였을 때에 방문자를 위한 자료실에서 실험하면서 촬영한 것이다.

2.3 고무풍선의 표면에 힘을 가하면 어떻게 될까?

준비물

고무풍선: 2개, 못이 1개 박힌 판: 1개, 못이 많이 박힌 판: 1개, 풍선 위에 올려놓을 여러 권의 책 또는 나무판

실험방법

① 준비된 2개의 고무풍선에 공기를 넣어 거의 같은 크기가 되도록 만든다.

② 일정하게 부풀어 오른 고무풍선을 그림 2-12와 같이 많은 못이 박힌 못 위에 올려놓고, 풍선 위에 나무판을 올려놓으면서 풍선이 터지는가를 관찰한다. 나무판만으로 풍선이 터지지 않으면, 나무판 위에 같은 크기의 책을 한권씩 올려놓으면서 풍선이 언제 터지는지를 관찰한다.

③ ②의 실험이 끝나면 풍선을 하나의 못이 박힌 판의 못 위에 올려놓은 다음, 풍선 위에 나무판을 올려놓으면서 풍선이 터지는가를 관찰한다.

④ 같은 종류의 풍선을 사용하였는데도 불구하고 과정 ②와 ③의 결과가 서로 다른 것에 대하여 조원들과 토의한다.

실험결과 및 토의

위의 실험결과를 이해하기 위해서는 고무풍선에 작용하는 압력에 대해서 이해를 할 필요가 있다. 압력이란 물체의 표면에 수직방향으로 단위면적당 작용하는 힘을 말한다. 우리가 맨발로 평평한 물체 위에 올라가면 발에 어떠한 통증을 느끼지 못한다. 하지만, 끝이 뾰족한 돌 같은 물체에 올라가면 심한 통증을 느끼게 된다. 평평한 물체 위에 올라가거나 뾰족한 돌 같은 물체에 올라가더라도 우리의 몸무게는 변하지 않는다. 하지만 발이 물체와 접촉하는 면

적이 크고 작음에 따라서 발을 통하여 느끼는 느낌은 전혀 다른데, 이는 그림 2-11을 참조하면 보다 쉽게 이해할 수 있으리라 생각한다.

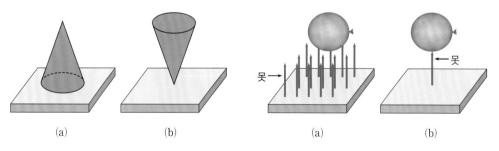

[그림 2-11] 원뿔모양의 물체에 의한 압력   [그림 2-12] 고무풍선에 작용하는 압력

그림 2-11(a, b)에서 원뿔모양인 물체의 무게는 같다. 하지만 2-11(a)에서 사각형 모양의 받침대가 원뿔모양의 물체에 의해서 받는 단위면적당 힘, 즉 물체의 무게를 원뿔모양 물체의 밑면적으로 나눈 값은 2-11(b)와 같이 끝이 뾰족한 경우에 사각형 받침대가 받는 단위면적당의 힘보다 훨씬 작다. 즉, 원뿔모양인 물체의 무게는 같다고 하더라도 물체가 다른 물체와 접촉하는 면적에 따라서 다른 물체가 받는 압력은 다르게 된다. 이러한 효과를 보기 위하여 그림 2-12(a)와 같이 나무판에 끝이 뾰족한 못을 많이 고정시킨 후, 못들 위에 풍선을 올려놓고 풍선 위에 다시 책 같은 물체를 올려놓으면서 실험을 한 경우에는 풍선이 잘 터지지 않았다. 하지만 그림 2-12(b)와 같이 한 개의 못을 나무판에 고정시키고 그 위에 풍선을 놓은 경우에는 풍선이 쉽게 터진다. 이러한 현상은 풍선에 작용하는 단위면적당의 힘인 압력이 크기 때문이다. 실생활에서 자주 경험하는 것 중의 하나로 똑같은 망치로 똑같은 크기의 힘을 사용하여 나무판에 못을 박는 경우에, 끝이 뾰족한 못은 나무판에 잘 들어가고 끝이 뭉뚝한 것은 잘 들어가지 않는 이유는 바로 이러한 압력의 차이 때문이다.

실험결과에 대한 동영상 보기

본 실험에서 사용된 못이 많이 박힌 판에서의 못의 위치는 가로 3 cm, 세로 3 cm가 되도록 하여 제작하였다.

생각하여 보기

그림 2-12에서와 같이 끝이 뾰족한 못을 많이 나무판에 고정시키고, 못 위에 사람이 맨발로 올라갈 수 있을지에 대해서 친구들과 토의하여 보자.

2.4 물체가 액체 속에 잠기면 물체의 무게에는 어떤 변화가 일어날까?

준비물

용수철저울: 1개, 물이 담긴 투명비커(500 cc 정도): 1개, 측정용 고체 시료: 1개, 비커의 높이를 조절할 수 있는 받침대: 1개

실험방법

① 그림 2-13과 같이 실험을 준비하고 관찰되는 현상에 대하여 미리 생각해 본다.

[그림 2-13] 부력측정 실험

② 측정용 고체 시료를 액체에 넣기 전에 공기 중에서 용수철저울로 무게를 측정한다.

③ 공기 중에서의 무게측정이 끝나면, 측정용 고체 시료를 용수철저울에 매단 상태에서 액체가 담긴 비커를 천천히 시료 쪽으로 이동시켜 시료가 액체에 담길 때에 용수철저울의 눈금의 변화를 관찰한다.

④ 과정 ③이 끝나면, 고체 시료를 바꾸어 위의 실험을 반복한다.

⑤ 실험에 사용한 액체를 눈금이 새겨진 비커나 메스실린더에 넣고 부피를 측정한 다음, 측정에 사용된 시료를 같이 넣어 고체 시료의 부피를 측정한다.

⑥ 과정 ⑤에서 측정한 고체 시료의 부피에다 액체의 밀도를 곱하여 고체 시료와 같은 부피에 해당하는 액체의 무게를 구한다.

⑦ 과정 ⑥에서 구한 액체의 무게와 공기 및 액체 속에서의 시료 무게의 차이를 비교한다.

⑧ 과정 ⑦을 통하여 측정한 시료가 액체 속에 담긴 부피에 해당하는 액체의 무게만큼 무게가 가벼워진다는 것을 확인하고, 이것이 액체가 시료를 떠받치는 힘, 즉 부력임을 이해한다.

🟢 실험결과 및 토의

위의 실험과정 ③에서 부력 측정용 고체 시료가 용수철저울에 매달린 상태에서 액체가 담긴 비커를 천천히 시료 쪽으로 이동시켜 액체 속에 담기면, 시료가 공기 중에 있을 때에 비하여 용수철저울의 눈금이 감소한다는 것을 알 수 있다. 이는 시료가 액체 속에 잠김으로 인하여 시료에 위쪽 방향으로 작용하는 힘이 생겼다는 것을 뜻하며 이는 "부력"으로 알려진 힘과 직접적인 관계가 있다. 부력은 액체가 물체의 아랫부분에 미치는 압력($P_{밑면}$)과 윗부분에 미치는 압력($P_{윗면}$)의 차이에 의해서 생기는 힘을 말한다. 이러한 압력 차이를 계산하기 위하여 그림 2-14를 생각하여 보자.

그림 2-14의 경우에 액체가 들어 있는 원통이 대기 중에 있다고 하면, 액체 윗면에서의 압력($P_{윗면}$)은 대기 중의 공기에 의한 압력, 즉 대기압만이 존재한다. 하지만 액체의 밑면에서의 압력($P_{밑면}$)은 공기에 의한 압력과 함께 높이가 h인 액체기둥에 의한 압력을 추가적으로 받게 된다.

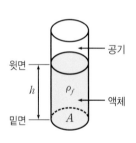

[그림 2-14] 액체가 들어 있는 원통

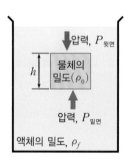

[그림 2-15] 부력

압력이란 단위면적당 받는 힘을 의미하므로 액체기둥의 무게(W)에 의한 압력은 액체기둥의 무게를 액체기둥의 단면적(A)으로 나눈 값이 되는데, 이때 액체기둥의 무게는 액체의 밀도(ρ_f: ρ는 "로우"라고 읽는다)와 액체의 부피(V)를 곱한 값에 중력가속도(g)를 곱한 값이 된다. 즉, 액체기둥의 무게는

$$W = \rho_f V g = \rho_f A h g \qquad (2.7)$$

이 된다. 따라서 액체 밑면에서의 액체기둥에 의한 압력은

$$\frac{W}{A} = \frac{\rho_f A h g}{A} = \rho_f h g \qquad (2.8)$$

와 같다. 그림 2-14에서 액체 윗면에서의 압력은 공기에 의한 대기압(P_a)뿐이며, 밑면에서

의 압력($P_{밑면}$)은 공기에 의한 대기압(P_a)과 액체 기둥에 의한 압력(P_f)의 합이 되므로

$$P_{밑면} = P_a + P_f = P_a + \rho_f h g \qquad (2.9)$$

와 같이 된다. 따라서 윗면과 밑면에서의 압력차는

$$P_{밑면} - P_{윗면} = (P_a + \rho_f h g) - P_a = \rho_f h g \qquad (2.10)$$

이다. 그림 2−15에서 물체의 밑면과 윗면의 면적(A)이 같다고 가정할 때에, 부력(B)은

$$B = (P_{밑면} - P_{윗면})A = \rho_f h g A = \rho_f V g = m_f g = W_f \qquad (2.11)$$

와 같다. 여기서 $V = hA$는 물체를 액체 속에 넣음으로써 밀려나간 액체의 부피이며, $W_f = m_f g = \rho_f V g$는 액체의 무게이다. 그림 2−16과 같이 물체가 액체 속에 완전히 잠긴 경우에, 물체가 액체 속에 잠김으로써 밀려나간 액체의 무게와 물체에 작용하는 부력은 같으므로 이러한 결과는 물체의 크기, 모양 및 밀도에 관계없이 항상 성립한다.

그림 2−16과 같이 물체가 완전히 액체 속에 잠긴 경우에, 물체의 부피(V_o)는 물체가 액체 속에 잠김으로써 밀려나간 액체의 부피(V_f)와 같다. 따라서 완전히 잠긴 물체를 위로 밀어 올리는 부력(B)에서 물체의 무게(W_o)를 빼면

$$B - W_o = (\rho_f - \rho_o)V_o g \qquad (2.12)$$

이 되며, ρ_o는 물체의 밀도이므로 물체의 무게는 $W_o = \rho_o V_o g$와 같다. 액체의 밀도가 고체 시료의 밀도보다 크면, 즉 $\rho_f > \rho_o$이면 부력이 물체의 무게보다 크게 되어 물체는 뜨게 되고, 반대로 $\rho_f < \rho_o$인 경우에는 가라앉게 된다. 하지만 액체와 고체의 밀도가 서로 같으면, 즉 $\rho_f = \rho_o$이면, 물체는 액체의 중간에 떠 있게 된다. 따라서 어떤 물체가 액체 속에 가라앉느냐, 뜨느냐 하는 문제는 물체와 액체의 상대적인 밀도에만 의존한다.

[그림 2-16] 물체가 액체 속에 완전히 잠긴 경우

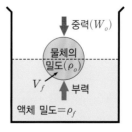

[그림 2-17] 물체의 일부만 액체 속에 잠긴 경우

그림 2-17과 같이 물체의 일부만 가라앉은 경우에, 부력은 액체 속에 잠긴 물체의 부피 (V_f)에다가 액체의 밀도(ρ_f)와 중력가속도(g)를 곱한 $\rho_f V_f g$가 되므로 물체에 작용하는 알짜 힘은 "0"이 된다. 이를 수식으로 표현하면

$$B - W_o = \rho_f V_f g - W_o = \rho_f V_f g - \rho_o V_o g = 0 \qquad (2.13)$$

와 같이 된다. 따라서 물체의 전체 부피(V_o)와 액체 속에 가라앉은 부피(V_f)의 비율은

$$\frac{V_f}{V_o} = \frac{\rho_o}{\rho_f} \qquad (2.14)$$

와 같이 주어진다.

고체 시료의 밀도가 물의 2배 정도 되고 부피가 가급적으로 큰 것을 사용하면 부력의 효과에 대하여 보다 실감나게 실험할 수 있다. 본 실험에서는 시중에서 구입이 가능한 당구공을 사용하여 동영상을 제작하였다.

실험결과에 대한 동영상 보기

⬤ 생각하여 보기

부력을 설명하고 속이 찬 금속 구슬은 물에 가라앉는데 배가 물 위에 뜨는 이유에 대해서 설명해보자.

⬤ 참고자료

http://theory.uwinnipeg.ca/physics/fluids/node10.html.

2.5 밀폐된 용기 안의 물속에 떠 있는 시험관은 용기 내부의 압력에 따라 어떻게 움직일까?

▬ 준비물

부력실험장치: 1개

▬ 실험방법

① 작은 유리관에 물을 적당히 넣은 다음, 큰 투명용기 안에 들어 있는 물속에 거꾸로 넣는다.

공기주입기

작은
유리관

[그림 2-18]
부력실험장치

② 작은 유리관이 물표면 근처로 천천히 떠오르는지를 확인한다. 만약에 빨리 떠오르면 작은 유리관 내에 물을 조금 더 넣는다. 즉, 물이 들어 있는 작은 유리관의 전체 밀도가 물보다 약간 작게 만든다.

③ 공기 주입이 가능한 마개를 사용하여 큰 투명용기의 입구를 단단히 밀폐시킨 후, 작은 유리관이 물속에 떠 있는지를 다시 확인한다.

④ 과정 ③에서 작은 유리관이 물속에 떠 있는 것을 확인한 후, 공기 주입기를 사용하여 큰 투명용기 내에 공기를 집어넣으면서 작은 유리관이 가라앉는지를 확인한다.

⑤ 위의 실험을 통하여 큰 투명용기 내에 공기를 넣으면 작은 유리관이 가라앉고, 주입된 공기를 빼면 왜 떠오르는지에 대하여 조원들과 토의한다.

⑥ 그림 2-18에서와 같이 크기가 약간 다른 작은 플라스크를 사용하여 위의 실험을 하여 보고, 2개의 플라스크가 동시에 가라앉거나 뜨지 않는 이유에 대하여 조원들과 토의하여 본다.

💬 실험결과 및 토의

작은 유리관에 물을 적당히 채운 상태에서 마개를 막지 않고 그림 2-19(a)에서와 같이 거꾸로 물속에 집어넣으면 작은 유리관은 물에 뜨게 되는데, 그 이유는 무엇일까? 이는 그림 2-19(a)에서 작은 유리관 자체의 부피(V_1)와 유리관 안에 들어 있는 공기의 부피(V_2)를 합한 부피(V), 즉 $V=V_1+V_2$에 물의 밀도 ($\rho_물$)를 곱한 크기의 부력($|\vec{B}|=\rho_물 V$)이 작은 유리관의 무게보다 크기 때문이다. 다시 말해 유리관의 무게가 부력보다 작기 때문에 공기가 들어 있는 작은 유리관은 물에 뜨게 된다. 하지만 그림 2-19(b)와 같이 물이 들어 있는 큰 투명용기 안으로 공기를 넣으면 어떻게 될까? 공기를 투명용기 안에 집어넣을 때, 주입되는 공기로 인하여 큰 투명용기가 늘어나면서 부피가 증가하지 않으면 큰 투명용기 안의 압력이 높아진다. 이러한 압력 증가는 큰 투명용기 안에 있는 물을 포함하여 모든 부분으로 전달되며, 작은 유리관의 공기가 들어 있는 부분의 부피(V_2)는 $V_3(V_3<V_2)$로 감소한다. 또한 부피의 감소는 작은 유리관에 작용하는 부력의 감소를 가져오게 되므로 작은 유리관은 가라앉게 된다.

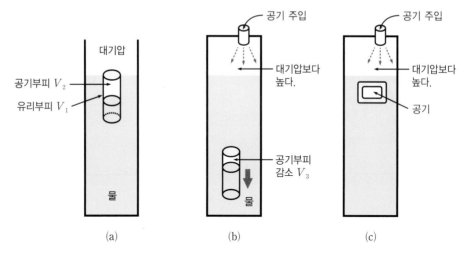

[그림 2-19] 내부 압력에 따른 부력의 크기

본 실험에서는 마개를 막지 않은 작은 유리관을 사용하여 실험하였는데, 만약에 그림 2-19(c)와 같이 안쪽이 비어 있고 압력의 변화에 의하여 부피가 변하지 않는 물체를 가지고 위와 같은 실험을 하면 어떻게 될까? 이 경우에는 공기를 주입한다고 하여도 물체는 가라앉지 않는데 그 이유에 대하여 조원들과 토의하여 보기 바란다.

실험결과에 대한 동영상 보기

이 실험에 대한 내용은 인터넷에서 "Cartesian diver"로 검색하면 많은 관련 자료를 찾을 수 있다. 또한 본 실험에서는 작은 유리관이 가라앉는 현상을 설명하기 위하여 공기 주입장치를 별도로 부착하여 실험하였다. 하지만 보다 실감나게 실험을 수행하기 위해서는 손으로 누르면 잘 눌러지고 그렇지 않으면 원래 모양으로 잘 돌아오는 플라스틱 음료수 용기 안에 물과 작은 유리관을 넣는다. 손으로 밀폐된 플라스틱 용기를 눌렀다 폈다 하면, 작은 용기가 가라앉았다 떴다 하는 현상을 쉽게 관찰할 수 있다.

2.6 갈릴레오(Galileo) 온도계를 이용한 온도측정

준비물

갈릴레오(Galileo) 온도계 : 1개, 찬물과 따스한 물이 들어 있는 그릇: 각 1개(또는 헤어드라이기)

실험방법

① 그림 2-20과 같이 갈릴레오 온도계를 책상 위에 올려놓고 구조를 관찰한다.

② 갈릴레오 온도계의 내부를 보면, 온도가 적힌 표찰과 함께 여러 종류의 색을 띤 액체가 들어있는 작은 유리용기가 떠 있음을 관찰할 수 있다.

③ 찬물이 담겨 있는 그릇에 갈릴레오 온도계를 넣고 온도계 내부에 있는 다양한 색을 띤 유리용기들이 어떻게 움직이는지를 관찰한다.

④ 이번에는 더운물이 담겨 있는 그릇에 갈릴레오 온도계를 넣고 온도계 내부에 있는 다양한 색을 띤 유리용기들이 어떻게 움직이는지를 관찰한다.

⑤ 과정 ③, ④에서의 찬물과 더운물 대신에 헤어드라이기에서 약간 더운 바람이 나오게 하여 갈릴레오 온도계에 접근시키면서 온도계 내부에 있는 다양한 색을 띤 유리용기들이 어떻게 움직이는지를 관찰한다.

⑥ 과정 ③, ④에서 관찰한 결과를 가지고 갈릴레오 온도계의 작동원리에 대해서 생각하고 실험결과에 대하여 조원들과 토의하여 본다.

[그림 2-20]
갈릴레오 온도계

그림 2-20에서 물이 담긴 수직원통형 용기 속에 있는 5가지 색의 작은 유리용기의 각각에 붙은 온도표는 표 2-1과 같다.

[표 2-1] **작은 유리 용기와 온도**

작은 유리용기	유리용기 속 액체의 색	온도표로 나타낸 온도
1	초록색	26 ℃
2	주황색	24 ℃
3	청색	22 ℃
4	보라색	20 ℃
5	분홍색	18 ℃

실험결과 및 토의

갈릴레오 온도계는 물(또는 탄화수소)이 들어 있는 수직 원통형 용기와 시각적인 효과를 위해 색소와 함께 액체가 들어 있는 작은 유리용기로 구성되어 있다. 작은 유리용기에는 온도 값을 나타내주는 온도표가 달려 있다. 수직 원통형 용기 안에 있는 액체의 온도가 변하면 액체의 밀도가 변하므로 자유로이 움직일 수 있는 다양한 색을 가진 작은 유리용기는 용기의 밀도와 주위 액체의 밀도가 같은 곳으로 이동하기 위해 올라가거나 내려가게 된다.

작은 유리용기들의 밀도차이가 매우 작으므로 밀도가 가장 작은 것이 맨 위에, 그리고 가장 큰 것이 아래에 있도록 순서를 정한 다음에 온도를 나타내는 온도표를 달아 온도 측정에 사용한다. 온도는 작은 유리용기에 매달린 금속에 새겨진 온도표의 값을 읽는데, 가장 높이 있는 유리용기들과 가장 아래에 있는 유리용기들은 서로 어느 정도 간격을 두고 있으므로 위쪽에 있는 유리용기의 온도표에 기록된 값과 아래 용기의 온도표에 기록된 값의 중간 값이 측정온도가 된다. 하지만 여러 개의 작은 유리용기 중에 하나가 아래와 위쪽의 중간지점에 떠 있다면, 이 유리용기의 온도표에 기록된 값이 용기 주위에 있는 액체의 온도와 가장 가깝다.

작은 유리용기들의 무게가 정확해야 하지만, 손작업(hand blown)으로 만들어지므로 크기와 모양에서 약간의 차이가 나게 된다. 따라서 작은 유리용기들의 무게를 같게 하기 위하여 약간 다른 양의 액체를 유리용기 속에 넣어 무게를 같게 한 다음에 온도를 나타내는 온도표의 금속 무게에 조금씩 차이를 두어 전체적으로 약간의 밀도차를 가져오도록 만든다. 따라서 수직 원통형 용기 안에 떠 있는 작은 유리용기의 밀도는 원통형 용기 속에 있는 액체의 밀도와 매우 비슷하게 만든다. 용기 내의 작은 유리용기들이 온도의 변화에 의해 팽창하거나 수축하더라도 이들이 용기의 밀도에 미치는 효과는 무시할 만하다. 작은 유리용기 내의 색소를 띤 액체와 기체의 가열 및 냉각도 작은 유리용기들의 밀도에 큰 영향을 미치지 않는다. 작은 유리용기들이 잠겨 있는 액체의 밀도가 온도에 따라서 변하므로 작은 유리용기들이 가라앉거나 떠오르게 된다.

갈릴레오 온도계의 동작 원리는 부력에 기초하고 있으며, 부력에 의해 물체는 특정액체에 대하여 가라앉거나 뜨게 된다. 커다란 물체가 특정 액체에서 가라앉거나 뜨도록 하는 것은 액체의 밀도와 액체에 담긴 물체의 밀도 사이의 관계에 의해 결정된다. 즉, 물체의 무게가 그 물체가 액체 속에 들어감으로써 물체가 밀어낸 액체의 무게보다 무거우면, 물체는 가라앉고 그 반대의 경우이면 뜨게 되는데 이를 아르키메데스의 원리라고도 한다. 수직 원통형 용기의 액체 속에 잠겨 있는 작은 유리용기에는 지구 중심으로 작용하는 중력과 액체가 유리용기를 떠받치는 부력이 작용하므로 2종류의 힘을 받는다.

온도계 바깥 공기의 온도가 변함에 따라 수직 원통형 용기 속에 있는 물의 온도도 변하게 되어 결과적으로는 물이 팽창하거나 수축하여 밀도가 변하게 된다. 따라서 특정 온도에서 물과 비슷한 밀도를 가지는 작은 유리용기들의 일부는 가라앉고 일부는 뜨게 된다. 그림 2-21 에는 5가지 색의 작은 유리용기가 있는데, 이 중에서 밀도가 가장 작은 것은 26 ℃를 나타내는 초록색 유리용기, 그 다음이 24 ℃를 나타내는 주황색 유리용기, 밀도가 가장 큰 것은 가장 낮은 18 ℃를 나타내는 분홍색 유리용기이다.

온도를 읽는 방법에 대해서 알아보자. 그림 2-21은 24 ℃와 23 ℃에서 측정한 경우를 나타내었다. 그림 2-21(a)에서 3개는 바닥에 있고 초록색 유리용기는 가장 위에 있으며, 24 ℃를 나타내는 주황색 유리용기가 중간에 떠 있는데 이것이 측정온도를 나타낸다. 하지만, 그림 2-21(b)와 같이 어느 하나가 중간에 떠 있지 않은 경우에는 위에 떠 있는 것 중에 아래에 있는 주황색 유리용기의 온도와 아래에 떠 있는 것들 중에서 가장 위에 있는 청색 유리용기의 온도를 더하여 2로 나누면 된다. 따라서 그림 2-21(b)의 경우에 온도는 23 ℃를 나타낸다.

온도계가 있는 실내온도가 24 ℃라고 하면, 수직 원통형 유리용기 내에 있는 투명액체(그림 2-21에서는 엷은 옥색으로 나타내었다)의 온도도 약 24 ℃가 된다. 온도계에서 청색, 보라 및 분홍색으로 표시된 유리용기들의 밀도는 24 ℃에 있는 물의 밀도보다도 크게 만들어져 있어 가라앉게 된다. 반면에 초록색 유리용기의 밀도는 24 ℃에 있는 물의 밀도보다도 작게 만들어져 있어 뜨게 된

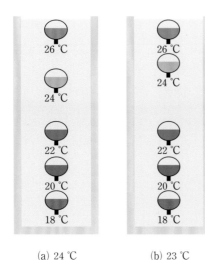

(a) 24 ℃   (b) 23 ℃

[그림 2-21] 온도측정의 예

다. 하지만 주황색 용기의 밀도는 24 ℃에 있는 물의 밀도와 거의 비슷하기 때문에 어느 한 부분으로 치우치지 않고 중간에 위치하게 되면서 온도를 나타내게 되는 것이다.

수직원통형 용기 내에 있는 작은 유리용기들은 녹색, 주황색, 청색, 보라색 및 분홍색의 순서로 배열되도록 하고 작은 유리용기의 지름을 수직 원통형 용기의 안쪽 지름보다 약간 작게 만들든지 아니면 훨씬 작게 만들어 수직원통 용기 내에서 자유롭게 움직이도록 만들어져야 한다. 물론 내부의 작은 유리용기들이 이동 중에 서로 끼워서 이동이 안 되는 일이 없도록 해야 한다.

실험결과에 대한 동영상 보기

참고자료

http://en.wikipedia.org/wiki/Galileo_thermometer.

2.7 액체의 밀도 측정

━ 준비물

액체의 밀도 측정장치(Hare 장치): 1개, 비커 (50 cc 정도): 2개, 알코올(50 cc 정도), 물 (50 cc 정도)

━ 실험방법

① 그림 2−22와 같이 실험장치를 준비하고, 약 40 cc 정도의 물과 알코올을 2개의 비커 각각에 같은 높이로 넣은 다음, U 자관의 두 유리관이 액체에 충분히 잠기도록 한다.

② 고무호스를 입에 대고 천천히 빨면 두 액체가 동시에 올라오게 되는데 두 액체가 섞이지 않도록 주의한다.

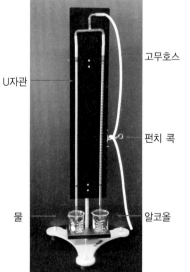

[그림 2-22] 헤어장치

③ 빨려 올라오는 두 액체의 높이가 일정한 높이가 되면 핀치콕을 이용하여 공기가 들어가지 않도록 고무호스를 꼭 막는다.

④ 장치 또는 유리관에 부착되어 있는 자를 이용하여 두 액체의 높이를 측정한다.

⑤ 고무호스의 핀치콕을 약간 열어서 유리관 내에 공기를 약간 넣으면, 두 액체의 높이가 약간 내려간다.

⑥ 처음 두 액체의 높이와 공기를 약간 넣은 후에 측정한 두 액체의 높이 차를 이용하여 물과 알코올의 밀도를 비교한다.

실험결과 및 토의

거꾸로 놓인 U 자관의 두 유리관 A, B 밑에 밀도가 ρ_1인 액체 1과 측정하고자 하는 액체 2를 놓고 고무호스를 통하여 U 자관 내의 공기를 빨아내면, 두 액체가 관을 따라 올라간다. 유리관의 단면적을 A, 두 액체의 밀도를 ρ_1, ρ_2, 올라온 두 액체의 높이를 h_1, h_2, 관내의 압력을 P, 대기압을 P_a라고 하자(그림 2-23 참조).

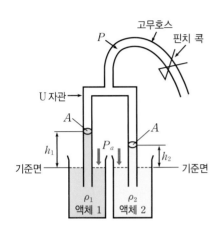

[그림 2-23] 액체의 밀도 측정

기준면으로부터 h_1의 높이만큼 올라간 액체 1의 무게는 부피(Ah_1)에 액체의 밀도(ρ_1)와 중력가속도(g)를 곱한 것이 되므로, $Ah_1\rho_1g$이 된다. 따라서 h_1의 높이만큼 올라간 액체의 무게에 의해 아랫방향으로 작용하는 압력은 힘(액체의 무게)을 면적으로 나눈 값이 되어 $Ah_1\rho_1g/A=h_1\rho_1g$이 된다. 유리관 내의 압력이 P이므로 전체압력은 관내의 압력과 액체의 무게에 의한 압력의 합이 되어 전체압력은 $h_1\rho_1g+P$이다. 마찬가지로 기준면으로부터 h_2의 높이만큼 올라간 액체 2에 의한 압력은 액체 2의 무게에 의한 것과 유리관 내 압력의 합이므로 $h_2\rho_2g+P$이다. 이러한 압력들은 비커에 담겨있는 액체의 표면에 미치는 대기압과 같게 되므로 이를 식으로 표현하면 다음과 같다.

$$h_1\rho_1g+P=h_2\rho_2g+P=P_a \qquad (2.15)$$

고무호스의 핀치콕을 약간 열어서 유리관 내에 약간의 공기를 넣으면, 두 액체의 높이가 약간 낮아지게 되며, 이때의 높이를 각각 h_1', h_2', 관내의 변화된 압력을 P'라고 하면

$$h_1'\rho_1g+P'=h_2'\rho_2g+P'=P_a \qquad (2.16)$$

와 같은 관계식이 성립한다. 식 (2.15)에서 식 (2.16)을 빼면

$$\rho_1(h_1-h_1')g=\rho_2(h_2-h_2')g$$

$$\rho_2=\frac{h_1-h_1'}{h_2-h_2'}\rho_1 \qquad (2.17)$$

이 된다. 따라서 한쪽 액체의 밀도(ρ_1)를 알고 있으면, U 자관 내의 압력변화에 따른 두 액

체의 높이를 측정함으로써 측정하고자 하는 액체 시료의 밀도(ρ_2)를 식 (2.17)을 이용하여 구할 수 있다.

실험결과에 대한 동영상 보기

생각하여 보기

본 실험에 사용된 실험장치의 두 유리관 안쪽 지름이 서로 다른 경우에도 주어진 식을 사용해도 같은 결과를 얻을 수 있는지에 대하여 친구들과 서로 토의하여 보기 바란다.

> ⚠ 주의 U자 모양의 유리관 내부가 너무 가늘면 모세관 현상이 나타나므로 관은 비교적 굵을수록 좋고, 액체의 높이차를 크게 하기 위해서는 유리관의 길이가 길면 좋으나 실험을 위하여 액체가 비교적 많이 필요하다는 단점이 있다.

추가실험

그림 2-24는 2개의 투명 유리용기가 서로 연결되어 있고 연결부위에는 작은 구멍이 있어 용기 속의 액체가 윗부분의 유리용기와 아랫부분의 유리용기 사이를 오고갈 수 있도록 되어

있다. 투명 유리용기 안에는 밀도가 서로 다르고 서로 섞이지 않는 두 액체가 들어있는데 초록색의 액체가 무색투명한 다른 액체에 비하여 밀도가 작다. 그림 2-24는 아래 유리용기의 상단에 초록색 액체가 모여 있는 순간을 나타낸 것으로 시간이 지나면 초록색의 액체는 모두 윗부분의 투명 유리용기 속으로 이동을 하게 된다. 이러한 장치를 만들 수 있는 기본 요건은 두 액체의 밀도가 서로 다르고 서로 섞이지 않아야 한다는 점이다.

[그림 2-24] 밀도가 다른 두 액체의 혼합

자, 이제 그림 2-24에서 보여준 용기를 중력이 작용하지 않는 우주 공간으로 가져가면 어떤 일이 벌어지는지에 대하여 생각하여 보자. 물론 투명 유리용기는 무중력상태에서도 깨지지 않는다고 가정하자. 그림 2-24에서 밀도가 큰 액체는 아랫부분에 위치하고 밀도가 작은 액체는 윗부분에 위치함으로써 밀도가 서로 다르고 서로 섞이지 않는 두 액체는 분리된 상태로 존재하게 된다. 이 과정에서 밀도가 작은 액체가 위로 올라가고 큰 액체가 아래로 내려오는 것은 실질적으로 두 액체에 작용하는 중력의

차이로 인하여 이러한 분리가 일어나는 것이다. 하지만 중력이 존재하지 않는 무중력상태로 가게 되면, 밀도의 차이에 따른 중력의 차이가 생기지 않는다. 따라서 밀도가 크거나 작음에 관계없이 두 물질은 골고루 섞인 상태로 분리가 일어나지 않게 된다.

추가실험결과에 대한 동영상 보기

2.8 탄성충돌

준비물

탄성충돌실험장치: 1개

실험방법

① 그림 2-25와 같이 실험장치를 준비한다.

② 쇠구슬 모양의 탄성체들 중에서 1개를 일정한 높이
만큼 올렸다가 놓으면서 나머지 정지해 있던 탄성체
가 어떻게 운동하는지에 대해서 관찰한다.

③ 쇠구슬 모양인 탄성체들 중에서 2개를 일정한 높이
만큼 올렸다가 놓으면서 나머지 정지해 있던 탄성체
들이 어떻게 운동하는지에 대해서 관찰한다.

④ 과정 ③이 끝나면, 위의 실험을 반복한 후, 탄성충돌
에 대해 생각하여 본다.

[그림 2-25] 탄성충돌실험장치

실험결과 및 토의

쇠구슬 모양의 탄성체들 중에서 가장 왼쪽에 있는 1개를 일정한 높이만큼 올렸다가 놓으
면 중력에 의해서 아래로 운동을 하다가 정지해 있는 나머지 4개의 탄성체들 중에서 가장 왼
쪽에 있는 탄성체와 부딪치면서 충돌이 오른쪽으로 전달해 가는 것을 관찰할 수 있다. 이는
탄성체인 구가 가지고 있는 운동량을 다른 구에 전달해 가는 과정을 잘 보여주는 실험이다.

2개의 구를 가지고 반복실험을 하게 되면 이번에는 정지해 있던 구슬 중에 2개의 구들이
연속적으로 움직이는 것을 관찰하게 되는데 이는 2개의 구를 사용하는 경우에 질량이 2배로
늘어나기 때문에 운동량도 1개로 실험을 하였을 때보다도 2배로 커지기 때문이다.

위의 실험은 물체의 탄성충돌과 직접적인 관계가 있다. 물체의 충돌은 크게 탄성충돌과 비탄성충돌로 분류할 수 있다. 탄성충돌과 비탄성충돌을 이해하기 위해서는 우선 운동량과 운동에너지에 대해서 알아야 한다. 작은 장난감 자동차와 승용차가 똑같이 시속 30 km로 달린다고 하자. 사람이 손을 사용하여 장난감 자동차는 쉽게 멈출 수 있으나, 슈퍼맨이 아닌 일반인들은 승용차를 멈추게 할 수 없다. 우선 여기서 우리가 알 수 있는 것은 장난감 자동차는 질량이 작고 승용차의 질량은 크다는 것이다. 따라서 같은 속도를 가진다고 하여도 질량이 다르면 뭔가 서로 다른 물리량이 존재한다는 것을 알 수 있다. 또한 장난감 자동차라고 하여도 속도가 아주 크게 되면, 손으로 멈추기에 어려운 경우가 발생한다. 즉, 같은 장난감 자동차라고 하여도 속도에 따라서 다른 물리량이 존재함을 알게 된다. 이러한 사실을 고려하면, 물체의 질량과 속도에 의존하는 물리량이 존재하는데 이를 "운동량"이라 하며 수식으로는 "질량×속도"로 표현한다. 따라서 "질량×속도"로 표현되는 물리량은 정지한 물체(물론 운동량은 "0")를 포함하여 모든 물체가 가지고 있는 고유의 양이 되므로 항상 보존된다. 한편, 운동하고 있는 물체는 에너지를 가지게 되는데 이를 운동에너지($K.E$)라 하며, 수식으로는 $K.E = \frac{1}{2}mv^2$으로 표현한다. 여기서 m은 물체의 질량, v는 물체의 속도를 의미한다. 에너지는 위치에너지, 소리에너지, 열에너지 등 여러 종류가 있으며, 운동에너지는 위치에너지나 소리에너지로 바뀔 수 있다. 따라서 운동 중인 물체가 가지고 있는 에너지는 위치에너지와 운동에너지 또는 열에너지로 변환이 가능하다.

그럼, 다시 충돌에 대한 설명으로 돌아가 보자. 운동 중인 물체가 정지한 물체와 충돌하는 경우는 크게 ① 탄성충돌, ② 비탄성충돌로 표현된다. 탄성충돌은 운동량과 운동에너지가 항상 보존되는 충돌을 의미하며, 비탄성충돌은 운동량은 보존되나 운동에너지가 보존되지 않는 충돌을 의미한다. 운동량(p)은 일반적으로 $\vec{p} = m\vec{v}$로 표시하며, 운동에너지는 $K.E = \frac{1}{2}mv^2 = \frac{p^2}{2m}$으로 표현된다. 속도 $\vec{v}$로 운동 중인 물체가 정지해 있는 다른 물체와 충돌을 하게 되면, 충돌 후에 두 물체가 가지는 각각의 운동량의 합은 처음 운동량의 합과 항상 같아지는데 이는 운동량이 물체가 가지는 고유의 양이기 때문이다. 질량이 m이고 속도가 $\vec{v}$로 운동 중인 물체가 정지 중인 다른 물체와 충돌하기 전에 가지고 있는 총 운동에너지는 $\frac{1}{2}mv^2$이 된다. 충돌한 후에 각각의 물체가 가지는 총 운동에너지의 합은 충돌 전의 운동에너지와 같게 되는데 이러한 충돌을 탄성충돌이라 한다. 하지만 충돌과정에 소리가 난다거나 열이 발생하면, 충돌 후에 총 운동에너지는 충돌 전의 운동에너지에 비하여 소리 또는 열로 소모된 에너지만큼 줄어들게 되는데 이러한 충돌을 비탄성충돌이라 한다.

질량이 항상 일정하다고 할 때에 운동에너지는 운동량의 제곱을 2배의 질량으로 나눈 값 ($K.E = p^2/2m$)이 되는데 운동량(p)이 보존되고 운동에너지는 보존되지 않는 것이 가능하냐고 질문할 수 있다. 다시 말해서 운동량 "p"가 보존되고 질량이 일정하면, 운동에너지 $K.E = p^2/2m$도 일정하게 보존돼야 한다고 생각할 수 있다. 하지만 앞서 설명한 바와 같이 충돌과정에 소리가 난다거나 열이 발생하면, 충돌 후에 총 운동에너지는 충돌 전의 운동에너지에 비하여 소리 또는 열로 소모된 에너지만큼 줄어들게 되므로 운동에너지는 보존되지 않을 수가 있는 것이다.

그림 2-26은 일직선상에 놓여 있는 질량 m이 서로 같은 두 물체 중에 B는 정지해 있고 A는 속도 $\vec{v}$를 가지고 운동하여 충돌하는 과정과 결과를 나타낸 것이다. 질량이 같고 두 물체의 충돌이 탄성충돌인 경우에 A는 충돌 후에 정지하게 되고, B는 A가 처음 가지고 있던 속도 $\vec{v}$로 A가 운동하던 방향과 같은 방향으로 운동하게 된다. 물론 탄성충돌이므로 충돌과정 중에 부딪치는 소리가 났다면 충돌 전에 없던 소리가 난 것이고 소리도 에너지를 가지고 있으므로 완전탄성충돌의 개념에서 벗어나게 되며, 충돌 후에 B의 속도는 원래 A가 가지고 있던 속도보다는 줄어들게 된다. 따라서 실제 우리의 일상생활에서 엄밀한 의미의 탄성충돌은 존재하지 않는다고 볼 수 있다.

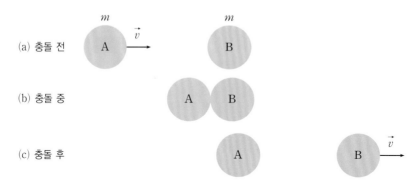

[그림 2-26] 질량이 같은 두 물체의 탄성충돌

본 실험을 통하여, 구슬모양의 탄성체들 중에 1개를 일정한 높이로 올렸다가 놓으면 정지해 있던 나머지 구와 충돌하면서 충돌이 옆에 있는 탄성체에 전달해 가면서 맨 뒤에 있는 하나의 탄성체만이 일정한 높이로 올라갔다가 내려오면서 충돌이 반대방향으로 전달되는 과정을 볼 수 있다. 또한 처음에 2개의 구를 일정한 높이만큼 올렸다 놓는 같은 실험을 반복하여 보면, 충돌이 일어나면서 정지해 있던 2개의 구가 일정한 높이로 올라가게 된다는 사실을 알게 된다. 이는 물체들 사이의 충돌이 탄성충돌에 가깝다는 것을 설명하여 주는 것이다. 물론 충돌 중에 구들이 부딪치는 소리를 내게 되는데 소리도 에너지를 가지므로 소리가 가지는 에너지만큼 충돌과정에 소모되므로 엄밀한 의미에서는 탄성충돌이라 할 수 없으나, 일생생활에서 관찰할 수 있는 탄성충돌에 가장 가까운 충돌이라고 할 수 있다.

실험결과에 대한 동영상 보기

2.9 회전하는 바퀴와 회전의자를 이용한 회전운동 관찰

준비물

회전이 잘되는 의자: 1개, 손잡이가 달린 회전바퀴: 1개

실험방법

① 그림 2-27과 같이 회전의자에 앉아 회전바퀴의 면이 지면과 수평 또는 수직이 되도록 잡는다.

② 회전의자에 앉아있는 동안 회전바퀴를 회전시킨다.

③ 회전하는 바퀴를 잡은 상태에서 회전하는 바퀴를 기울여 보면서 회전의자가 회전하는지를 관찰한다.

④ 회전하는 바퀴를 천천히 또는 빨리 기울여보면서 차이점이 있는지를 관찰한다.

⑤ 과정 ③에서 회전하는 바퀴를 반대로 기울이면 의자가 어떻게 회전되는지를 관찰한다.

[그림 2-27] 회전운동 실험

실험결과 및 토의

회전하는 물체에 대한 각운동량의 방향은 오른손 4개의 손가락이 물체의 회전방향을 가리킨다고 할 때에, 똑바로 세운 엄지손가락의 방향이 각운동량의 방향이라고 보면 된다. 회전하는 바퀴를 정지시키고자 하는 힘이 외부에서 작용하지 않는 한 회전하는 바퀴의 처음 각운동량은 보존되며 각운동량이 보존된다는 말은 회전방향과 회전하려는 크기가 원래의 상태를 유지한다는 것을 의미한다.

그림 2-28(a)에서와 같이 바퀴가 반시계방향으로 각속도 $\vec{\omega}$로 회전하는 경우에 각운동량($\vec{L}$)의 방향은 위쪽을 향하게 된다. 마찬가지로 그림 2-28(b)에서는 오른쪽 방향, 그리

고 그림 2-28(c)에서는 왼쪽 방향을 향하게 된다.

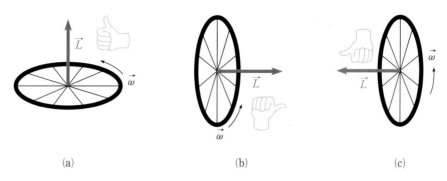

(a)   (b)   (c)

[그림 2-28] 각운동량 보존을 설명하기 위한 그림

본 실험에서는 회전이 자유로운 의자 위에 사람이 앉아서 회전하는 바퀴를 바퀴의 회전축에 대하여 시계방향 또는 반시계방향으로 회전시키는 경우에, 의자 위에 앉은 사람이 회전의자의 회전축을 중심으로 시계방향 또는 반시계방향으로 회전한다는 사실이다. 이러한 실험 결과를 이해하기 위해서는 회전하는 바퀴, 회전의자 및 회전의자 위에 앉은 사람을 함께 생각해야 한다. 회전의자 위에 앉은 사람이 그림 2-29(a)에서와 같이 바퀴를 세운 상태로 잡고서 다른 사람이 화살표의 방향($\vec{\omega}$)으로 회전시키는 경우에, 회전하는 바퀴, 사람, 의자로

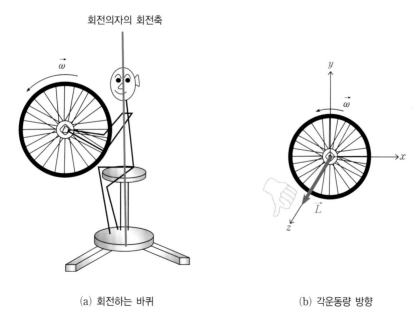

(a) 회전하는 바퀴   (b) 각운동량 방향

[그림 2-29] 각운동량 보존 실험

구성된 전체 각운동량은 오직 회전하는 바퀴에 의한 것으로 방향은 그림 2-29(b)에 나타낸 바와 같이 엄지손가락 방향인 z-축방향($\vec{L}$)이다.

자, 이제 바퀴가 회전하는 동안, 의자 위에 앉은 사람이 회전 중인 바퀴의 회전축을 x-축에 대하여 시계방향으로 회전시키면 어떤 일이 일어나는지에 대하여 생각하여 보자. 회전하는 바퀴를 시계방향으로 회전시켰으므로, 회전하는 바퀴에 의한 각운동량의 방향은 그림 2-30(b)에 나타낸 바와 같이 위쪽을 향하게 된다. 즉, 의자 위에 앉은 사람이 회전하는 바퀴를 시계방향으로 회전시키기 전에는 각운동량의 방향이 그림 2-30(a)에서와 같이 z-축 방향을 가리켰으나, 회전하는 바퀴를 x-축에 대하여 시계방향으로 회전시킴으로써 전체 각운동량의 방향은 그림 2-30(b)에서와 같이 y-축 방향을 가리키게 된다.

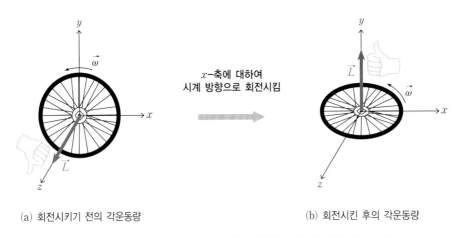

(a) 회전시키기 전의 각운동량   (b) 회전시킨 후의 각운동량

[그림 2-30] 회전하는 바퀴가 x축에 대하여 회전함으로써 생긴 각운동량의 변화

위에서 일어난 상황을 그림 2-31에 보다 상세하게 나타내었다. 회전하는 바퀴의 처음 각운동량은 그림 2-30(a)에서와 같이 z-축 방향을 가리키고 있었는데, 의자 위에 앉은 사람이 회전하는 바퀴를 회전축에 대하여 시계방향으로 회전시킴으로써 각운동량의 방향이 그림 2-30(b)에서 빨강색의 화살표로 표시한 바와 같이 위쪽을 향하고 있다. 이러한 위쪽 방향의 각운동량은 처음에 존재하지 않았으므로, 처음의 각운동량이 보존되기 위해서는 이러한 위쪽 방향의 각운동량을 상쇄해야만 하는데 이를 위한 유일한 방법은 바퀴, 사람, 의자에 의한 각운동량이 그림 2-31(b)에서 청색의 화살표로 나타낸 바와 같이 아래쪽을 향해야 된다. 바퀴, 사람, 의자의 각운동량의 방향이 아래쪽을 향하기 위한 유일한 방법은 의자에 앉은 사람이 의자와 함께 시계방향으로 회전하는 것이다. 이러한 방법으로 회전하는 바퀴의 방향을 회전시키는 경우에 의자에 앉은 사람의 회전방향이 결정되며, 본 실험에서와 같이 의자에 앉은 사람이 회전하는 바퀴를 x-축에 대하여 시계방향 또는 반시계방향으로 회전시키는 경

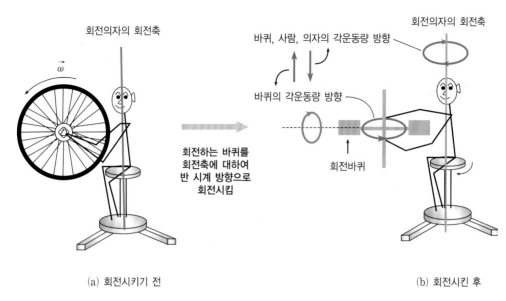

회전의자의 회전축

$\vec{\omega}$

바퀴, 사람, 의자의 각운동량 방향

회전의자의 회전축

바퀴의 각운동량 방향

회전하는 바퀴를
회전축에 대하여
반 시계 방향으로
회전시킴

회전바퀴

(a) 회전시키기 전

(b) 회전시킨 후

[그림 2-31] 회전하는 바퀴를 회전축에 대하여 회전시키기 전후의 모습

우에 회전하는 이유는 이러한 각운동량의 보존으로 설명된다.

위의 실험에서 회전하는 바퀴를 기울이는 경우에 천천히 기울이는 경우와 빨리 기울이는 경우를 생각하여 볼 수 있다. 빨리 기울인다는 것은 회전하는 바퀴가 가지는 각운동량을 갑자기 변화시키는 경우로 생각할 수 있어 시간에 대한 각운동량의 변화율이 커지게 된다. 각운동량의 변화율이 크다는 것은 결국에 어떤 물체를 회전시키려는 회전력이 커짐을 의미하게 되므로, 의자 위에 앉은 사람은 의자와 함께 비교적 잘 회전하게 된다. 하지만 같은 속도로 회전하는 바퀴를 천천히 기울이게 되면 각운동량의 변화가 작아지게 되어 회전력이 작아지므로, 의자 위에 앉은 사람은 회전하는 바퀴를 빨리 기울이는 경우에 비하여 천천히 회전하게 된다.

이처럼 회전 가능한 의자에 앉은 사람의 회전과 회전바퀴의 회전을 통해서 각운동량이 보존됨을 확인할 수 있다. 자전거를 탈 때에, 자전거 바퀴가 빨리 회전하면 잘 쓰러지지 않는 이유도 자전거 바퀴의 회전에 따른 각운동량의 보존 때문이다.

실험결과에 대한 동영상 보기

🔵 생각하여보기

실험이 보다 잘 되기 위해서는 회전바퀴가 무거운 것이 좋다. 물론 회전의자도 마찰이 적어 회전이 잘되는 의자가 좋다. 실험실에서 각운동량 보존을 보여주는 또 하나의 방법은 회전의자에 길게 엎드린 상태에서 다른 사람이 엎드린 사람을 회전시킨 다음, 엎드린 사람이 팔과 다리를 의자 쪽으로 모으면 회전이 매우 빨라지게 됨을 알 수 있다. 각운동량 보존의 예는 텔레비전에서 스케이트 선수들이 팔과 다리를 되도록 몸체에서 멀리 벌려 회전을 시작하다가 회전속도를 증가시키고자 할 때에 팔과 다리를 몸에 바짝 붙이는 것을 보게 되는데 이 역시도 각운동량의 보존으로 설명된다.

질문

ⓐ 회전하는 바퀴의 방향을 바꾸면 의자가 돌아가는 이유는 무엇일까?

ⓑ 회전하는 바퀴의 방향을 ⓐ와 반대방향으로 뒤집으면 의자가 어떻게 되는가?

ⓒ 실험에서 각운동량이 완전히 보존되지는 않는데 그 이유는 무엇인가?

참고자료

① http://kr.youtube.com/watch?v=dVwKE9yDqVo&feature=related.

② http://techtv.mit.edu/videos/855-bicycle-wheel-amp-rotating-stool.

2.10 거꾸로 도는 팽이 놀이

준비물

거꾸로 도는 팽이: 1개, 오뚝이 장난감: 1개

실험방법

① 그림 2-32와 같이 오뚝이 장난감을 거꾸로 바닥이 평편한 곳에 놓으면 최종적으로 어떤 모양으로 서게 되는지를 관찰한다.

[그림 2-32] 오뚝이 장난감

② 그림 2-33에서 보여준 거꾸로 도는 팽이를 회전시켜 바닥이 평편한 면 위에 가볍게 올려 놓는다.

(a) 일반 민속팽이   (b) 거꾸로 팽이   (c) 거꾸로 팽이

[그림 2-33] (a)민속팽이와 (b, c)거꾸로 팽이 모양

③ 팽이가 똑바로 선 상태에서 회전을 하다가 어느 정도 시간이 지나면 아래와 위가 바뀌면 서 원래의 상태와는 반대로 회전하는지를 관찰한다.

④ 과정 ③에서 관찰한 결과를 친구들과 거꾸로 돌게 되는 원인에 대해서 토의하고 원인을 알아본다.

🔹 실험결과 및 토의

팽이가 회전을 하다가 거꾸로 뒤집히는 현상을 설명하기는 매우 복잡한 물리지식을 요한다. 여기서는 개념위주로 설명하였으며 설명의 대부분은 참고자료 중에서 ⑧http://www. fysikbasen.dk/English.php?page=Vis&id=79의 자료를 주로 인용하여 설명하였다. 따라서 보다 자세한 설명이 필요한 경우에는 위의 웹사이트나 뒤에 소개한 참고자료 또는 참고문헌을 참조하기 바란다.

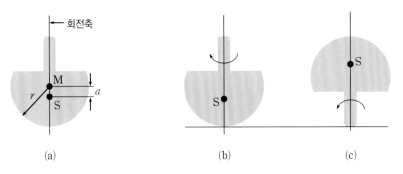

[그림 2-34] (a) 옆에서 본 거꾸로 팽이의 구조 (b) 처음 회전모습 (c) 나중의 회전모습

거꾸로 팽이는 반지름이 r로 일정한 구의 일부와 손잡이로 사용되는 원통형 막대로 구성된 것으로, 그림 2-34(a)는 옆에서 본 거꾸로 팽이의 모습을 나타낸 것이다. 여기서 M은 반지름이 r인 구의 중심을 나타낸 것이고, S는 팽이의 질량중심을 나타낸 것이다. 일반 민속 팽이는 끝이 뾰족한 부분이 실험대의 바닥 면과 접촉하여 회전하고 접촉점이 회전축 위에 있다. 하지만 거꾸로 팽이는 팽이의 밑면이 구형이기 때문에 접촉점이 회전축 위에 있지 않는 동시에 무게중심(질량중심)을 지나는 수직선(팽이의 회전축) 위에도 있지 않게 된다.

팽이가 처음에는 그림 2-34(b)에서와 같이 팽이 위에서 보았을 경우에, 실험대 위에서 시계방향으로 회전을 하다가 조금 시간이 지나면 손잡이가 아래로 향하다가 바닥에 부딪치면서 팽이가 거꾸로 뒤집혀서 손잡이를 중심으로 하여 회전하게 된다. 이 과정에서 주의할 점은 그림 2-34(b)에서의 질량중심 S가 그림 2-34(c)에서와 같이 위로 올라가게 되어 팽이의 중력 위치에너지는 증가하게 되어 물체가 에너지를 얻는다고 잘못 생각할 수 있다. 실제로 물체가 거꾸로 돌게 만드는 것(중력 위치에너지의 증가를 가져오는 것)은 미끄럼마찰에 기인하며, 미끄럼마찰은 팽이의 운동에너지를 감소시키지만 운동에너지와 위치에너지의 합인 총 에너지는 실질적으로는 감소하지 않는다.

거꾸로 팽이에서 가장 재미있는 현상은 팽이가 그림 2−34(b)에서 같이 시계방향으로 회전을 하다가 거꾸로 뒤집히면서 회전방향이 반대로 된다는 점이다. 즉, 거꾸로 바뀌는 과정에서 팽이는 손잡이를 지나는 회전축에 대한 회전이 잠시 중단되었다가 반대방향으로 회전하게 된다. 이와 동시에 질량중심이 그림 2−34(b, c)에서 보는 바와 같이 변하게 되는데 이러한 현상은 에너지 보존과 각운동량 보존을 이용하여 설명이 가능하다.

그림 2−34에서 관찰되는 현상을 이해하기 위해서는 미끄럼마찰에 대한 이해가 필요하다. 팽이가 시계방향으로 회전하다가 거꾸로 돌게 되면, 질량중심이 약간 위로 올라가게 되어 중력 위치에너지가 증가한다. 이러한 중력 위치에너지의 증가는 거꾸로 된 다음에 처음보다 천천히 회전하여 감소된 운동에너지가 위치에너지의 증가를 보존하게 되는 것인데 전 과정을 한 번에 생각하면, 팽이의 총 에너지는 변하지 않는다고 볼 수 있다. 회전속도가 감소한다는 것은 각운동량의 감소를 의미하게 되며 각운동량의 감소는 외부에서 토크(회전력)를 가해줘야 가능하게 되는데 이러한 회전토크를 주는 것이 바로 팽이의 표면과 바닥과의 마찰에 의해서 일어나게 된다.

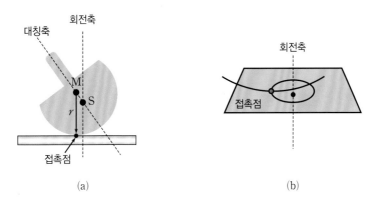

[그림 2−35] (a) 회전하는 팽이 (b) 실험대 면 위에서의 접촉점의 궤적

처음의 회전방향과 반대로 회전하면서 아래와 위가 바뀌는 거꾸로 팽이가 작동하는 이유는 팽이의 질량중심과 반지름이 r인 구의 중심이 일치하지 않기 때문이다. 회전축은 질량중심을 통과하기 때문에, 팽이는 팽이가 회전하고 있는 표면 위를 미끄러지면서 움직이게 된다. 반지름이 r인 구(엄밀히는 팽이의 아랫부분)의 중심(M)이 질량중심과 일치하지 않기 때

문에 표면과의 접촉점은 회전축과 일치하지 않는다(그림 2-35 참조).

접촉점이 회전축과 일치하지 않으므로, 팽이는 회전축을 중심으로 하는 하나의 원 모양으로 표면을 미끄러지면서 움직이게 된다. 이때에 생기는 미끄럼마찰이 팽이를 거꾸로 뒤집는데 필요한 토크(회전력)를 제공하게 된다. 팽이가 이러한 마찰과 토크의 영향을 받아, 손잡이가 표면에 대하여 위에서 아래로 뒤집어지게 되며, 실험대 표면에 마찰이 전혀 없다면 거꾸로 팽이는 작동하지 않는다. 팽이가 거꾸로 뒤집히는 도중에 원통모양인 손잡이가 실험대 바닥에 부딪히자마자 팽이는 손잡이 위에서 회전하게 된다. 이때에 손잡이 가장자리가 실험대 바닥에 부딪히면서 바닥표면과의 마찰에 의한 토크가 발생하게 된다. 일반적으로 손잡이의 가장자리와 바닥표면과의 마찰을 증가시키기 위하여 전형적인 거꾸로 팽이의 모양은 손잡이의 가장자리가 톱니 모양으로 되어 있다(그림 2-36 참조).

[그림 2-36]
전형적인 거꾸로 팽이

거꾸로 팽이가 처음에 시계방향(또는 반시계방향)으로 회전을 하다가 위와 아래가 서로 뒤바뀌면, 반시계방향(또는 시계방향)으로 회전방향이 바뀌게 되지만 각운동량은 같은 방향을 유지하게 된다. 팽이가 회전을 시작하는 초기에는 손잡이를 통과하는 회전축에 대하여 회전을 한다(그림 2-37(a) 참조).

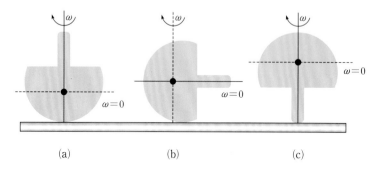

(a)   (b)   (c)

[그림 2-37] 거꾸로 팽이의 회전축

팽이의 손잡이가 아래로 향할 때도 수직축에 대하여 회전을 계속하며, 팽이가 그림 2-37(b)와 같이 거의 수평(완전 수평이 아님)이 되었을 때에 손잡이를 통과하는 축에 대해서는 더 이상 회전을 하지 않는다. 손잡이를 통과하는 축에 대한 회전은 손잡이가 수평 아래로 향함에 따라 반대방향으로 회전이 다시 시작된다(그림 2-37(c) 참조). 팽이가 손잡이를 통과하는 축에 대하여 어떻게 방향이 변하는지를 알아보기 위해 탄소가루가 뿌려진 표면에서 팽이를 회전시켜보면 알 수 있는데, 그림 2-38은 이러한 실험의 결과를 그림으로 표현한 것이다.

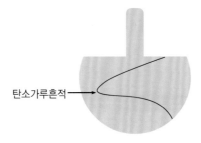

탄소가루흔적

[그림 2-38] 거꾸로 팽이의 면에 생긴 탄소가루 흔적

실험결과에 대한 동영상 보기

참고자료

① http://en.wikipedia.org/wiki/Center_of_mass.

② http://www.britannica.com/EBchecked/topic/242556/centre-of-gravity.

③ http://en.wikipedia.org/wiki/Gyroscope.

④ http://demonstrations.wolfram.com/TippeTop/.

⑤ http://scienceworld.wolfram.com/physics/TippeTop.html.

⑥ http://kr.youtube.com/watch?v=-lt8i7cb_o8.

⑦ http://en.wikipedia.org/wiki/Tippe_top.

⑧ http://www.fysikbasen.dk/English.php?page=Vis&id=79.

2.11 모래시계의 무게는 항상 일정할까, 아니면 시간에 따라 변할까?

준비물

모래시계(5분) : 1개, 소형 전자저울 : 1대

실험방법

① 모래시계를 전자저울에 올려놓고 모든 모래가 아래쪽의 유리관에 모이게 된 후에, 모래시계의 무게를 측정한다.

[그림 2-39]
모래시계

② 모래시계의 무게를 측정한 후에, 모래시계의 아래와 위를 서로 뒤집어서 모래가 아래로 흘러내리게 한다.

③ 과정 ②를 통하여 모래가 흘러내리는 동안에 모래시계의 무게가 처음에 측정한 값과 같은지 아니면 변하는지를 관찰한다.

④ 과정 ③에서 위쪽 유리관 내에 있던 모래가 떨어지는 동안의 무게와 마지막 모래가 떨어지기 직전에 무게의 변화를 관찰한다. 물론 모래가 떨어지기 시작하여 밑바닥에 도달하기 직전의 무게를 측정하면 좋으나 일반적인 방법으로는 측정이 거의 불가능하다.

⑤ 시판되고 있는 모래시계와 전자저울로는 정밀도의 문제가 있어 실제로 실험을 하기에는 어려움이 있을 뿐더러 특별한 장치를 필요로 한다. 실제로 실험을 수행하고 싶은 사람은 참고문헌 ③에 제시된 내용을 참조하여 실험을 수행하기 바란다.

실험결과 토의

위의 실험에서 모래시계를 전자저울에 올려놓고 어느 정도 시간이 지나면 위쪽 유리구 안에 있던 모든 모래가 아래쪽 유리구 안으로 떨어져서 정지하게 된다. 따라서 유리구 안의 모래, 유리구 및 받침대 각각의 무게를 합한 모래시계의 전체무게(W)는 전자저울을 이용하여 쉽게 측정이 가능하다. 이제 모래시계의 위와 아래를 뒤집어서 전자저울에 올려놓으면 위쪽 유리구 안에 있던 모래가 아래로 떨어지게 되는데, 전자저울이 가리키는 모래시계의 무게가 항상 일정한지 아니면 시간에 따라서 변하는지에 대해서 친구들과 서로 토의하여 보자. 즉, 그림 2-40(b)와 같이 위쪽 유리구 안에 있던 모래가 아래로 떨어지는 동안 모래시계의 무게와 모든 모래가 아래쪽 유리구 안에 있을 때 무게를 비교하여 생각하고 토론하여 보자.

이러한 문제에 대한 답을 구하기 위해서는 우선 모래가 아래로 떨어지는 과정을 보다 논리적으로 분석할 필요가 있다. 모래시계를 뒤집어 놓아 모래가 아래쪽 유리구로 떨어지기 직전(그림 2-40(a) 참조)의 무게는 뒤집어 놓기 전의 모래시계 전체 무게인 "W"와 같다. 하지만 모래시계의 위쪽 유리구 안에 있던 모래가 아래로 떨어지기 시작하여 아래쪽 유리구의 밑면에 도달하기 직전까지 떨어지는 모래는(그림 2-40(b)에 타원으로 표시한 부분의 모래) 자유낙하를 하고 있으므로 무게에 기여하지 못한다. 따라서 모든 모래가 아래쪽 유리구 안에 모여 있을 때의 무게에 비하여 저울은 작은 값을 가리키게 된다.

이제 그림 2-40(c)와 같이 모래가 아래쪽 유리구의 밑면에 떨어지면서 일어나는 충돌은 완전비탄성충돌로서 모래의 속도는 순간적으로 거의 "0"으로 감소된다고 할 수 있다. 이러한 충돌에 의해서 떨어지는 모래는 아래쪽 유리구 표면에 '충격력'이라고 하는 일종의 힘을 미치게 된다. 충격력이란 비교적 짧은 시간 간격(Δt) 동안에 일어나는 운동량의 변화($\Delta \vec{P}$)를 의미하는데, 수식적으로 충격력($\vec{F}$)은 $\vec{F} = \Delta \vec{P}/\Delta t$와 같이 표현되며 일종의 힘과 같다. 떨어지는 모래에 의해 아래쪽 유리구 표면에 미치는 충격력은 계단과 같이 급격하게 변하는 모양으로 무게의 증가를 가져오게 된다. 따라서 그림 2-40(c)와 같이 모래가 아래로 떨어지는 동안에는 모래알갱이들이 밑면에 부딪치면서 생기는 충격력을 아래쪽 유리구 표면에 미치게 되므로 모래시계의 무게는 원래와 같다. 즉, 모래시계의 잘록한 부분으로부터 아래쪽 유리구로 떨어지는 모래(그림 2-40(c)에서 타원으로 표시한 부분의 모래)의 무게는 모래가 아래쪽 유리구 표면에 미치는 충격력과 정확히 같다. 따라서 모래가 떨어지는 동안(그림 2-40(c))에 모래시계의 무게는 모래가 떨어지기 직전(그림 2-40(a))의 무게와 같으므로 원래 모래시계 무게(W)와도 같다.

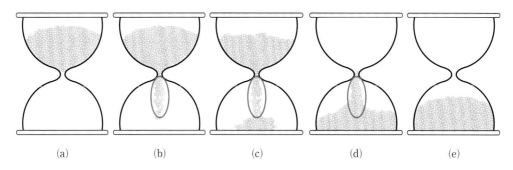

(a)　　　　　(b)　　　　　(c)　　　　　(d)　　　　　(e)

[그림 2-40] 뒤집힌 모래시계 안쪽에서 떨어지는 모래의 모양

위의 설명을 좀 더 쉽게 이해하기 위하여 다음과 같이 생각하여 보자. 즉, 모래가 일정한 비율로 초당 $m \cdot kg$씩($m \cdot kg/s$) 떨어지며, 위쪽 유리구에서 아래쪽 유리구의 바닥까지 떨어지는 데 걸린 시간을 "T_1"이라고 하자. 위쪽 유리구에 있던 모래가 정지상태에서 출발하였다고 가정하면, 아래쪽 유리구의 바닥에 부딪치기 바로 직전의 모래 속도는 $v = gT_1$(m/s)가 되며 g는 중력가속도로서 $g = 9.8$ m/s²이다. 모래가 아래쪽 유리구 표면에 부딪치면서 정지하기까지 걸린 짧은 시간(Δt) 동안에 떨어지는 모래의 양은 "$m \Delta$t"이 된다. 운동량은 질량에 속도를 곱한 값으로 표현되므로, Δt 동안에 떨어지는 모래에 의한 운동량의 변화는 바닥에 부딪치기 직전의 운동량에서 바닥에 부딪쳐 정지한 순간의 운동량(정지하였으므로 운동량은 "0"이다)을 뺀 값이 된다. 즉, 운동량의 변화(ΔP)는 "$\Delta P = m\Delta tgT_1$"이 되므로 충격력($\vec{F}$)은 "$\vec{F} = \dfrac{\Delta \vec{P}}{\Delta t} = mgT_1$"이 된다. 이러한 충격력은 "$T_1$" 시간 동안에 위쪽 유리구에서 아래쪽 유리구로 떨어지는 모래의 무게(그림 2-40(c, d)에 타원으로 표시)와 같으므로 저울은 원래 모래시계의 무게와 같은 값을 가리킨다.

자, 이제 어느 정도의 시간(T_2)이 지나 그림 2-40(d)와 같이 위쪽 유리구 안에 마지막으로 남아 있던 모래가 아래쪽 유리구로 떨어지는 순간에는 모래시계의 무게가 어떻게 될까? 물론 이 경우에 아래쪽 유리구와 위쪽 유리구 사이에 남아 있던 모래의 양(그림 2-40(d)에서 타원으로 표시)들은 감소한다. 하지만 떨어지는 마지막 모래가 아래쪽 유리구의 바닥에 부딪치기까지는 아래쪽 유리구 표면에 가해지는 충격력(mT_1g)은 지속되고 모래는 점점 더 많아지므로, 모래시계의 무게는 가해지는 충격력만큼 더 무거워진다. 떨어지는 마지막 모래가 아래쪽 유리구의 바닥에 부딪치게 되면 가해지는 충격력이 더 이상 존재하지 않으므로 무게는 원래의 값인 "W"로 되돌아온다.

위에서 설명한 내용을 알기 쉽게 하나의 그래프(그림 2-41)로 나타내었으며, 이 그래프는 참고문헌 ③에서 인용하였다. 추가적인 실험방법에 대해서는 참고문헌 ③을 참조하기 바란다.

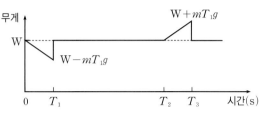

[그림 2-41] 모래시계의 무게 변화

🗨 생각하여 보기

그림 2-42와 같이 전자저울에 외부와 차단되어 있는 투명용기 안쪽 벽에 벌레가 붙어 있다. 벌레의 무게는 5 g이며, 투명용기의 무게는 25 g이다. 따라서 벌레와 투명용기의 전체 무게는 30 g이다. 이제 벌레가 유리용기 안에서 날고 있다고 할 때, 전자저울이 가리키는 무게는 얼마이겠는가?

[그림 2-42] 투명용기 안의 벌레

위의 질문에 대한 대답은 "30 g"이다. 벌레가 투명용기의 벽에 붙어 있을 때에는 투명용기와 벌레의 무게를 합한 전체 무게가 "30 g"이라는 것은 누구나 쉽게 이해한다. 하지만 벌레가 "투명용기의 중앙 부분에서 날고 있는 경우 저울의 눈금이 얼마인가?"라고 물으면 많은 학생들이 "25 g"이라고 답을 하지만, 이는 잘못된 것이다. 벌레가 공기 중에서 날기 위해서는 날개를 사용하여 벌레의 무게에 해당하는 힘을 아래 방향으로 작용하여야 한다. 이러한 힘은 공기를 통하여 투명용기의 밑바닥에 전달되어 결국에는 전자저울을 아래로 밀어내는 힘을 가하게 된다. 따라서 전자저울의 무게는 벌레가 벽에 붙어 있을 때와 같은 값이 된다.

따라서 모래시계의 떨어지는 모래(그림 2-40(b)에서 타원으로 표시한 부분의 모래)는 자유낙하 중이므로 저울에 영향을 못 미치지만, 투명용기 안의 벌레는 날기 위해 날개를 움직이기 때문에 벌레의 무게에 해당하는 값만큼 저울에 영향을 미치게 되는 것이다.

▬ 참고자료

① http://en.wikipedia.org/wiki/Hourglass.

② http://www.physics.ucla.edu/demoweb/demomanual/mechanics/momentum _and_collisions/weight_of_an_hour_glass.html.

③ P. P Ong, Eur. J. Phys. 11, 188(1990).

④ Fokke Tuinstra and Bouke F. Tuinstra, Europhysics news, 41(3), 25(2010).

2.12 회전체 내에서의 물줄기의 방향 관찰하기(코리올리 힘)

준비물

코리올리 힘 효과 실험장치: 1대

실험방법

① 실험장치를 회전시키기 전에 노즐을 통하여 나오는 물
   줄기의 방향을 관찰한다.
② 실험장치를 회전시키면, 물줄기의 방향이 어디로 향할
   것인가에 대하여 서로 토의한다.
③ 실험장치를 회전시키면서 노즐을 통하여 흘러나오는
   물줄기의 진행방향을 관찰한다.
④ 과정 ①, ②에서의 물줄기 진행방향을 서로 비교하고
   차이점에 대하여 서로 토의한다.

[그림 2-43]
코리올리 힘 관찰 실험장치

실험결과 토의

실험을 통하여 회전하는 물체 위에서 회전축의 방향인 안쪽으로 향하는 물줄기의 방향이
물을 내뿜는 노즐보다 앞쪽 방향으로 향한다는 것을 관찰하고 약간은 놀라게 되는데, 왜 이
런 일이 일어나는지에 대해서 생각하여보자.

그림 2-44는 실험장치의 일부를 그림으로 나타낸 것으로, 물이 흐르는 관의 두 지점, A와
B를 생각하여 보자. 원의 한 바퀴는 360°로서 이를 라디안으로 표시하면 2π로서 한 바퀴 회
전하는 데 걸린 시간을 T라고 하면, 각속도는 $\frac{2\pi}{T}$가 된다. 물이 흐르는 관은 각속도 ω로
회전하고 있으므로, A가 한 바퀴 회전하는 데 걸리는 시간과 B가 한 바퀴 회전하는 데 걸린
시간은 같다. 하지만 그림 2-44(b)에서와 같이 r_2가 r_1보다 큰 경우에, A가 움직인 거리

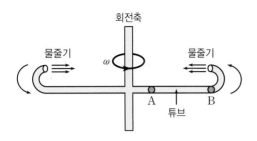 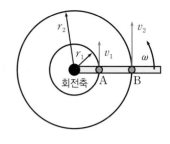

(a) 회전축과 함께 회전하는 물줄기   (b) 튜브의 두 지점에서의 접선 속도

[그림 2-44] 휘어지는 물줄기 관찰

$2\pi r_1$보다 B가 움직인 거리 $2\pi r_2$가 더 크므로 B가 A보다 같은 시간 동안에 더 많은 거리를 이동하였다. 같은 시간 동안에 더 많은 거리를 이동하였으므로, B 지점에서 물이 흐르는 튜브에 수직한 방향으로의 속도 v_2가 A 지점에서 튜브에 수직한 방향으로의 속도 v_1보다 더 크다. 이는 물줄기가 그림 2-44(a)에서와 같이 바깥쪽에서 안쪽으로 뿜어지는 경우에, 튜브를 떠나는 물은 A 지점보다 튜브의 회전방향으로 더 큰 속도를 가지게 됨을 의미하므로 물줄기는 회전하는 튜브보다 앞서는 쪽으로 휘어지게 된다.

이처럼 물줄기가 원래의 운동방향으로부터 휘어지는 현상은 "코리올리 효과(전향력이라고도 함)"라고 불리는 현상들의 한 예로서 1835년에 프랑스 과학자 코리올리(Gustave-Gaspard Coriolis)에 의해 설명된 일종의 관성력이다. 코리올리 효과는 회전운동 좌표계를 사용하는 경우에만 존재하는 것으로 실제의 가속도나 힘에 해당되는 것은 아니며 회전하는 좌표계의 각속도와 물체의 속도에 의존한다. 이러한 코리올리 효과 또는 코리올리 힘에 대해서 보다 자세히 알아보자. 그림 2-45(a)는 공을 던지는 A는 정지해 있고, 공을 받는 B

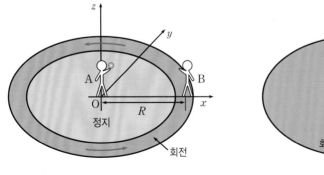 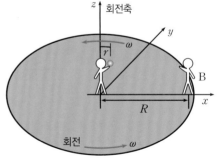

(a) A는 정지, B는 회전   (b) A, B 모두 회전

[그림 2-45] 코리올리 힘을 설명하기 위한 두 좌표계

는 일정한 회전속도($\vec{\omega}$)로 z-축 주위를 회전하고 있는 경우를 나타낸 것이며, 2-39(b)는 공을 던지는 A와, 공을 받는 B가 모두 일정한 회전속도로 z-축 주위를 회전하고 있는 경우를 나타낸 것이다. 공을 받는 B는 z-축으로부터 R만큼 떨어져 있다.

　B가 수직으로 z-축을 한 바퀴 회전하는 데 걸린 시간을 T라고 하고, A가 던진 공이 B까지 도달하는 데 걸린 시간을 t_1이라고 하자. 이때에 t_1 동안에 B가 움직인 거리(s)는 $s = \dfrac{2\pi R}{T} t_1$이 된다. 따라서 그림 2-46(a)에 나타낸 바와 같이 A가 x-축에 대하여 θ의 각으로 공을 던지면, B는 원래의 위치로부터 s만큼 떨어진 지점에서 공을 받게 된다. 하지만 A, B 모두 회전하는 경우에는 공은 원래의 방향으로부터 오른쪽으로 휘어지면서 그림 2-46(b)에 "도달지점"으로 표시된 지점에 도달하게 된다. 공의 도달지점은 공을 받는 사람의 위치보다 x-축에 가까이 있게 되어 B는 공을 받지 못하게 된다. 따라서 B가 공을 받도록 하기 위해서는 공이 휘어지는 것을 고려하여 처음 방향 θ보다 더 큰 각으로 던져야 한다. 이처럼 회전운동좌표계에서 공의 진행방향에 대하여 직각방향으로 휘어지게 하는 힘을 코리올리 힘($\vec{F}_c$)이라고 하는데 이 힘의 크기는 공의 속력($\vec{v}$)과 회전좌표계의 회전속도($\vec{\omega}$)와 관계되는데 이를 수식으로 표현하면, $\vec{F}_c = -2m\vec{\omega} \times \vec{v}$와 같다.

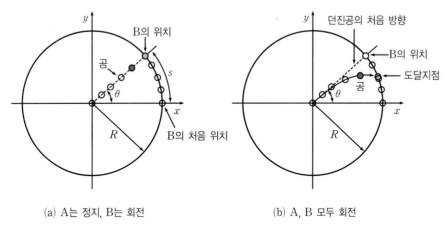

(a) A는 정지, B는 회전　　　　　(b) A, B 모두 회전

[그림 2-46] 두 좌표계에서의 시간에 따른 공의 위치

　뉴턴의 운동법칙을 일정한 각속도로 회전하는 회전좌표계에 적용하고자 하는 경우에는 원심력과 함께 코리올리 힘을 고려하여야 한다. 그림 2-45(b)에서 공을 던지는 사람의 손을 떠나는 공의 위치는 회전축으로부터 r만큼 떨어진 지점이다. 좀 더 정확히 표현하면, 공에 작용하는 힘은 지금까지 설명한 코리올리 힘 외에 원심력($F_{원심력} = mr\omega^2$)을 포함한 관성력에

의해서 공의 휘어짐이 결정된다. 하지만 회전축으로부터의 거리가 "0"이 되는 사람의 머리 위(z-축 위)에서 공이 던져지게 되면, 원심력의 효과는 없어지고 코리올리 힘에 의해서만 공의 휘어지는 방향이 결정된다.

코리올리 효과는 물체의 운동을 기술해주는 뉴턴의 운동법칙을 회전운동하는 좌표계에서 사용하고자 할 경우에는 이러한 관성력이 운동방정식에 포함되어야 한다는 것을 의미한다. 이때에 시계반대방향으로 회전하는 좌표계에서는 물체의 운동방향에 대하여 오른쪽, 그리고 시계방향으로 회전하는 좌표계에서는 물체의 운동방향에 대하여 왼쪽으로 작용하는 관성력 이 포함되어야 물체의 운동을 정확히 기술할 수 있게 된다는 것이다.

관성기준계에서의 물체의 운동은 물체에 실제로 작용한 힘만을 고려하여 뉴턴의 운동방정 식으로 설명된다. 하지만 일정한 각속도로 회전운동하는 기준계에서 물체의 운동을 설명하 기 위해서는, 움직이는 물체의 속력에 의존하는 코리올리 힘이 물체에 작용하는 실제의 힘에 더해져야만 물체의 운동을 정확히 설명하는 것이 가능하게 된다. 이러한 코리올리 힘은 관성 기준계에서는 "0"이 되기 때문에 "가상의 힘"이라고 불리며, 원심력도 회전하는 좌표계에서 나타나는 또 다른 "가상의 힘"에 대한 한 예다.

우리가 살고 있는 지구는 하루에 한 바퀴씩 자전운동을 하고 있으므로, 이는 가장 일반적 으로 만나게 되는 회전운동좌표계이다. 공기의 저항을 무시하는 경우에 대륙간 탄도탄 미사 일 같이 지표면 근처에서 외부 힘을 받지 않고 자유롭게 운동하는 물체는 코리올리 힘을 받 게 되어 원래의 운동방향에 대하여 북반구에서는 오른쪽으로, 남반구에서는 왼쪽으로 향하 게 된다. 대기 중의 공기와 바닷물의 운동들이 이러한 코리올리 효과의 한 대표적인 예이다. 회전운동하지 않는 기준계에서 공기는 기압이 높은 지역에서 낮은 지역으로 똑바로 흐르겠 지만, 바람과 해수는 적도의 북쪽에서는 고기압에서 저기압으로 향하는 방향의 오른쪽, 적도 의 남쪽에서는 왼쪽방향으로 흐르게 된다.

지금까지는 회전좌표계가 일정한 각속도를 가지고 회전하는 경우에, 원심력과 코리올리 힘을 고려해야 되지만, 회전각속도가 일정하지 않은 경우에는 오일러 힘(Euler's force)이 나타나게 되어 매우 복잡해진다.

실험결과에 대한 동영상 보기

관성기준계

뉴턴의 운동방정식이 성립하는 기준계를 말한다. 뉴턴의 운동방정식에서 "힘($\vec{F}$)은 물체의 질량(m)에 가속도 ($\vec{a}$)를 곱한 것, 즉, $\vec{F}=m\vec{a}$"라고 정의하고 있다. 따라서 물체의 운동에서 물체의 위치를 정의하는 데 사용되는 좌표계가 가속운동을 한다면, 뉴턴의 운동방정식이 성립하지 않으므로 가속운동하는 좌표계는 관성기준계가 아니다. 한 예로, 기차 안에서 물체의 운동을 생각하여 보자. 기차가 정지상태에서 출발하여 가속운동을 하게 되면 기차 안에 있는 사람은 기차의 가속도 방향과 반대방향의 관성력을 받게 되어 뒤로 밀리게 된다. 하지만 가속운동이 끝나고 일정한 속도로 운동하는 경우에는 이러한 관성력이 작용하지 않게 되다가 브레이크를 작동하여 감속이 되는 경우에는 역시 가속도의 방향과 반대방향의 관성력을 받게 된다.

이처럼 관성력은 가속운동을 하는 경우에만 물체에 작용하는 본래의 힘($\vec{F}=m\vec{a}$) 외에 별도로 생기는 힘이다. 따라서 이러한 기준계에서 물체의 운동을 정확히 설명하기 위해서는 물체에 작용하는 본래의 힘 외에, 원심력, 코리올리 힘과 같은 별도의 관성력을 고려해야 한다. 가속운동을 하는 좌표계는 관성기준계가 아니며, 회전운동 좌표계 역시 가속운동을 하므로 역시 관성기준계가 아니다. 따라서 정지하여 있거나, 일정한 속력으로 움직이는 기준계가 관성기준계이다.

참고자료

① http://en.wikipedia.org/wiki/Coriolis_effect.

② http://www.exploratorium.edu/cmp/exnet/exhibits/group_b/coriolis/media/coriolis_g.pdf.

③ http://kr.youtube.com/watch?v=mcPs_OdQOYU.

④ http://www.windpower.org/en/tour/wres/coriolis.html.

⑤ http://www.atmos.washington.edu/2003Q2/101/lect9_overheads.pdf.

파의 운동에서 관측되는
현상들은 어떤 것들이 있을까?

파의 운동을 줄여서 파동이라고 하는데 파동은 물질(예를 들면, 공기 중에서 소리를 전달하는 공기분자)을 이동시키지 않고 에너지와 운동량을 전달하는 현상을 말한다. 공기 중에서 소리의 전달 속력은 약 340 m/s인데 이는 공기분자가 한 지점에서 다른 지점으로 1초에 340 m를 이동하는 것이 아니고 소리가 가지는 에너지가 1초 동안에 340 m 전달된다는 의미이다. 따라서 파의 속력이라 함은 에너지 전달속력을 말한다.

파동은 ⓐ 공기 또는 기체 중에서 소리를 전달하는 음파, ⓑ 물 표면에서의 수면파, ⓒ 팽팽한 줄을 따라서 이동하는 파 등을 비롯하여 ⓓ 파를 전달해주는 물질(매질이라고도 함)이 없이도 진행하는 빛과 같은 전자기파 등이 있다. 또한 파는 ① 파의 진행방향과 진동방향이 서로 수직인 횡파와 ② 파의 진행방향과 진동방향이 서로 평행한 종파로 구별된다.

위에서 간단히 설명한 파는 진행을 하다가 파의 속력이 변하는 곳(대부분의 경우, 매질의 종류가 바뀌는 경계면)에서 일부는 반사되고 일부는 다른 매질로 진행하는데, 이러한 파의 진행 및 반사에 대하여 동영상과 함께 기본개념에 대하여 설명하고자 한다.

3.1 파의 진행모양에 따른 횡파와 종파

그림 3-1은 용수철에 생긴 파가 진행하는 과정을 사진으로 찍은 것으로 용수철에서 파를 전달해 주는 매질은 바로 용수철이다. 그림 3-1(a)는 용수철을 늘어뜨린 상태에서 옆으로 흔들었을 때 파의 진행하는 모습을 찍은 것으로 파의 진행방향과 매질의 진동방향이 서로 수직임을 알 수 있는데 이러한 파를 횡파라고 말한다. 반면에 그림 3-1(b)는 용수철을 늘어뜨린 상태에서 길이의 방향으로 흔들어 주었을 때, 생긴 파가 진행하는 모습을 나타낸 것으로 파의 진행방향과 매질인 용수철의 운동방향이 서로 평행함을 보여주고 있는데 이러한 종류의 파를 종파라고 한다.

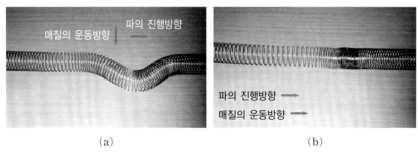

(a)   (b)

[그림 3-1] 용수철에 생긴 (a) 횡파 (b) 종파

용수철에 생긴 횡파와 종파에 대한 동영상 보기

용수철에 생긴 파들이 진행하는 것을 보면 용수철 자체가 진행하는 것이 아니라 용수철에 생긴 흔들림 현상들이 용수철을 따라서 이동한다는 것을 알 수 있다. 따라서 용수철에 생긴 파를 전달해주는 매질은 용수철이지만, 매질인 용수철 자체가 파와 같이 이동하는 것이 아니라는 사실을 알 수 있다.

우리가 친구들과 이야기를 주고받거나 또는 라디오를 들을 수 있는 것은 말을 전달해주거나 스피커에서 발생한 소리를 전달해주는 공기가 있기 때문이다. 소리가 전달되는 현상을 음파라고 하는데 음파는 종파일까 아니면 횡파일까?

그림 3-2에서 빨강 점들은 공기분자를 나타낸 것이다. 스피커의 진동판이 앞으로 갑자기 움직이면 공기분자들이 갑자기 앞으로 이동하면서 공기분자의 밀도가 커지고, 스피커의 진동판이 뒤로 이동하는 순간에는 공기분자의 밀도가 작아지는 현상이 발생한다. 공기분자의 밀도가 커진 부분에서는 공기분자들에 의한 압력이 증가하는 반면에 공기분자들의 수가 작아지는 부분에서는 압력이 감소하게 된다. 그림 3-2에서 "밀"이라고 표시한 부분은 스피커의 진동판이 갑자기 오른쪽으로 진동함으로써 공기분자의 밀도가 높아진 부분을 의미하며, "소"라고 표시한 부분은 스피커의 진동판이 뒤쪽으로 진동하면서 공기분자들의 밀도가 작아진 부분을 나타낸 것이다. 따라서 음파는 공기분자들에 의한 압력이 크고 작아짐을 반복하게 되는 현상들이 공기를 통하여 전파해가는 것으로서 공기분자의 진동방향과 음파의 진행방향이 같으므로 음파는 종파이다. 음파가 공기, 기체 또는 액체 속을 진행하는 경우에는 종파로서 진행하지만, 고체 속에서는 종파와 함께 횡파의 형태로도 진행한다. 이러한 음파는 매질 없이는 진행하지 못하므로 진공에서는 음파는 전달되지 못한다.

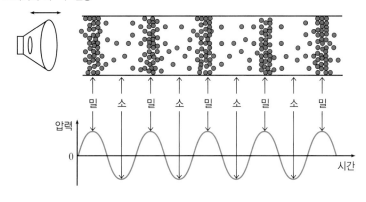

[그림 3-2] 음파의 발생과 전달

음파의 특성에 대한 좀 더 자세한 내용은 참고자료를 참조하되, http://www.physicsclassroom.com/Class/sound/u11l1c.cfm 사이트에 접속하면 간단한 애니메이션과 함께 음파의 발생 및 전달에 대해서 비교적 자세히 설명되어 있다.

공기 중에서 진행하는 음파는 진행을 하다가 장애물을 만나면 일부가 반사를 하는데, 일상생활에서 쉽게 경험하는 것으로 메아리를 생각할 수 있다. 즉, 등산을 하면서 크게 "야호"하고 외치면 조금 뒤에 "야호"라는 소리가 되돌아오는 경우를 흔히 경험하였을 것이다. 이러한 음파의 반사는 매질의 변화에 따른 음파의 진행속도가 차이가 나는 두 매질의 경계면에서 일어나게 된다. 여기서는 반지름이 일정한 한쪽이 막힌 관과 양쪽이 열린 관내를 진행하는 음파에 대해서 생각하여 보기로 한다.

스피커에서 발생된 음파가 그림 3-3에서와 같이 양쪽이 열린 관이나 한쪽이 막힌 관속을 진행하는 경우에 음파가 관에 입사하는 입사파와 함께 관의 반대쪽 끝에서 반사하는 반사파가 동시에 존재하게 된다. 반사파가 존재하는 이유에 대해서는 뒤에서 보다 자세하게 설명할 것이다. 양쪽이 열린 관에 음파가 입사하는 경우에 관의 길이가 음파의 파장(λ)과 $\frac{\lambda}{2}$, $\frac{3\lambda}{2}$, $\frac{5\lambda}{2}$, $\cdots$ $= (2n-1)\frac{\lambda}{2}$ ($n=1, 2, 3, \cdots$)와 같은 관계가 되면, 그림 3-3(a)에 나타낸 바와 같이 관의 양끝에서 입사파와 반사파에 의한 공기분자의 진폭이 가장 크고, 관의 중심에서는 공기분자들의 진폭이 "0"이 된다. 진폭이 가장 큰 부분을 "배"라고 하고, 가장 작은 부분을 "마디"라고 하는데, 이러한 배와 마디의 위치가 시간에 따라서 변하지 않는다. 이처럼 배와 마디의 위치가 시간에 따라서 변하지 않는 파를 정상파라고 하며, 이러한 정상파를 형성하는 음파의 진동수를 공명진동수라고 하는데 정상파는 에너지를 전달하지 않는다. 한편, 한쪽이 막힌 관의 경우에는 관의 길이가 $\frac{\lambda}{4}$, $\frac{3\lambda}{4}$, $\frac{5\lambda}{4}$, $\cdots$ $= (2n-1)\frac{\lambda}{4}$ ($n=1, 2, 3, \cdots$)와 같은 조건을 만족하는 경우에 배와 마디의 위치가 고정된 정상파가 관내에 형성된다. 이러한 정상파를 형성하는 진동수를 관의 공명진동수라고 하는데, 이는 관악기의 제조에 있어서 매우 중요하므로 악기의 연구에서 중요하게 다뤄지고 있다.

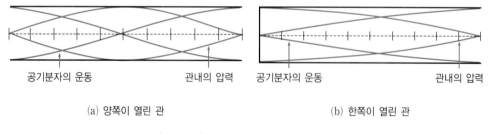

(a) 양쪽이 열린 관   (b) 한쪽이 열린 관

[그림 3-3] 관내에서의 음파에 의한 정상파

그림 3-4에서 관의 한쪽 끝에 있는 a 지점에서는 입사파에 의한 공기분자의 진폭이 오른쪽으로 최대가 되고, b 지점에서는 진폭이 "0"이 된다. 또한, 입사파가 관의 반대쪽 끝에서 반사되어 오면 다시 a 지점에서 반사파에 의한 공기분자의 진폭이 왼쪽으로 최대가 되고 b 지점에서는 진폭이 "0"이 된다. 이처럼 입사파나 반사파에 의하여 공기분자의 진폭이 최대이거나 "0"이 되는 위치가 일정한 조건을 만족해야만 관내에 정상파가 형성되어 배와 마디

의 위치가 시간에 관계없이 항상 일정하게 된다. 그렇다면 위에서 제시한 조건을 만족하지 않는 음파가 관에 입사하는 경우에는 어떻게 되겠는가? 그림 3-4의 양쪽이 열린 관을 예로 든다면, a 지점에서 입사파와 반사파에 의한 공기분자의 진폭이 최대가 되지 못하고 시간에 따라서 항상 변하는 동시에 b 지점에서는 입사파와 반사파에 의한 공기분자의 진폭이 항상 "0"이 되지 못하고 커졌다 작아졌다 하는 식으로 계속 변하기 때문에 정상파가 형성되지 못한다.

정상파의 경우에 배와 마디의 위치가 시간에 관계없이 일정하다고 하였는데, 이의 물리적 의미에 대해서 생각하여 보자. 그림 3-4에서 a 지점의 공기분자는 입사파에 의해서 오른쪽으로 가장 많이 이동하였다가 반사파에 의해서 가장 많이 왼쪽으로 움직인다. 따라서 a 지점에 있는 공기분자는 자유로이 오른쪽이나 왼쪽으로 움직이므로 공기분자가 받는 압력은 거의 "0"이다. 하지만 b 지점에 있는 공기분자는 입사파에 의해서 오른쪽 방향으로 움직이려는 동시에 반사파에 의해서 왼쪽으로 이동하려고 하기 때문에, 오른쪽이나 왼쪽으로 움직이지 못하므로 마디가 형성되는 대신에 공기분자가 받는 압력은 가장 커진다. c 지점의 공기분자는 입사파에 의해서 가장 많이 오른쪽으로 이동하였다가 반사파에 의해서 왼쪽으로 자유로이 움직이므로 공기분자들의 진폭이 가장 큰 배가 된다. 따라서 배는 공기분자의 움직임이 가장 크다는 것을 의미하며, 마디는 공기분자의 움직임이 없는 대신에 공기분자가 받는 압력은 가장 크다는 것을 의미한다. 배와 마디에 대한 물리적 의미는 양쪽이 열린 관이나 한쪽이 열린 관에서 모두 같다.

앞에서 소리와 같은 음파는 진행을 하다가 매질의 변화로 인하여 진행속도의 차이가 나게 되는 곳에서 반사가 생긴다고 하였다. 그림 3-5(a)에서와 같이 한쪽 관이 막힌 경우에 관의

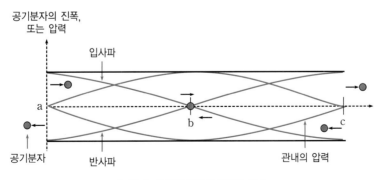

[그림 3-4] 배와 마디의 물리적 의미

왼쪽으로부터 오른쪽으로 진행하던 파가 관이 막힌 부분에 도달하면 매질이 변하게 되어 진행속도의 변화를 가져오게 된다. 따라서 관이 막힌 부분에서 생긴 반사파와 왼쪽에서 오른쪽으로 진행하는 입사파에 의해서 관내에 공명조건을 만족하는 소리의 특정 진동수에서 정상파가 형성되게 된다. 그렇다면 양쪽이 열린 관의 경우에 반사파는 왜 생기는 것일까? 이를 이해하기 위해서는 그림 3-5(b)를 참조하기 바란다.

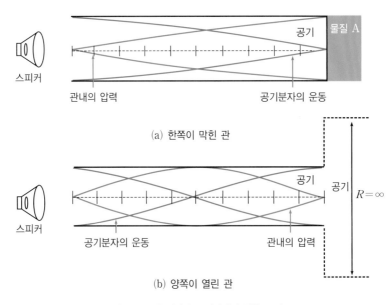

[그림 3-5] 정상파를 설명하기 위한 그림

그림 3-5(b)를 보면 양쪽이 열린 관은 관의 양끝에 반지름이 무한대인 관이 연결되어 있다고 생각할 수 있다. 음파가 투명 유리관을 통과하는 경우를 물이 유리관을 통과한다고 생각하자. 그러면 관 안쪽을 통과하다가 오른쪽 끝에 도달하면 반지름이 무한대인 관이 연결되어 있어 통과가 훨씬 쉬워진다. 이와 마찬가지로 음파가 그림 3-5(b)에서와 같이 양쪽이 열린 관의 왼쪽에서 오른쪽으로 진행하는 파가 오른쪽 끝 부분(점선으로 표시된 지점)에 도달하게 되면 파의 전달이 훨씬 쉬워지게 되므로 전달속력의 차이를 가져와 반사파가 생기게 된다. 따라서 소리를 전달하는 공기 매질은 변하지 않는다고 하더라도 진행속력의 차이에 기인한 반사파가 생기게 되며, 이러한 반사파와 입사파가 관내에서 공명을 일으키게 된다.

지금까지의 설명으로부터 음파는 소리를 전달해주는 매질의 종류가 그림 3-5(a)에서와 같이 공기에서 "A"라는 물질로 바뀌는 경우와 그림 3-5(b)에서와 같이 매질의 종류는 바뀌지 않았으나, 유리관의 지름이 변함으로써 음파의 진행속력의 변화에 기인하여 반사가 생기는 경우가 있음을 알 수 있다.

참고자료

① http://www.physicsclassroom.com/Class/sound/u11l1c.cfm.

② http://en.wikipedia.org/wiki/Sound.

3.2 양쪽이 열린 투명 유리관 안에 생긴 정상파

준비물

앰프가 붙어있는 스피커 (200 W) : 1개, 투명 유리관(안쪽 반지름 5 cm, 길이 약 100 cm): 1개, 파형발생기: 1대, 변압기: 1대, 가느다란 니크롬선(길이 약 200 cm, 지름 0.02 cm): 1개, 50 g 정도의 추: 1개, 열선 지지대(가운데 구멍이 뚫려 있는 세라믹 재질로 길이 15 cm 정도): 2개

실험방법

A. 유리관 내 공기분자의 운동을 관찰하기 위한 실험

① 그림 3-6과 같이 실험장치를 설치하되 전압조절기(변압기)의 출력전압이 거의 "0"이 되도록 전압조절기의 출력을 조절한다.

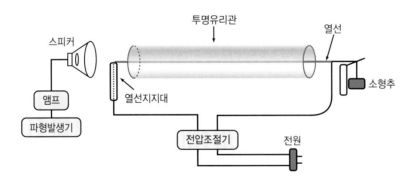

[그림 3-6] 유리관 내 공기분자의 운동을 관찰하기 위한 장치도

② 스피커에 연결된 앰프의 출력이 최대가 되도록 앰프의 출력단자를 조절한다.

③ 실내 전등을 끄고, 전압조절기의 출력을 조절하면서 투명 유리관 내의 전선이 약간 붉은

색을 띨 때까지 전압조절기의 전압을 증가시킨다.

④ 투명 유리관 내에 설치된 전선의 색을 관찰하면서 파형발생기의 진동수를 변화시키면, 특정진동수에서 전선에 밝고 어두운 부분이 생김을 관찰할 수 있을 것이다. 처음으로 투명 유리관의 양끝에서 어두운 색을 띠고 가운데는 원래의 밝기를 유지하는 진동수가 발견되는데, 이때가 제1 공명진동수가 된다.

⑤ 눈으로 관찰한 것을 디지털카메라로 찍어 저장한다.

⑥ 제1 공명진동수를 기록하고 난 다음에 파형발생기의 진동수를 증가시켜가면서 투명 유리관 내의 전선을 관찰하면 다시 밝고 어두운 부분이 관찰되는데 이곳이 제2 공명진동수로 제1 공명진동수의 약 2배가 된다.

⑦ 제3, 제4… 등의 공명진동수가 존재하지만, 위에서 제시한 실험방법으로는 찾기가 매우 힘들어진다.

> ⚠ 주의 투명 유리관 내부를 통과하는 가느다란 전선을 투명 유리관 밖의 열선 지지대와 추를 사용하여 전선이 어느 정도 팽팽하도록 하였다. 이때에 유리관 밖의 전선을 지지하고 있는 열선 지지대는 열이 잘 통하지 않는 세라믹 계통의 물체를 사용하는 것이 좋다. 금속을 사용하게 되면 절연의 어려움도 있으나, 열이 열선 지지대를 통하여 손실되어 음파에 의해서 전선이 식었는지 아니면 금속성의 열선 지지대로 열이 빠져나가 전선의 색이 어둡게 보이는지를 구분하기가 어렵기 때문이다.

B. 유리관 내 압력분포를 관찰하기 위한 실험

① 그림 3-7과 같이 실험장치를 설치하고, 파형발생기에서 나오는 파형의 진동수를 변화시키면서 유리관의 제1 공명진동수를 찾을 정도로 파형발생기의 출력과 파형발생기와 연결된 앰프의 출력을 조절한다. 파형발생기에서 나오는 진동수를 "0"에서부터 천천히 증가시키다 보면, 어느 특정진동수에서 갑자기 "붕"하면서 크게 들리게 되는데 이때의 진동수가 제1 공명진동수가 된다.

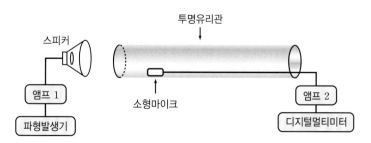

[그림 3-7] 유리관 내 압력분포를 관찰하기 위한 장치

② 제1 공명진동수를 찾았으면, 마이크의 위치를 유리관의 왼쪽 끝에서부터 조금씩 오른쪽으로 이동시키면서 마이크로부터 나온 신호를 마이크와 연결된 앰프 2로 증폭시킨 신호를 디지털 멀티미터로 측정하여 실험노트에 기록한다.

③ 약 100여 개의 위치에서 측정된 값을 그래프용지에 그려보고, 유리관 내 공기분자의 운동을 관찰하기 위한 실험결과와 비교하여 본다.

④ 제2 공명진동수를 찾아 위에서와 같은 방법으로 실험하여 그 결과를 그래프용지에 그린다.

⑤ 실험으로 구한 결과를 그림 3-3(a)와 비교하여 같은 점과 차이점에 대해서 토의하여 본다.

◼ 실험결과 및 토의

A. 유리관 내 공기분자의 운동을 관찰하기 위한 실험

이 실험은 투명 유리관 내에 형성된 정상파에 의해 공기분자의 운동을 관찰하기 위함이다. 투명 유리관에 입사하는 음파와 반사하는 음파가 만드는 정상파에 대한 그림 3-5(b)를 보면 관의 양끝에서 공기분자의 운동에 의해 배가 형성되고 중심부분에서 마디가 형성됨을 볼 수 있다. 스피커를 작동시키지 않은 상태에서 열선의 색을 관찰하면 균일하게 붉은 색을 띠게 된다(그림 3-8(b) 참조). 유리관이 제1 공명진동수에서 공명되었을 경우에, 관의 양끝 부분에서 배가 형성되어 이 부분에서 공기분자들의 움직임이 가장 활발하다. 따라서 처음에 균일하게 붉은색을 띠던 열선이 유리관의 양쪽 끝에서 공기분자들의 활발한 운동에 의해 식어 어두운 색을 띠지만, 중앙부근에서는 공기분자의 운동이 거의 없어 열선이 식지 않아 원래의 붉은색을 유지하게 된다(그림 3-8(c) 참조). 또한 제2 공명진동수에서는 관의 양끝과 중심부분에서의 열선의 색깔이 공기분자의 운동으로 인하여 열선이 식어 다른 부분에 비하여 약간 어두운 색을 띰을 알 수 있다(그림 3-8(d) 참조).

이러한 실험결과를 통하여 양쪽이 열린 유리관을 공명시켜 정상파를 만들어 줄 경우에, 배 부분에서는 공기분자의 진동 폭이 가장 크고, 마디 부분에서는 공기분자의 진동이 거의 없음을 시각적으로 알 수 있어 배와 마디에 대한 개념을 명확하게 이해할 수 있으리라 생각한다.

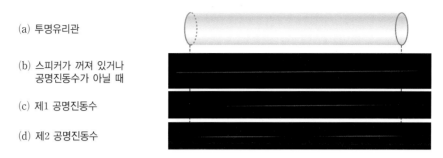

(a) 투명유리관

(b) 스피커가 꺼져 있거나
    공명진동수가 아닐 때

(c) 제1 공명진동수

(d) 제2 공명진동수

[그림 3-8] 투명 유리관 안의 공기분자의 운동에 의한 결과

B. 유리관 내 압력분포를 관찰하기 위한 실험

마이크는 압력의 변화를 전기적인 신호로 바꿔주는 역할을 한다. 따라서 마이크를 이용하면 유리관 내에 형성된 정상파에 의해서 공기분자들이 받는 압력의 변화를 측정할 수 있다. 유리관 내 공기분자의 운동을 관찰하기 위한 실험을 통하여 유리관과 공명인 제1 공명진동수와 제2 공명진동수에서 유리관 내 공기분자들이 받는 압력의 분포를 측정하였다.

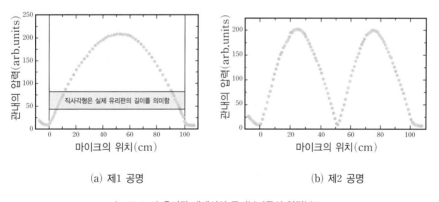

(a) 제1 공명   (b) 제2 공명

[그림 3-9] 유리관 내에서의 공기분자들의 압력분포

유리관과 공명인 진동수에 음파의 진동수를 고정시킨 상태에서 유리관 내에 소형 마이크를 넣어 마이크의 위치에 따른 압력변화를 그림 3-9(a, b)에 나타내었다. 그림 3-9(a, b)에서 마이크의 위치가 (−)로 표시된 부분에서 압력이 증가하는 이유는 공명진동수에 의해 형성된 정상파의 압력 때문이 아니라 마이크와 스피커 사이의 거리가 가까워짐에 따라 스피커에서 나오는 소리가 직접 마이크에서 검출되었기 때문이다.

공기분자의 운동과 압력과의 관계

그림 3-10은 공기분자의 운동과 압력과의 관계를 하나의 그림으로 나타낸 것이다. 양끝이 열린 관에 대하여 제2 공명진동수에서 측정한 것으로, 그림 3-10에서 "N"라고 표시된 부분에서 공기분자의 운동은 거의 "0"이지만, 압력이 제일 크다는 것을 알 수 있다. 이는 오른쪽으로 진행하는 음파가 공기분자를 오른쪽으로 밀어내는 동시에 오른쪽 끝에서 반사된 음파가 공기분자를 왼쪽으로 밀기 때문에 공기분자는 이동할 수가 없어 공기분자는 거의 움직이지 못하게 되는 것이다. 하지만 공기분자의 입장에서 보면 입사파가 오른쪽으로 미는 동시에 반사파가 왼쪽으로 밀기 때문에 공기분자가 받는 압력은 가장 크게 된다.

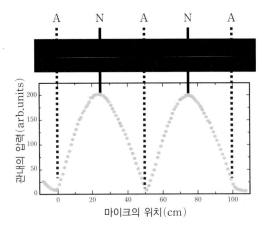

[그림 3-10] 공기분자의 운동과 압력과의 관계

실험결과에 대한 동영상 보기

3.3 양쪽이 고정된 줄 위에서의 정상파는 어떻게 생기며 특징은 무엇일까?

준비물

Melde의 실험장치: 1개, 실, 작은 추

실험방법

① 전기음차에 연결할 실의 선밀도를 측정하기 위하여 전자저울을 이용하여 길이가 L[cm] 인 실의 질량(m)을 측정한 다음에 질량을 길이 L로 나눈다.

실의 선밀도는 $\rho = m/L$[g/cm]이다.

② 그림 3–11과 같이 실험장치를 설치하고, 전기음차와 연결된 실의 한쪽 끝에 추(M)를 매달고 전기음차에 전기를 흘려 전기음차를 진동시킨다.

[그림 3-11] 멜데의 실험장치

③ 추 가까이에 있는 도르래 A의 위치를 좌우로 조절하면서 실의 진동을 관찰하면, 실의 진폭이 최대가 되면서 배와 마디의 위치가 고정되게 되는데 이때가 전기음차와 줄이 공명을 일으키는 경우이다.

④ 과정 ③에서 도르래 A의 위치를 조절하는 대신에, 도르래의 위치를 고정시키고 추의 질량을 연속적으로 변화시켜도 실의 진동이 최대가 되면서 배와 마디의 위치가 고정되는 공명현상을 관측할 수 있다. 추 받침대에 아주 작은 모래를 조금씩 올려놓으면서 추의 질량을 연속적으로 변화시킬 수 있다.

⑤ Melde의 장치에 부착되어 있는 자를 이용하여 정상파의 마디와 마디 또는 배와 배 사이의 거리를 측정하여 정상파의 파장 λ_1을 측정한다.

⑥ $f_1 = \dfrac{v}{\lambda_1} = \dfrac{1}{\lambda_1}\sqrt{\dfrac{Mg}{\rho}}$ [Hz]의 관계식을 이용하여 전기음차의 진동수를 알아본다. 여기서 v는 파의 진행속도를 의미하며 g는 중력가속도로 $g = 980 \text{ cm/s}^2$이다.

⑦ 과정 ②에서 사용한 추(M)를 그대로 사용하고 전기음차의 진동이 그림 3-12(b)와 같이 줄과 평행하도록 설치하여 줄에 형성된 정상파를 위의 과정 ③~④에서 관찰한 것과 비교한다. 이때에 줄의 진동수는 과정 ③~④에서 관찰한 진동수의 1/2이 되며, 파장은 2배로 늘어난다. 따라서 전기음차의 진동수는 $f_1 = \dfrac{v}{2\lambda_1} = \dfrac{1}{2\lambda_1}\sqrt{\dfrac{Mg}{\rho}}$와 같은 관계식으로 얻어진다.

실험결과 및 토의

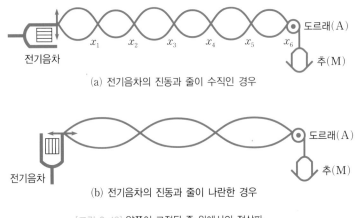

(a) 전기음차의 진동과 줄이 수직인 경우

(b) 전기음차의 진동과 줄이 나란한 경우

[그림 3-12] 양쪽이 고정된 줄 위에서의 정상파

본 실험은 양쪽이 고정된 줄 위에서 줄의 진동을 다루는 문제로서 횡파와 종파의 특성을 모두 관찰할 수 있는 실험이다. 그림 3-12(a)의 경우는 전기음차의 진동이 줄에 대하여 수직방향으로 진동하면서 전기음차에 의해서 만들어진 파가 줄을 따라 진행하는 경우를 나타낸 것이다. 줄의 진동방향과 파의 진행방향이 서로 수직이므로 횡파에 의해 줄 위에 형성되는 정상파의 관측에 해당된다. 이 실험은 전기음차의 진동수를 고정시킨 상태에서 ⓐ 추의 질량(M)을 고정시키고 도르래(A)의 위치를 바꾸는 방법, ⓑ 도르래의 위치는 고정시키고 추의 질량을 연속적으로 변화시키는 2가지 방법으로 줄 위에 정상파를 만들어 실험을 수행할 수 있으므로 이들에 대해서 각각 생각하여보자.

A. 추의 질량을 고정시키고 도르래의 위치를 바꾸는 경우

추의 질량을 일정하게 하고 도르래의 위치를 변경시키면 도르래의 특정위치에서 줄에 배와 마디가 생긴다는 것을 알 수 있다. 추의 질량이 일정하면 줄에 작용하는 장력(장력은 줄을 잡아당기는 힘을 말하며, 장력이 클수록 줄은 더 팽팽해진다)은 추의 무게가 되므로 추의 무게를 측정함으로써 줄에 작용하는 장력을 구할 수 있다.

도르래를 이용하여 줄에 질량이 일정한 추를 매달아 놓은 다음에, 전기음차를 동작시키면 오른쪽으로 진행하는 입사파와 도르래 부근에서 반사되어 전기음차 쪽으로 되돌아오는 반사파가 만나서 정상파를 이루게 되는데, 이때 전기음차로부터 도르래까지의 거리를 측정함으로써 정상파의 파장을 측정할 수 있다. 전기음차의 진동수는 일정하므로, 도르래가 전기음차로부터 $\lambda_1 = \dfrac{v}{f_1} = \dfrac{1}{f_1}\sqrt{\dfrac{Mg}{\rho}}$ 의 관계식을 만족하는 위치에 있을 경우에 입사파와 반사파에 의해 배와 마디의 위치가 고정된 정상파를 형성하게 된다. 또한 도르래의 위치가 전기음차로부터 $\lambda_n = n\dfrac{v}{f_1} = n\dfrac{1}{f_1}\sqrt{\dfrac{Mg}{\rho}}$ (n: 정수, f_1: 전기음차의 진동수)에 해당하는 위치에 있을 경우에도 배와 마디의 위치가 고정된 정상파를 관찰하게 된다. 따라서 똑같은 질량을 가지는 추를 사용하는 경우에 전기음차로부터 도르래까지의 거리(l)가 $l = n\lambda_1$ ($n = 1, 2, 3, \cdots$)이 되면 줄 위에 형성된 정상파를 관찰할 수 있다.

B. 도르래의 위치는 고정시키고 추의 질량을 연속적으로 변화시키는 경우

도르래의 위치가 고정되면 전기음차로부터 도르래까지의 거리가 고정된다. 따라서 전기음차로부터 도르래까지의 거리가 $\lambda_n = n\dfrac{1}{f_1}\sqrt{\dfrac{Mg}{\rho}}$ 의 조건을 만족하면 배와 마디의 위치가 고정된 정상파를 관찰하게 된다. 다시 말해서, 추의 무게(Mg)가 $Mg = \rho\left[\dfrac{\lambda_n f_1}{n}\right]^2$ 의 조건을 만족하면 정상파가 관측되며 파장이 가장 짧은 경우는 $n=1$인 경우로서 $\lambda_1 = \dfrac{1}{f_1}\sqrt{\dfrac{Mg}{\rho}}$ 가 된다.

본 실험에서는 진동수가 고정된 전기음차를 사용하여 실험을 하였으나, 추의 질량과 도르래의 위치를 고정시킨 상태에서 전기음차의 진동수를 변화시켜, 전기음차의 진동수가 $f_n = n\dfrac{v}{\lambda_1} = n\dfrac{1}{\lambda_1}\sqrt{\dfrac{Mg}{\rho}}$ 을 만족하면 배와 마디의 위치가 고정된 정상파를 또한 관찰할 수 있다.

지금까지는 전기음차의 진동이 줄과 서로 수직(그림 3-12(a) 참조)인 경우에 대해서 알아보았다. 하지만 전기음차의 진동이 그림 3-12(b)와 같이 줄과 평행한 경우에 만들어진 진동은 줄의 진동방향과 파의 진행방향이 서로 평행하므로 종파가 되는데 이때 줄 위에 형성되는 종파의 진동수는 전기음차 진동수의 1/2로 되어 파장은 2배로 길어지게 된다.

정상파는 진폭이 최대인 지점과 "0"인 지점이 고정되어 있는 파로서 같은 진동수를 가지고 서로 반대 방향으로 진행하는 2개의 파가 만나서 형성된다. 줄에서의 파의 진행속도를 v라고 하면, 진동수(f)와 파장(λ) 사이에는 $v=f\lambda$와 같은 관계가 만족된다. 줄에 작용하는 장력이 T이고 단위길이당 질량을 의미하는 선밀도가 ρ인 줄 위에서의 횡파의 속력은 $v=\sqrt{T/\rho}$와 같이 주어진다. 반파장의 정수배가 줄의 길이와 같으면 줄 위에 정상파가 생기므로 파장(λ)과 줄의 길이(L) 사이에는 $L=\dfrac{n\lambda}{2}$ (또는 $\lambda=\dfrac{2L}{n}$)와 같은 관계식이 성립하며, n은 줄 위에 형성된 진동조각(그림 3-12(a)의 경우에 $n=6$, 그림 3-12(b)의 경우에는 $n=3$)이다.

이 실험에서 진동하는 줄이 전기음차에 묶여 있는 쪽은 위아래로 움직이는 전기음차에 매어져 있어 전기음차와 같이 움직인다. 따라서 진동하는 줄이 전기음차에 묶여 있는 쪽은 엄밀한 의미에서 마디는 아니다.

실험결과에 대한 동영상 보기

참고자료

① http://dept.physics.upenn.edu/~uglabs/lab_manual/melde.pdf.
② http://www.askmore.net/en/Standing_wave.html.
③ http://www.dsprelated.com/dspbooks/pasp/Longitudinal_Waves.html.

본 실험을 위하여 사용된 실은 길이가 130 cm, 질량은 0.4881 g, 추걸이와 추의 총질량은 10.40 g이었다. 전기음차의 진동과 줄이 수직한 경우와 수평한 경우에 자의 눈금 "0"이 서로 일치하지 않는 듯 보이나, 이는 가까이에서 동영상을 촬영하는 카메라의 각도 때문이다.

3.4 철사 줄의 진동을 이용하여 교류전자석에 흐르는 교류의 주파수를 측정하는 것이 가능할까?

=== **준비물**

단현실험장치: 1개, 전자석: 1개, 철사 줄(지름이 약 0.5 mm이면서 자석에 잘 달라붙는 것): 약간, 전자저울: 1대, 전압조절장치: 1대, 질량이 다른 여러 개의 추, 목면장갑: 1켤레

=== **실험방법**

① 단현실험장치(그림 3–13)에 연결할 철사 줄의 선밀도를 측정하기 위하여, 중간에 매듭이 없는 약 1.5 m 길이인 철사 줄의 길이를 mm 단위까지 정확히 측정한다. 또한 이 철사줄을 둥글게 말아서 전자저울을 이용하여 질량을 정확히 측정한 다음에 질량을 길이 L로 나눈다. 철사 줄의 선밀도는 $\rho=m/L[\text{g/cm}]$이다. 전자저울이 가리키는 값이 철사 줄의 질량이며, 여기에 중력가속도를 곱해주면 무게가 된다.

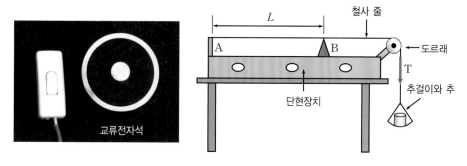

[그림 3–13] 단현실험장치

② 그림 3–13과 같이 철사 줄의 한 끝을 단현실험장치의 한쪽 끝 A에 고정시키고, 철사 줄의 받침대 B를 이동시켜 철사 줄이 진동하는 길이 L과 추걸이에 올려놓는 추의 무게를 변화시킴으로써 줄을 잡아당기는 장력 T를 임의로 변화시킬 수 있도록 장치한다.

③ 전압조정기의 출력전압 조절스위치가 "0"에 있는지를 확인하고, "0"에 있지 않으면 "0"

의 위치에 둔다.

④ 측정하려고 하는 교류가 흐르는 전자석을 철사 줄의 길이 방향에 대하여 수직인 방향에서 AB의 중간쯤에 접근시키고 장갑을 끼고 잡은 전자석이 미지근해질 때까지 전압조정기의 출력전압을 조금씩 올린다.

⑤ 교류의 주파수를 측정하기 위해서는 L과 T 중에서 어느 것이나 변화시켜도 좋지만 T를 고정하고 L을 변화시키는 것이 실험을 수행하기가 보다 수월하다.

⑥ 600 g 정도의 추를 철사 줄의 한쪽 끝에 매달린 추걸이에 올려놓고 교류전자석의 한쪽 끝을 철사 줄에 접근시킨 채로, B를 A에서 도르래 쪽으로 천천히 이동시켜 철사 줄이 진동하기 시작하면, 이 부근에서 B를 잘 조절하여 가장 세게 진동하는 지점을 찾는다. 이때 자석은 AB의 중간에서 줄에 수직하게, 그리고 철사 줄에 닿지 않도록 될 수 있는 대로 철사 줄에 접근시켜 고정시킨 다음 A와 B 사이의 길이 L을 구한다.

⑦ 추를 100 g씩 더해 가면서 1,500 g이 될 때까지 위와 같이 진동하는 철사 줄의 길이와 장력을 5회 정도 측정한다.

⑧ 장력 T는 추의 무게와 추걸이 무게(m')의 합이므로

$$T = (M + m')g \quad [\text{dyne}] \tag{3.1}$$

이며 M은 추의 질량, m'는 추걸이의 질량, dyne은 힘의 단위로서 1 dyne = 1g·cm/sec², 그리고 중력가속도 g는 980 cm/sec²이다.

실험결과 및 토의

모든 물체는 고유의 진동수를 가지고 있으므로, 고유진동수와 일치하는 진동수로 외부에서 에너지를 물체에 가해주면, 공명이 일어나면서 물체는 크게 진동하게 된다. 이 실험에서는 전자석에 흐르는 교류에 의해 시간에 따라서 변하는 자기장이 철사 줄을 위아래로 진동시키게 되는데 전자석이 철사 줄을 진동시키는 진동수가 철사 줄의 고유진동수와 같게 되면, 인지할 정도로 철사 줄이 진동되면서 공명이 일어나게 된다.

길이가 L[cm]이며 선밀도가 ρ[g/cm]인 줄에 장력 T[dyne]가 작용하는 경우에, 줄을 따라 진행하는 파의 속력은

$$v = \sqrt{T/\rho} \quad [\text{cm/s}] \tag{3.2}$$

와 같이 주어진다. 그림 3-13에서 A와 B 사이의 중간 정도에서 전자석에 의하여 철사 줄에

생성된 파는 A와 B 쪽으로 진행하다가 A와 B 지점에서 반사된다. 따라서 지속적으로 철사 줄을 진동시키면 A와 B를 향하여 진행하던 파와 A와 B 지점에서 반사된 파가 만나게 된다. 교류전자석이 철사 줄을 진동시키는 진동수가 A와 B 사이에 있는 철사 줄의 고유진동수와 같게 되면 A와 B 사이에 공명이 일어나면서 정상파가 형성되는데 A와 B 지점에서는 항상 "마디"가 된다. 물론 공명은 하나의 진동수에서만 일어나는 것이 아니고, 철사 줄의 고유진동수와 정수배가 되면 공명이 일어난다. 인접한 마디 사이의 거리는 반파장이 되므로, 가능한 공명진동수에서의 파장은

$$\lambda_n = 2L/1,\ 2L/2,\ 2L/3,\ \cdots\ 2L/n \qquad (n=1,2,3,\cdots) \qquad (3.3)$$

와 같이 주어지며, L은 줄이 진동하는 부분의 길이, 즉, A와 B 사이의 간격이다. 따라서 λ_n에 해당하는 진동수를 f_n이라 하면, 파의 진행속도(v), 파장(λ_n) 및 진동수(f_n)와의 관계는

$$v = \lambda_n f_n = \frac{2L}{n} f_n \qquad (3.4)$$

와 같이 주어진다. 식 (3.2)와 식 (3.4)를 이용하면, 교류전자석에 흐르는 교류의 주파수는 f_n은

$$f_n = \frac{n}{2L}\sqrt{\frac{T}{\rho}}\ [\sec^{-1}] = \frac{n}{2L}\sqrt{\frac{T}{\rho}}\ [\mathrm{Hz}] \qquad (3.5)$$

와 같이 주어진다. 따라서 철사 줄에 작용하는 장력(T), 철사 줄의 선밀도(ρ) 및 진동하는 철사 줄의 길이(L)를 측정하면, 교류전자석에 흐르는 교류의 주파수를 구할 수 있으며, $n=1$에 대응하는 주파수를 기본 진동수라고 한다. 식 (3.5)로 구해지는 값은 실제로 교류전자석에 흐르는 교류 주파수의 2배가 된다. 그 이유는 그림 3-14에서와 같이 교류전자석의 극성이 한 주기에 2번 변하여 철사 줄을 진동시키는 비율이 실제로 교류전자석에 흐르는 교류 주파수의 2배가 되기 때문이다. 따라서 교류전자석에 흐르는 교류의 주파수는 식 (3.5)로 구한 값의 1/2이 된다. 본 실험을 통하여 교류도 자기장을 만든다는 사실을 확인할 수 있다. 물론 교류가 만드는 자기장은 직류가 만드는 자기장과는 달리 교류의 주파수에 따라, 시간적으로 극성이 바뀌게 된다.

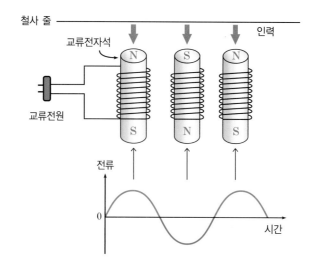

[그림 3-14] 교류전자석에 흐르는 교류와 전자석의 극성관계

이러한 단현은 피타고라스(B.C.580−B.C.500)에 의하여 발명되었다. 본 실험을 통하여 교류에 의해서도 자기장을 형성하여 전자석이 됨을 알 수 있었으며, 철사 줄에서의 정상파를 이해하는 데 도움이 된다. 정상파를 만든다는 것은 외부에서 물체에 에너지를 가해주는 진동수가 물체가 가지고 있는 고유진동수의 정수배가 된다는 것을 의미한다. 따라서 모든 물체는 고유진동수를 가지며, 물체의 고유진동수와 같은 진동수로 외부에서 운동에너지를 가해주는 경우에 공명조건이 된다는 것을 이해할 수 있다. 이러한 현상은 그네를 타는 아이를 뒤에서 밀어줄 때에 아이가 그네를 타고 진동하는 주기와 같은 주기로 뒤에서 밀어주어야 아이는 그네를 편안하면서도 높이 타게 된다는 사실과도 같다.

참고자료

① http://www.mathsphysics.com/Physics/sonometer.html.

② http://www.tutorvista.com/content/physics/physics−iii/waves/sonometer. php.

> 본 실험을 위하여 사용된 강철선은 길이가 124 cm, 질량은 1.815 g이었다. 그리고 추 걸이에 매달 추의 총 질량을 1370 g으로 하였을 경우에 파장은 81.6 cm로 되었다. 동영상의 촬영이 어려워 촬영은 하지 못하였으나, 공명조건이 되면, 단현에서 큰 소리로 울리게 되어 청각과 시각을 이용하면 공명되는 지점을 쉽게 찾을 수 있다.

04

물체에 열을 가해주면
어떠한 변화들이 일어날까?

온도는 물체나 주위 환경의 뜨겁고 차가운 정도를 나타내는 용어로서 과학적인 의미는 물체를 구성하고 있는 원자나 분자들의 평균 운동에너지를 나타내는 것이며, 열은 물체 간의 온도 차이 때문에 한 물체에서 다른 물체로 전달되는 에너지다. 일상생활에서 쉽게 관찰되는 물체로는 고체, 액체, 기체가 있으며, 이들은 눈에 보이지 않는 분자 또는 원자라는 아주 작은 알갱이들이 모여서 된 것이다. 물론 기체의 경우에는 눈에 보이지 않는 공기를 비롯하여 눈에 잘 보이는 연기 등이 있다.

물체가 뜨거워지거나 차가워지면 물체의 여러 가지 성질 중 일부가 변하게 되는데, 일반적으로 고체나 액체의 경우에 가열하면 부피가 늘어난다. 기체의 경우에 압력을 일정하게 유지하면서 가열하면 부피가 증가하고, 부피를 일정하게 유지하면서 가열하면 압력이 증가한다. 이처럼 물체에 열을 가해주면, 부피나 압력이 변하기도 하지만, 구리와 같이 전기가 잘 통하는 도체에 열을 가하면 전기저항이 변하기도 한다.

여기서는 열을 물체에 가해주었을 때에 일어나는 현상 중에서 실험이 비교적 간단하면서도 열이 물체에 미치는 효과를 쉽게 관찰할 수 있는 몇 가지 예를 동영상과 함께 설명하고자 한다.

4.1 열에 의한 물체의 부피변화

4-1-1
열에 의한 고체의 팽창과 수축

준비물

쇠구슬: 1개, 쇠고리: 1개, 비커: 1개, 알코올램프: 1개

[그림 4-1] 열에 의한 고체의 팽창을 관측하기 위한 실험도구

실험방법

① 그림 4-1과 같이 실험기구가 준비되면, 쇠구슬을 2개의 쇠고리에 끼워본다. 2개의 쇠고리 중에 하나는 쇠구슬을 통과하고 하나는 통과하지 않음을 알게 될 것이다.

② 먼저 쇠구슬이 잘 통과하는 고리에 쇠구슬을 통과시킨 후에 알코올램프로 쇠구슬만 가열한다. 약 3분 정도 가열시킨 다음, 쇠구슬이 쇠고리를 통과하여 빠져나오는지를 관찰한다.

③ 과정 ②에서 쇠구슬이 쇠고리를 통과하여 빠져나오면 쇠구슬이 덜 가열된 것이므로 더 가

열하여 다시 빠져나오는지를 실험한다.

④ 쇠구슬이 쇠고리를 빠져나오지 않음이 확인되면 쇠구슬을 찬물에 넣어 충분히 식힌 다음, 다시 쇠구슬이 고리를 빠져나오는지를 확인한다.

⑤ 이번에는 쇠구슬이 쇠고리를 통과하지 못하는 쇠고리를 이용하여 같은 실험을 반복한다. 쇠구슬이 쇠고리를 통과하지 못함을 확인한 후, 쇠고리만 가열한다.

⑥ 쇠고리를 약 3분 정도 가열한 다음에 쇠구슬을 통과시켜 보면 쇠구슬이 통과함을 알게 될 것이다.

> ⚠ 주의 알코올램프로 쇠구슬 또는 쇠고리를 가열하면 이들이 매우 뜨거우므로 찬물로 충분히 식힌 후에 손으로 잡도록 한다. 손이 데는 것을 방지하기 위하여 목장갑을 끼고 실험하는 것이 안전사고 예방에 도움이 될 것이다.

실험결과에 대한 동영상 보기

4-1-2
열에 의한 액체의 팽창과 수축

🔵 준비물

알코올 온도계: 1개, 물이 담긴 비커: 1개, 알코올램프: 1개

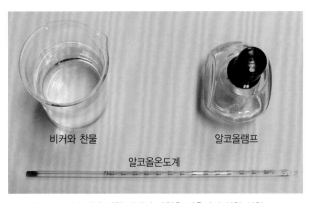

비커와 찬물   알코올램프

알코올온도계

[그림 4-2] 열에 의한 액체의 팽창을 관측하기 위한 실험도구

🔵 실험방법

① 그림 4-2와 같이 실험기구를 준비하여 아래의 순서대로 실험하여 관찰되는 현상에 대하

여 생각해 본다.

② 알코올 온도계에서 알코올이 들어있는 부분을 손으로 잡으면 알코올 온도계에 어떠한 반응이 일어나는지를 관찰한다.

③ 손으로 잡고 있던 온도계에서 알코올이 들어있는 부분을 찬물에 넣으면, 온도계 안에 있던 알코올이 아래로 내려감을 관찰한다.

④ 알코올 온도계에서 알코올이 들어있는 부분을 알코올램프의 불에 대면, 온도계 안의 알코올이 손으로 잡았을 때보다 매우 많이 올라감을 관찰하게 된다.

⚠️ 주의 알코올램프로 온도계를 가열한 다음에 바로 온도계를 찬물에 넣으면, 온도계가 파손될 우려가 있다.

4-1-3
열에 의한 기체의 팽창과 수축

준비물

찬물이 담긴 비커(500 cc 정도) : 1개, 물이 담긴 가열용 비커(500 cc 정도) : 1개, 알코올램프: 1개, 삼발이와 석면 세트: 1개, 페트병: 1개, 고무풍선: 1개

비커와 찬물   삼발이와 석면망   알코올 램프 풍선과 페트병
알코올 온도계

[그림 4-3] 열에 의한 액체의 팽창을 관측하기 위한 실험도구

실험방법

① 그림 4-3과 같이 실험이 준비되면 아래의 순서대로 실험하여 관찰되는 현상에 대하여 생각해 본다.

② 고무풍선을 입으로 불어 부풀게 한 다음에 풍선 내부의 공기가 모두 빠지도록 한다.

③ 공기가 빠진 고무풍선을 페트병의 주둥이에 풍선이 빠지지 않도록 잘 끼운다.

④ 고무풍선이 끼워진 페트병을 알코올램프로 가열한 물이 담긴 비커에 넣으면, 풍선이 부풀어 오르는지를 관찰한다.

⑤ 과정 ④에서 고무풍선이 부풀어 오르는 것을 관찰한 후에, 페트병을 찬물이 담긴 비커에 넣어 풍선이 쪼그라드는지를 관찰한다.

■ 실험결과 및 토의

이 실험을 통하여 고체, 액체 및 기체가 열을 받으면 부피가 팽창한다는 것을 알 수 있었다. 물론 모든 물체가 열을 받으면 부피가 팽창하는 것은 아니다. 0 ℃의 물을 가열할 경우, 물의 온도가 4 ℃가 될 때까지는 그림 4-4에서 보는 바와 같이 부피가 오히려 줄어드는데 이는 물 분자의 특수구조 때문이다. 열에 의한 고체의 팽창 및 수축 실험에서는 실온에서 쇠고리에 들어가지 않던 쇠구슬이 쇠고리를 가열하면 쉽게 들어가게 됨을 관찰하였다. 이는 쇠고리가 열에 의해 팽창하여 쇠고리의 구멍이 증가하였기 때문이다. 또한 처음에는 쇠구슬이 쇠고리를 통과하였으나, 쇠구슬만 가열하면 쇠구슬이 쇠고리를 빠져나오지 못한다는 것을 관찰하였다. 이는 쇠고리의 구멍크기는 변하지 않고, 쇠구슬이 가해준 열에 의해 부피가 증가하였기 때문이다. 이 실험을 통하여 눈에는 잘 보이지 않으나, 가해준 열에 의해서 쇠구슬의 부피 또는 쇠고리의 지름이 증가하였다는 것을 알 수 있다.

액체 및 기체에 열을 가하였을 경우에도 부피가 증가한다는 것을 쉽게 관찰할 수 있었는데 고체에 비하여 눈으로도 쉽게 부피의 변화를 관측할 수 있었다. 이 실험을 통하여 고체보다는 액체나 기체가 열에 민감하게 반응한다는 것을 알 수 있으며, 액체의 이러한 성질을 이용

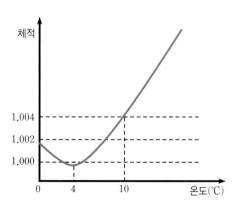

[그림 4-4] 온도에 따른 물의 체적변화

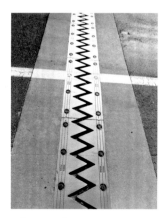

[그림 4-5] 다리의 이음새 부분

한 것으로는 물체의 온도를 측정하는 온도계 등이 있다. 그림 4-5는 강철로 만들어진 다리 위의 상판 일부를 사진으로 찍은 것으로, 온도변화로 인한 상판의 팽창과 수축으로부터 구조물의 안전을 위하여 이음새 부분에 여유 공간을 만들어 주었음을 알 수 있다.

실험결과에 대한 동영상 보기

참고자료

Paul A. Tipler Gene Mosca, *Physics for Scientists and Engineers*, W. H. Freeman & Company. 한글판: 물리학 5판, 물리교재편찬위원회 역, 청문각, 2006년.

4.2 오리 인형은 왜 계속해서 물을 마실까?

준비물

물먹는 오리 실험기구: 1개, 물이 들어 있는 비커: 1개

실험방법

① 그림 4-6과 같이 물먹는 오리 실험기구를 책상 위에 올려
놓고, 찬물이 들어있는 비커를 오리가 물을 마시기에 편리
한 위치에 둔다.

② 옆에서 실험기구를 관찰하면서 오리가 물을 한 번 마시고
고개를 들었다가 일정한 시간이 지난 후에, 다시 물을 마
시는 행동을 반복하는지를 관찰한다.

③ 위에서 관찰한 결과를 가져오는 이유에 대하여 생각해본
다.

[그림 4-6] 물먹는 오리

⚠ 주의 실험기구가 약하여 깨어지기 쉬우므로 바닥에 떨어뜨리거나 파손되지 않도록 주의가 필요하다.

실험결과 및 토의

그림 4-6에서 보이는 빨간색의 액체는 "에테르"이다. 원래 에테르는 무색의 액체이나 시
각적인 효과를 위하여 빨간색의 염료를 첨가한 것이다. 오리의 입모양 부분에 있는 분홍색
물질은 액체를 잘 흡수할 수 있는 물질이다. 분홍색 부분이 비커 속의 물에 닿으면 오리 머리
부분의 유리관 내부의 온도가 내려가게 되므로 오리 머리 부분의 유리관 내부의 압력이 감소
한다. 압력이 감소함으로써 몸체의 아랫부분에 있는 붉은색의 에테르를 유리관을 통하여 끌

어 올린다. 그림 4-6에서는 붉은색의 에테르가 몸체의 아랫부분에만 있어 오리가 머리를 들고 있으나, 에테르가 유리관을 통하여 위로 올라가게 되면, 아랫부분이 가벼워지게 되고 머리와 몸통의 무게중심에 위치한 회전축을 중심으로 머리가 앞으로 넘어가게 된다. 머리가 앞으로 넘어가게 되면, 유리관을 통하여 올라가던 에테르가 다시 밑 부분으로 흘러내려오도록 유리관이 설계되어 있어 에테르가 밑 부분으로 내려온다.

따라서 이러한 반복운동을 하게 되어 마치 오리인형이 물을 마시는 것과 같은 운동을 지속적으로 하게 된다. 참고로 물의 점성은 20 ℃에서 1 cP인데 비하여 에테르는 0.233 cP로서 물에 비하여 약 1/4보다도 작다. 여기서 cP는 물질의 동적점성[dynamic viscosity]을 나타내는 단위로 1 Poiseuille (PI)＝10 poise (P)＝1000 cP의 관계가 있다. 또한 물의 표면장력은 25 ℃에서 71.97 [dyne/cm]인데 비하여 에테르의 한 종류인 에틸에테르는 17.06 [dyne/cm] 정도이다. 유리관 내부의 액체로 물을 사용하지 않고 점성이 작은 에테르를 사용한 이유는 유리관 내부의 벽에 붙지 않고 흐름이 좋기 때문이다.

실험결과에 대한 동영상 보기

본 실험에서 사용한 "물먹는 오리"는 인터넷이나 시중에서 쉽게 구입할 수 있다.

참고자료

① http://wiki.xtronics.com/index.php/Viscosity.
② http://macro.lsu.edu/howto/solvents/Surface%20Tension.html.

4.3 열에 의한 기체의 부피변화

준비물

기체의 부피변화 관찰용 실험기구: 1개

실험방법

① 그림 4-7과 같은 기체의 부피변화 관찰용 실험기구를 실험대 위에
   올려놓은 상태에서 관찰하면, 아래에 초록색의 액체가 담겨져 있음
   을 알게 될 것이다.

② 초록색의 액체가 담겨져 있는 부분("A")을 손으로 꼭 잡으면 초록
   색의 액체가 관을 따라서 위쪽으로 올라감을 쉽게 관찰할 수 있다.

③ 모든 액체가 위쪽의 둥근 부분("B")으로 올라간 다음, 책상 위에 올
   려놓고 관찰하면 액체가 아래로 쉽게 내려오지 않고 B 부분에 머물
   러 있음을 관찰하게 된다.

④ B 부분을 손으로 잡으면 액체가 쉽게 관을 따라서 A 부분으로 이
   동함을 관찰하게 된다.

[그림 4-7]
기체의 부피변화

⑤ B 부분에 있던 액체가 모두 A 부분으로 이동하여도 B 부분을 계속
   잡고 있으면 아래로 이동한 액체 내부에 일정시간 동안 공기 방울이 생김을 관찰하게 된다.

⚠ 주의 실험기구가 약하여 깨지기 쉬우므로 바닥에 떨어뜨리거나 파손되지 않도록 특별한 주의가 필요하다.

실험결과 및 토의

초록색의 액체가 담겨져 있는 부분을 손으로 잡았을 경우에 초록색의 액체가 유리관을 통
하여 위로 올라가는 현상을 관찰하였는데 그 원인에 대해서 한번쯤은 생각하게 될 것이다.

처음에는 액체가 팽창하여 유리관을 따라서 위로 올라간다고 생각하기가 쉽다. 하지만 액체가 팽창하여 위로 올라가는 것이 아니라, 초록색 액체 윗부분의 "A"로 표시된 유리관 내부의 공기가 유리관을 만지고 있는 따뜻한 손으로부터 열을 받아 팽창하게 되면 압력이 증가하고, 이러한 압력의 증가에 의하여 초록색의 액체를 위로 밀어 올리는 것이다.

초록색의 액체는 물이며, 관찰을 쉽게 하기 위하여 초록색의 염료를 첨가한 것이다. 0 ℃의 물에 열을 가하여 온도를 증가시키는 경우에 4 ℃까지는 부피가 감소하다가 4 ℃부터 부피가 증가하는데 이는 물의 특수구조에 기인한다.

증류수의 경우에 대기압 상태의 20 ℃에서 부피팽창계수(β)는 2.07×10^{-4}/K이며, 40 ℃에서 3.85×10^{-4}/K이다. 따라서 실내온도를 20 ℃라고 가정하고 체온을 37 ℃라고 할 때에 체온에 의해 유리관 내에 있는 물 부피의 증가는 매우 작다고 할 수 있다. 열을 가해주기 전의 물체의 체적을 V_o, 온도가 ΔT만큼 변할 때의 부피의 변화량을 ΔV라고 하면, 이들 사이에는 $\Delta V = \beta V_o \Delta T$와 같은 관계식이 성립하는데 여기서 비례상수 β("베타"라고 읽는다)를 부피팽창계수라고 한다. 따라서 물의 온도가 17 ℃ 증가하면 부피는 약 0.9 % 정도만이 증가한다. 한편, 공기에 대한 부피 팽창계수는 3.67×10^{-3}/K로서 물에 비하여 17.7배 정도 더 크므로, 실내온도가 20 ℃라고 가정하고 체온을 37 ℃라고 할 때에 부피는 약 16 % 증가하게 되므로 그림 4-7에서 A 부분을 손으로 만지면 기체의 부피가 증가하므로 내부의 압력이 증가하게 되어 초록색의 액체는 위로 올라가게 된다.

모든 액체가 위로 올라간 다음에도 A 부분을 계속 잡고 있으면 유리관을 통하여 팽창된 공기가 위로 올라가면서 거품을 만드는 것을 관찰할 수 있다. 이러한 관찰결과로부터, 따스한 손으로부터 열에너지를 받아 액체가 팽창하여 위로 올라가는 것이 아니라 공기가 팽창하여 유리관 내부의 압력이 증가되면서 초록색의 액체를 밀어 올리는 것을 알 수 있다.

실험결과에 대한 동영상 보기

본 실험에서 사용한 "기체부피변화 관찰용 실험기구"는 "love thermometer"라는 이름으로 판매되고 있다.

참고자료

http://www.efunda.com/materials/common_matl/show_liquid.cfm?MatlName=WaterDistilled4C.

4.4 어떻게 하면 장난감 인형에 빨리 물을 넣었다가 뺄 수 있을까?

준비물

장난감인형: 1개, 더운물을 담을 작은 주전자 모양의 그릇: 1개. 찬물이 담긴 비커(인형이 들어갈 수 있는 크기): 1개, 물을 가열할 수 있는 장치: 1대, 인형을 잡을 수 있는 집게: 1개

실험방법

① 그림 4-8과 같이 지름이 약 0.5 mm 정도의 작은 구멍이 나 있는 플라스틱 인형 속으로 물을 넣기 위해 인형을 물속에 넣고 물이 잘 들어가는지를 확인한다.

② 과정 ①을 통하여 작은 구멍을 통해서는 물이 잘 들어가지 않음을 알게 될 것이다.

③ 인형을 집게로 잡고 뜨거운 물속에 넣으면 인형 안에 들어있던 공기가 밖으로 나오면서 물방울이 생김을 관찰하고 물방울이 생기는 원인에 대해서 생각하여 본다.

[그림 4-8] 어린 인형

④ 약간 뜨거운 물이 담긴 그릇에 넣었던 인형을 찬물이 담긴 그릇에 넣고 어느 정도 시간이 지난 후에 꺼내어, 흔들어 물이 인형 안에 들어갔는지를 확인한다.

⑤ 인형 안으로 들어간 물이 밖으로 나오도록 인형을 똑바로 세우고 물이 잘 나오는지를 확인한다. 구멍이 매우 작아 잘 나오지 않는다는 것을 알 수 있을 것이다.

⑥ 이번에는 뜨거운 물을 인형의 머리 부분에 조금씩 부어 뜨거운 물이 인형 몸통을 따라서 흘려 내리도록 하면서 물이 잘 흘러나오는지를 관찰한다.

⚠ 주의 뜨거운 물을 사용하는 실험이므로 손 등이 데지 않도록 주의한다.

▬▬ 실험결과 및 토의

이 실험도 열에 의한 기체의 팽창과 수축현상을 관찰하기 위한 것이다. 인형의 구멍이 너무 작아서 물이 쉽게 안쪽으로 들어가지 않는다. 이러한 인형을 뜨거운 물속에 넣으면, 열에 의해서 인형의 몸통 안쪽에 있는 공기가 활발한 운동을 하게 되지만, 인형의 부피는 열에 의해서 팽창을 많이 하지 않아 인형 몸통 안쪽의 압력은 증가한다. 따라서 인형내부에 있던 공기 중의 일부는 인형 안과 밖의 압력차에 의해서 밖으로 나오게 되어 실질적으로 안쪽 공기의 양은 줄어들게 된다. 뜨거운 물에 담겨져 있던 인형을 빨리 차가운 물속에 넣으면 활발하게 운동하던 공기분자들의 운동이 줄어들면서 안쪽의 공기압력은 바깥의 대기압에 비해 작아지므로 인형의 몸통 안쪽과 바깥쪽 사이에 생기는 압력차가 뜨거운 물속에 넣었을 때와 반대로 된다. 이러한 압력차에 의해서 이번에는 물이 인형의 몸통 안쪽으로 작은 구멍을 통하여 쉽게 들어간다.

인형 안에 들어간 물은 구멍이 작기 때문에 밖으로 쉽게 빠져나오지 못한다. 따라서 안쪽의 압력이 바깥보다 높게 해주어야 몸통 안과 밖의 압력차에 의해서 작은 구멍을 통하여 물이 밖으로 나오게 된다. 몸통 안쪽의 압력을 높이기 위한 방법은 내부 공기를 가열하는 방법으로 인형의 몸통에 뜨거운 물을 부어주면 열이 몸통 안쪽으로 전달되어 몸통 안쪽이 따듯해지면서 내부 공기의 운동이 활발하게 된다. 따라서 내부의 압력이 높아지게 되어 물이 밖으로 잘 빠져나오게 되는 것이다.

실험결과에 대한 동영상 보기

4.5 비행기가 뜨는 원리는?

준비물

베르누이 실험장치: 1대

실험방법

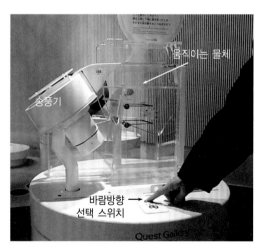

[그림 4-9] 베르누이 실험장치

① 그림 4-9와 같이 아래위로 이동이 자유로운 물체와 함께 물체의 위와 아래에서 수평으로
바람을 보낼 수 있는 송풍기를 준비한다.

② 송풍기의 바람을 이동이 자유로운 물체의 위쪽에서 수평방향으로 보내면서 물체의 이동
을 관찰한다.

③ 송풍기의 바람을 이동이 자유로운 물체의 아래쪽에서 수평방향으로 보내면서 물체의 이
동을 관찰한다.

④ 송풍기의 바람을 보내는 방법에 따라서 물체가 위와 아래 방향으로 이동하는 원리에 대해서 조원들과 토의해 본다.

🔲 실험결과 및 토의

이 실험의 결과를 이해하기 위해서는 물, 공기와 같은 유체의 운동에 대한 기본지식이 필요하다. 그림 4-10에서의 같이 안쪽 지름이 변하는 관 내부를 흐르면서 유체가 위치에 따라서 압축되거나 팽창하지 않는 비압축성 유체를 생각하여보자.

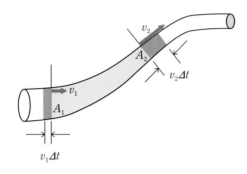

[그림 4-10] 비압축성 유체의 흐름

그림 4-10에서 시간 Δt 동안에 내부 단면적이 A_1인 부분으로 유입하는 유체의 부피는 $A_1 v_1 \Delta t$이며, 단면적이 A_2인 부분을 빠져나가는 유체의 부피는 $A_2 v_2 \Delta t$가 된다. 유체가 비압축성인 경우에 관 내부의 모든 곳에서 액체의 밀도는 같으며, 단면적이 A_1인 곳과 A_2 사이의 하늘색으로 표시된 부분의 유체의 양은 항상 일정하다. 따라서 액체의 밀도를 ρ라고 할 때에, 시간 Δt 동안에 내부 단면적이 A_1인 부분으로 유입하는 유체의 질량은 $\rho A_1 v_1 \Delta t$이 되며, 이는 같은 시간 동안에 단면적이 A_2인 부분을 빠져나가는 유체의 질량 $\rho A_2 v_2 \Delta t$와 같게 된다. 이를 수식으로 표현하면

$$\rho A_1 v_1 \Delta t = \rho A_2 v_2 \Delta t \;\Rightarrow\; A_1 v_1 = A_2 v_2 \qquad (4.1)$$

와 같다. 식 (4.1)로부터 안쪽 지름이 변하는(실질적으로는 내부 단면적이 변함) 관내를 따라서 이동하는 비압축성 유체는 단면적이 변함에 따라 유동속도가 변함을 알 수 있다. 이처럼 속도가 위치에 따라서 변하는 운동을 하기 위해서는 압력이 위치에 따라서 변해야 한다. 즉, 그림 4-11(a)에서와 같이 관이 수평으로 놓인 경우에 단면적이 A_1인 부분에서의 압력과 단면적이 A_2인 부분에서의 압력은 서로 다르며, 그림 4-11(b)에서와 같이 기울어진 경우에는 두 지점에서의 높이차에 따른 부가적인 압력차가 생기게 된다.

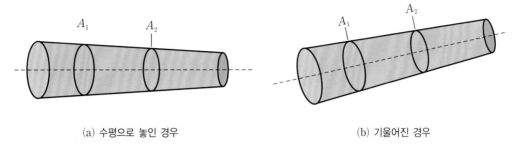

(a) 수평으로 놓인 경우   (b) 기울어진 경우

[그림 4-11] 안쪽 단면적이 변하는 관내를 흐르는 유체

유체가 흐르는 관내에서의 압력과 속도 사이의 관계를 나타내는 관계식이 있는데 이를 베르누이 정리(Bernoulli's equation)라고 한다. 그림 4-12에서 단면적이 A_1인 부분에서의 압력을 P_1이라고 하면 단면적이 A_1인 부분에 작용하는 힘은 $P_1 A_1$이며, 단면적이 A_2인 부분에서의 압력을 P_2라고 하면 단면적이 A_2인 부분에 작용하는 힘은 $P_2 A_2$이므로 이러한 힘들에 의하여 시간 Δt 동안에 청색과 보라색으로 표시된 유체에 해준 알짜일은 다음과 같다.

$$W = P_1 A_1 v_1 \Delta t - P_2 A_2 v_2 \Delta t = (P_1 - P_2) \Delta V \qquad (4.2)$$

식 (4.2)에서 유체가 비압축성이므로, 청색과 보라색으로 표시된 부분의 체적은 서로 같으며, 이 부분의 체적을 ΔV로 두었다. 식 (4.2)에서의 $(-)$부호는 그림 4-12에서 관내에 흐르는 유체 중에서 녹청색 부분의 유체가 A_2에 작용하는 힘의 방향이 유체가 흐르는 방향과 반대이기 때문에 붙은 것이다.

유체가 비압축성 유체이므로 유체의 밀도 ρ는 관내의 모든 곳에서 서로 같다. 따라서 청색부분의 액체질량은 $\rho \Delta V$이고 유체의 속도가 v_1이므로 운동에너지는 $\frac{1}{2}\rho \Delta V v_1^2$이 된다. 마

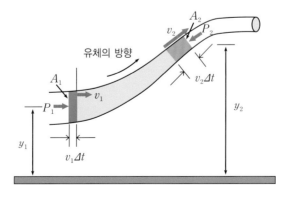

[그림 4-12] 청색과 보라색으로 표시된 부분에 해준 알짜 일은 운동에너지와 위치에너지의 증가와 같다.

찬가지로 보라색 부분의 유체가 가지는 운동에너지는 $\frac{1}{2}\rho\Delta V v_2^2$이 된다. 유체가 비압축성 유체이므로 청색과 보라색사이에 있는 유체의 운동에너지의 변화가 없게 되어 전체적인 운동에너지의 변화(ΔK)는

$$\Delta K = \frac{1}{2}\rho\Delta V(v_2^2 - v_1^2) \tag{4.3}$$

과 같이 표현된다. 한편, 청색 부분의 유체가 가지는 위치에너지는 $\rho\Delta V g y_1$이며, 보라색 부분의 유체가 가지는 위치에너지는 $\rho\Delta V g y_2$이므로, 위치에너지의 차이(ΔU)는

$$\Delta U = \rho\Delta V g(y_2 - y_1) \tag{4.4}$$

와 같다. 유체가 아래에서 위쪽으로 흐르기 위해서는 외부에서 일을 해줘야만 되며, 이때에 외부에서 흐르는 유체에 해 준 알짜일(W)은 운동에너지의 변화(ΔK)와 위치에너지의 변화(ΔU)를 더한 값과 같게 되는데, 이를 전문용어로는 "일－에너지 정리"라고 표현한다. 따라서 이를 수식적으로는 $W = \Delta K + \Delta U$와 같이 표현하는데, 식 (4.2-4.4)를 사용하여 다시 표현하면

$$(P_1 - P_2)\Delta V = \frac{1}{2}\rho\Delta V(v_2^2 - v_1^2) + \rho\Delta V g(y_2 - y_1)$$

$$\Rightarrow P_1 - P_2 = \frac{1}{2}\rho(v_2^2 - v_1^2) + \rho g(y_2 - y_1) \tag{4.5}$$

와 같다. 식 (4.5)를 다시 정리하면

$$P_1 + \rho g y_1 + \frac{1}{2}\rho v_1^2 = P_2 + \rho g y_2 + \frac{1}{2}\rho v_2^2 \tag{4.6}$$

와 같은 관계식이 얻어진다. 식 (4.6)에서 아래 첨자 "1, 2"는 관내의 두 위치를 나타내기 위하여 사용되었으며, 식 (4.6)은 유체가 흐르는 관내의 모든 부분에 대해서 성립하므로, 일반적으로

$$P + \rho g y + \frac{1}{2}\rho v^2 = \text{일정} \tag{4.7}$$

와 같이 표현이 가능하며, 압력 P는 절대압력을 의미한다.

이제 식 (4.7)을 실험결과에 적용하여 보자. 송풍기의 바람을 상하로 이동이 자유로운 물체의 윗부분에서 수평으로 보내주면, 물체의 상단부분에 있는 공기분자들의 속력이 빨라지게 되어, 식 (4.7)에서 $\frac{1}{2}\rho v^2$의 값이 커지게 된다. 실험기구에서 자유로이 이동이 가능한 물

체의 크기가 상하로 약 20 cm 정도밖에 되지 않아 대기압에 의한 물체의 상단과 하단 사이의 압력 차이는 무시할 수 있으므로, 식 (4.7)에서 ρgy의 값에 의한 기여는 거의 무시가 가능하다. 따라서 식 (4.7)이 성립하기 위해서는 물체의 윗부분에서의 압력이 물체의 아랫부분에 비하여 작아지게 된다. 물체의 상단 부분의 압력이 하단 부분의 압력에 비하여 작아지게 되므로 물체는 위로 올라오게 된다.

이제 위에서와 반대로 송풍기의 바람을 상하로 이동이 자유로운 물체의 아랫부분에서 수평으로 보내주면, 아랫부분에서의 공기분자들의 속력이 빨라지게 되므로 물체 하단 부분에서의 압력은 상단 부분에 비하여 작아지게 되어 물체는 아래로 내려오게 된다.

이러한 원리를 이용하여 비행기가 뜨는 이유에 대해서 생각하여 보자. 그림 4-13은 움직이는 공기 안에 있는 비행기의 날개를 나타낸 것이다. 일반적으로 공기는 가만히 있고, 비행기가 이동하면서 이륙하지만, 설명을 간단히 하기 위하여 비행기 날개는 제자리에 있고 대신에 공기가 움직인다고 생각하고 그린 것이다. 비행기가 뜨는 이유에 대해서 일부 책에서는 베르누이 정리를 이용하여 설명하면서 그림 4-13에서 날개의 앞쪽인 A 지점에 도달한 공기가 날개 꼬리 부분의 B 지점에 동시에 도달하고 날개 윗면을 따라서 A에서 B로 이동하는 거리는 날개의 아랫면을 따라 A에서 B로 이동하는 거리에 비하여 길기 때문에 날개 위에 있는 공기의 속력이 날개 아래에 있는 공기의 속력보다 빠르다고 설명하고 있다.

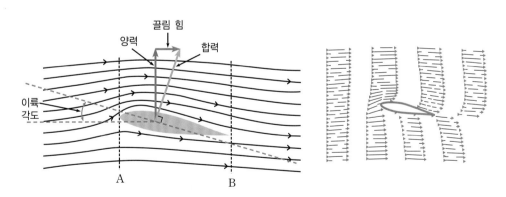

[그림 4-13] 움직이는 공기 안에 있는 비행기 날개　　　　[그림 4-14] 공기의 흐름에 대한 시늉효과 [참고자료]

하지만 이러한 설명은 잘못된 것이다. 그림 4-14는 이를 뒷받침하기 위하여 컴퓨터를 이용하여 공기 흐름에 대한 시늉효과를 나타낸 것으로, 비행기 날개의 아랫부분을 통과하는 공기가 날개의 꼬리 부분에 늦게 도달함을 보여주고 있다. 따라서 공기분자들의 이동속도는 날개의 아랫부분이 윗부분보다 느림을 알 수 있으므로 날개 위에서의 압력이 날개 아래에서의 압력보다 작아서 비행기가 뜨게 된다.

그림 4-13에서 양력은 날개의 아랫부분에서의 압력이 날개 윗부분에서의 압력보다 커서 압력의 차이로 인하여 비행기 날개를 수직으로 떠받치는 힘을 의미하며, 끌림 힘은 공기의 저항 등으로 인하여 비행기 날개가 나아가는 방향과 반대로 생기는 힘을 의미한다. 따라서 비행기가 받는 알짜 힘은 이러한 2개의 힘을 합한 "합력"의 방향이므로 합력의 방향과 수직한 방향이 비행기의 이륙 각도가 된다.

실험결과에 대한 동영상 보기

본 실험에 사용된 동영상은 저자가 일본의 파나소닉회사를 방문하였을 때에 방문자를 위한 자료실에서 실험하면서 촬영한 것이다.

참고자료

http://www.allstar.fiu.edu/aero/airflylvl3.html.

생각하여 보기

가로 10 cm, 세로 20 cm 정도의 얇은 종이를 입술 근처에 대고 바람을 종이 위쪽으로 불면, 종이가 위로 올라오는 것을 볼 수 있는데, 이것도 베르누이의 정리로서 설명된다.

전기 및 자기는
서로 어떤 관계가 있을까?

전기부분을 다루면서 제일 생각나는 것은 아마도 전류일 것이다. 물이 높은 곳에서 낮은 곳으로 흐르는 이유에 대하여 과학적인 용어를 사용하면 "높은 곳에서의 물의 중력 위치에너지는 크고, 낮은 곳에서는 중력 위치에너지가 작기 때문이다"라고 설명한다. 즉, 두 지점사이의 중력 위치에너지의 차이가 있으면 물은 중력 위치에너지가 높은 곳에서 낮은 곳으로 흐른다. 이와 같은 원리로 전류도 전기 위치에너지가 높은 곳에서 낮은 곳으로 흐르게 되며, 이러한 두 지점사이의 전기 위치에너지의 차이가 우리가 일상생활에서 이야기하는 전압이다. 즉, 가정의 벽에 붙어 있는 콘센트를 보면 2개의 전극이 있는데, 전압 "220V"는 이 2개의 전극 사이의 전기 위치에너지의 차이가 220 V임을 의미한다.

5.1 전류와 자기력에 대한 기본개념

5-1-1
전기는 어떤 특성을 가지는가?

전압은 시간에 따라서 ⓐ 크기가 항상 일정한 직류, ⓑ 시간에 따라서 크기가 변하는 교류가 있다. 한 예로서 1.5 V 건전지의 경우에 (＋)전극과 (－)전극 사이의 전압이 항상 크기가 일정한 1.5 V를 유지하는 직류이며, 가정에 공급되는 전기는 시간에 따라서 크기가 변하는 교류이다. 직류 또는 교류전원에 저항을 연결하면 저항에서 열이 발생한다. 직류의 경우에 그림 5-1(a)에서 보는 바와 같이 전압의 크기가 시간에 관계없이 항상 일정하다. 하지만 교류는 전압의 크기가 그림 5-1(b)에서 보는 바와 같이 시간에 따라서 변한다. 즉, 전압이 (＋)로 커지다가 "0"이 되었다가 (－)로 된다.

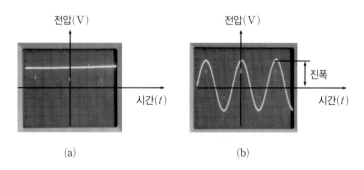

(a)   (b)

[그림 5-1] (a) 직류와 (b)교류의 모양

직류전압은 시간에 따라서 변하지 않으나, 교류전압은 시간에 따라서 그림 5-1(b)와 같이 변한다. 이러한 직류와 교류를 저항 값이 같은 저항체에 그림 5-2(a, b)와 같이 연결하면 어떤 일이 일어날까? 그림 5-2(a)와 같이 직류전압을 저항 R에 연결하면 저항 R에서 발생하는 열은 시간에 관계없이 일정하다. 하지만 그림 5-2(b)와 같이 교류전압을 가해주면,

저항 R에 흐르는 전류의 값이 시간에 따라서 변하게 되어 저항 R에서 발생하는 열이 시간에 따라서 변하게 된다. 따라서 교류전압의 크기는 교류전원에 연결된 저항체가 발생하는 열을 시간에 따른 평균값을 사용하여 정의하게 되는데 그 결과는 최대전압의 크기(그림 5-1(b)에서 진폭으로 나타낸 값)를 $\sqrt{2}$로 나눈 값이 된다. 따라서 교류 220[V]의 경우에 최대전압($V_{최대}$)의 크기는 220[V]에 $\sqrt{2}$를 곱한 값인 311.1[V]가 된다. 가정에서 사용하고 있는 교류전압이 220[V]라는 의미는 "같은 종류의 저항체에 직류 220[V]를 연결하였을 때와 같은 시간 동안에 같은 양의 열을 발생한다"는 의미이다. 즉, 그림 5-2에서 보는 바와 같이 같은 종류의 저항을 (a) 직류 220[V]에 연결한 경우와 (b) 교류 220[V]에 연결한 경우, 같은 시간 동안 전류를 흘려주면 저항 R에서는 같은 양의 열이 발생하게 된다.

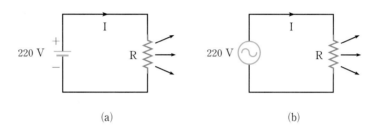

[그림 5-2] (a)직류에 의한 열의 발생 (b)교류에 의한 열의 발생

앞에서 설명하였듯이 전압이란 두 지점 사이의 전기 위치에너지의 차이다. 우리나라의 경우에 한국전력에서 일반가정에 공급하는 전압은 교류 220[V]이다. 여기서 교류 220[V]라고 하는 것은 두 지점 사이의 평균 전기 위치에너지의 차이가 220[V]라는 의미로 전기 위치에너지가 "0"이 되는 기준은 어디일까? 전기 위치에너지의 기준이 되는 지점은 우리가 매일 딛고 사는 땅이다. 따라서 교류전압이 220[V]라는 것은 땅에 대해서 전기 위치에너지가 220[V] 차이가 난다는 이야기다. 보다 정확히 표현하면, 땅에 대해서 최대 220[V]에 $\sqrt{2}$를 곱한 값인 311.1[V]만큼 크거나 작다는 의미로서 두 지점 사이에 전기 위치에너지가 차이가 나는 경우에, 두 지점을 전선으로 연결하면 전류가 흐르게 된다.

5-1-2
자기장 속에서 대전입자들은 어떻게 운동할까?

자기장 속에서 전기를 띠고 있는 작은 알갱이(이들은 대전입자라고 하는데 대표적인 예로는 전자를 생각할 수 있다)들이 어떻게 운동하는지에 대해서 생각하여보자. 자기장 속에서 대전입자가 정지하고 있으면 자기장은 대전입자에 아무런 영향을 미치지 않는다. 하지만 자기장 속에서 대전입자가 어떤 속도를 가지고 운동하면 대전입자에 자기력이 작용하는데, 자기력($\vec{F}$), 자기장의 세기($\vec{B}$) 및 대전입자의 속도($\vec{v}$) 사이에는 다음과 같은 관계가 성립한다.

$$\vec{F}=q\vec{v}\times\vec{B} \tag{5.1}$$

여기서 q는 대전입자가 가지고 있는 전하량의 크기이다. 식 (5.1)에서 자기력, 자기장의 세기 및 대전입자의 속도를 나타내는 기호 위에 화살표를 한 것은 이들이 나타내는 물리량이 크기도 가지고 있으면서 방향이 있는 벡터량이라는 것을 의미한다. 식 (5.1)은 어떤 이론에 의해서 구해진 식이 아니라 실험결과를 바탕으로 하여서 얻어진 식으로 이러한 식을 실험식이라고 한다. 따라서 위의 실험식을 잊어버린 경우에, 논리적으로 생각을 하여 위 식을 자신이 직접 유도할 수 없으므로 가능한 한 기억하여 두기를 바란다. 벡터 곱셈에 대한 내용을 이해하고 있다면 자기장 내에서의 하전입자의 운동 또는 전류가 흐르는 직선도선 사이에 작용하는 힘들을 이해하는 데 많은 도움이 되리라 판단한다.

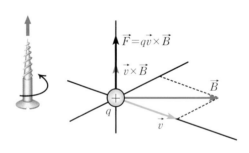

[그림 5-3] 자기력의 방향

식 (5.1)의 의미에 대해서 한번 생각하여 보자. 식 (5.1)은 자기력($\vec{F}$)의 크기는 대전입자의 전하의 크기(q), 대전입자의 속도($\vec{v}$) 및 자기장($\vec{B}$)에 의해서 결정되며, 자기력($\vec{F}$)의 방향은 $\vec{v}$와 $\vec{B}$가 이루는 면에 수직방향이다. $\vec{v}$와 $\vec{B}$가 이루는 면에 수직한 방향은 위쪽 방향과 아래쪽 방향의 두 경우를 생각할 수 있는데 약속하기를 $\vec{v}$에서 $\vec{B}$로 오른손 나사를 돌릴 때, 나사가 진행하는 방향을 자기력($\vec{F}$)의 방향으로 정하고 있다. 그림 5-3에서 $\vec{v}$에서 $\vec{B}$ 쪽으로, 즉 반시계방향으로 오른손 나사를 돌리면 나사는 위로 올라가게 되는데 이것이 바로 자기장 속에서 운동하는 대전입자에 작용하는 자기력의 방향이다. 여러분 스스로 이 식의 의미를 알아보기 위하여 화살표를 사용하여 $\vec{v}$의 방향과 $\vec{B}$의 방향을 종이 위에 그린 다음에 $\vec{v}$를 나타내는 화살표의 끝에서 $\vec{B}$의 방향을 나타내는 화살표 쪽으로 오른손 나사를 돌려보자. 이때 오른손 나사의 진행방향이 바로 자기력 $\vec{F}$의 방향이 된다.

전하에는 (+)전하와 (−)전하가 있다. 전하의 크기가 q이고 부호가 (−)라면 식 (5.1)은 다음과 같이 된다.

$$\vec{F} = -q\vec{v} \times \vec{B} \qquad (5.2)$$

식 (5.2)에서 (−)부호는 식 (5.1)로 주어지는 경우와 자기력의 방향이 "반대"임을 의미한다. 즉, 크기는 같고 부호가 서로 반대인 두 전하가 똑같은 자기장 속에서 운동하는 경우에 두 전하가 받는 자기력은 크기는 같으나 방향은 서로 반대가 된다는 것이다.

$\vec{v}$의 방향과 $\vec{B}$의 방향이 θ의 각을 이루는 경우에 자기력의 방향은 $\vec{v}$와 $\vec{B}$가 이루는 면에 수직방향이며, 자기력의 크기는 $\vec{v}$와 $\vec{B}$가 이루는 각에 의존하게 되는데 이를 수식으로 나타내면 다음과 같다.

$$|\vec{F}| = q|\vec{v}||\vec{B}|\sin\theta \qquad (5.3)$$

식 (5.3)에서 θ는 $\vec{v}$와 $\vec{B}$ 사이의 각으로서 $\sin 90° = 1$, $\sin 0° = 0$이다. $\sin\theta$의 값은 $\vec{v}$와 $\vec{B}$ 사이의 각에 의존하며 그 값은 $-1 \le \sin\theta \le 1$의 범위 내에 있고, 최대값은 $+1$, 최소값은 -1이다. 따라서 $\vec{v}$와 $\vec{B}$가 직각을 이루는 경우에 자기력의 크기는 최대가 된다.

자기장 내에서의 대전입자의 운동과 관련된 실험결과에 대해서는 앞에서 설명한 내용을 바탕으로 간단한 실험들을 수행하고 그 결과에 대하여 토의하여 보자.

참고자료

Paul A. Tipler Gene Mosca, *Physics for Scientists and Engineers*, W. H. Freeman & Company 한글판 : 물리학 5판, 물리교재편찬위원회 역, 청문각, 2007년.

5.2 어떻게 하면 물체에 전기를 띠게 할 수 있을까?

준비물

정전기실험장치: 1개, 에보나이트 또는 유리막대: 1개, 실크 천 또는 기타 천

실험방법

① 그림 5-4와 같이 정전기 실험장치를 책상 위에 올려놓는다.

② 에보나이트 또는 유리막대(지름이 2 cm 정도 되는 플라스틱막대도 좋다)를 실크 천으로 문지른 다음에, 정전기 실험장치의 금속판 근처로 가져간다.

③ 정전기 실험장치의 아랫부분에 있는 얇은 금속막이 서로 벌어지는지를 관찰하고 그 이유에 대해서 생각하여 본다.

[그림 5-4] 정전기 실험장치

실험결과 및 토의

전기를 띠고 있지 않던 물체가 (+) 또는 (−) 전기를 띠게 되는 현상을 물체의 "대전"이라고 말한다. 실험결과를 이해하기 위해서는 우선 물체의 대전에 대해서 이해를 해야 하며 이를 위해, 원자나 분자들에 대해서 먼저 생각하여 보자. 원자나 분자들은 일상생활에서 보는 모든 물질들을 구성하고 있는 기본단위라고 생각할 수 있다. 즉, 모든 물질은 원자나 분자들로 구성되어 있는데, 원자는 중성자(전기적으로 중성)와 양성자(+ 전기를 띠고 있는 아주 작은 알갱이)로 이뤄진 원자핵과 원자핵 주위를 돌고 있는 전자들로 이뤄져 있다.

일반적으로 거의 모든 물질은 전기적으로 중성인데, 이는 (+) 전기를 띠고 있는 양성자와 (−) 전기를 띠고 있는 전자들의 수가 같다는 것을 의미한다. 즉, 한 개의 양성자가 가지는

(＋)전기량과 전자 하나가 가지는 (－)전기량의 크기가 같고 부호가 반대이기 때문에 이들이 같은 수로 존재한다는 것은 전기적으로 중성이라는 의미로서 전기적으로 (＋) 또는 (－)의 어느 한쪽에 치우쳐 있지 않다는 것을 의미한다. 다시 말해서 원자가 양성자보다도 더 많은 전자를 가지고 있으면 원자는 (－)로 대전되었다고 하며, 이와 반대로 전자보다도 양성자의 수가 많으면 (＋)로 대전되었다고 한다.

서로 다른 두 종류의 물체를 문지를 때, 어떤 물체가 어떤 전기를 띠느냐를 알 수 있도록 여러 종류의 물질을 순서대로 분류하여 놓은 것을 "대전열"이라고 한다(표 5-1 참조). 어떤 원자들은 다른 원자들에 비해서 전자들을 좀 더 단단히 붙잡고 있는데, 전자들을 얼마나 강하게 붙잡고 있느냐 하는 문제는 "대전열"에 있는 물질의 위치에 의해서 결정된다. 한 물질이 다른 물질과 접촉하는 경우에 자신이 붙들고 있던 전자를 쉽게 포기하게 되면, "대전열"에서 (＋)쪽에 위치하게 되며, 이와 반대로 접촉하는 경우에 다른 물질로부터 전자를 빼앗아오면 "대전열"에서 (－)쪽에 위치하게 된다. 표 5-1은 일상생활에서 쉽게 찾을 수 있는 물질들에 대한 "대전열"을 표시한 것으로 대전열에 (＋)쪽에 있는 물체일수록 전자를 잃기 쉬워 (＋)전기를 띠게 되며, (－)쪽에 있는 물체일수록 전자를 얻기 쉬워 (－)전기를 띠게 된다. 예를 들어 유리막대를 실크로 문지르면, 유리막대는 전자를 잃어버려 (＋)전기를 띠고, 실크는 전자를 얻어오게 되어 (－)전기를 띠면서 두 물체 사이에 전하들의 불균형이 일어나게 되어 두 물체는 대전하게 된다. 반면에 유리막대를 토끼털로 문지르면 토끼털은 (＋)로 대전되고 유리막대는 (－)로 대전된다. 이러한 대전현상은 대전열에서 두 물질 사이의 간격이 멀어질수록 그 효과는 더 크게 나타난다. 따라서 표 5-1에서는 사람 손과 테프론 사이에 대전현상이 가장 잘 일어난다.

그림 5-5(a)에서와 같이 (－)로 대전된 유리막대를 금속판 근처에 가져가면 이들 사이에 어떤 일이 벌어지는가를 생각하여 보자. 금속은 처음에 전기적으로 중성이다. 전기적으로 중성이라 함은 (＋)전하와 (－)전하가 같은 양으로 존재한다는 것을 의미한다. 하지만 금속 내부에는 외부로부터 가해주는 작은 에너지에 의해서도 금속원자의 원자궤

[표 5-1] 대전열

(＋)
사람 손
토끼털
유리
사람 머리카락
나일론
양모
모피
실크
알루미늄
종이
목화솜
나무
호박
경질고무
니켈, 구리
황동, 은
금, 백금
폴리에스테르
스티로폼
폴리우레탄
폴리에틸렌 (스카치테이프)
비닐(PVC)
실리콘
비닐(PVC)
실리콘
테프론
(－)

도에서 쉽게 벗어나서 자유롭게 운동할 수 있는 자유전자가 많다. 따라서 (ー)로 대전된 유리막대를 금속판 근처에 가져가면 (ー)로 대전된 유리막대는 금속판 안에 들어 있는 (ー)전기를 띤 전자를 밀어내게 된다. 이처럼 (ー)로 대전된 유리막대와 금속 내의 전자 사이에 작용하는 반발력에 의해서 전자들은 금속막대를 통하여 얇은 금속 막 부분에 도달하게 되는데 더 이상 이동할 곳이 없으므로 2개의 얇은 금속 막 부분에 쌓이게 되는 것이다. 따라서 2개의 얇은 금속 막은 서로 같은 종류의 (ー)전하들이 쌓이게 되고 아주 얇으면서 쉽게 움직일 수 있으므로 2개의 금속 막 사이에 반발력이 작용하여 금속 막들은 서로 벌어지게 된다.

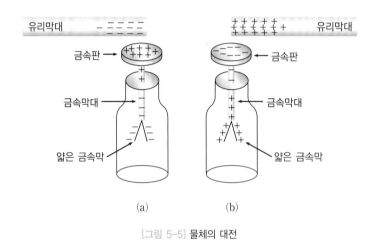

[그림 5-5] 물체의 대전

그림 5-5(b)의 경우도 위에서 설명한 바와 똑같은 과정에 의해서 2개의 금속막이 서로 벌어지게 된다. 다만 차이점은 유리막대가 (＋)로 대전되었으므로 이를 금속판 근처에 가져가면, 금속판 내에 있는 자유전자를 잡아당겨서 얇은 금속 막 부분이 (＋)로 대전되게 된다는 점만이 다르다.

본 실험을 통하여 우리가 알 수 있는 것은 서로 다른 종류의 두 물체를 서로 문지르면 전기를 띠게 된다는 현상과 같은 종류의 전하들 사이에는 서로 밀치는 반발력이 작용하고 서로 다른 종류의 전하들 사이에는 서로 잡아당기는 인력이 작용함을 알 수 있다.

실험결과에 대한 동영상 보기

참조 1

대전열에서 서로 다른 종류의 두 물질을 서로 문지름으로써 발생되는 전기를 "마찰전기"라고 많은 교재나 책에서 설명하고 있는데 엄밀히 말하여 마찰에 의한 것은 아니다. 유리막대를 실크로 문지르면 유리에는 (+)전하가 쌓이고 실크에는 (−)전하가 쌓이게 되는데 두 물질을 서로 문지르게 되면 접촉 면적이 증가하기 때문에 대전효과가 증가하는 것으로 마찰 자체와 대전은 아무런 상관이 없다.

참조 2

정전기 발생에 크게 영향을 미치는 요인들 중의 하나는 습도이다. 습도는 공기 중의 수분의 양을 나타내는 척도로서 습도가 매우 높은 경우에 공기 중의 물방울들이 물체의 표면에 붙게 된다. 따라서 정전기 실험장치의 유리병 내에 습도가 높아져서 얇은 금속 막의 표면에 물 분자들이 붙게 되면 이들을 통하여 전하들이 쉽게 이동을 할 수 있게 되어 정전기 실험장치의 위와 아래 부분에 쌓이게 되는 반대 부호의 전하들과 쉽게 재결합하므로 얇은 금속 막 부분에 전하들이 쌓이는 일이 잘 일어나지 않는다. 하지만 유리병 내부가 매우 건조하거나 진공이라면 전하들은 쉽게 얇은 금속 막에 쌓이게 되어 대전효과를 관찰하기가 쉽다.

참고자료

http://science.howstuffworks.com/vdg.htm/printable.

5.3 가느다란 물줄기 근처에 대전체를 가까이하면 어떤 일이 벌어질까?

준비물

유리막대 또는 플라스틱막대: 1개, 마개에 작은 구멍이 있는 음료수 통: 2개, 물, 헥산, 스탠드: 2개, 음료수 통을 올려놓을 원형 클램프: 2개, 양모 : 1장

실험방법

① 그림 5-6과 같이 음료수 통 2개를 준비하여 마개에 지름이 약 1.5 mm인 구멍을 뚫고 밑면에는 마개에 뚫은 구멍보다 약 2배 이상의 구멍을 뚫는다(또는 수도꼭지에서 나오는 물줄기의 지름을 가능한 가늘게 조절하여 실험하여도 된다).

② 준비한 2개의 음료수 통 하나에는 물을 넣고, 나머지 하나에는 헥산을 넣은 후에 마개의 구멍을 테이프로 막은 다음에 음료수 통을 올려놓을 수 있는 스탠드에 거꾸로 놓는다.

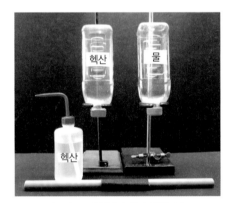

[그림 5-6] 물줄기 휘기 실험장치

③ 유리막대(또는 플라스틱막대)를 모포에 문지른 다음에, 유리막대(또는 플라스틱막대)를 물줄기에서 8~10 cm 떨어진 곳으로부터 물줄기 가까이 가져가면서 물줄기의 휘어짐을 관찰한다.

④ 물 대신에 헥산을 넣어 같은 실험을 반복하면서 헥산의 흐름을 관찰하고 물을 사용한 경우와의 차이점에 대하여 토의한다.

⬛ 실험결과 및 토의

모든 물질은 같은 양의 (＋)전기와 (－)전기를 띤 원자나 분자들로 구성되어 있어 전체적으로는 전기적으로 중성이다. 하지만 유리막대를 양모에 문지르는 경우에, 유리막대에 있던 (－)전기를 띠고 있는 일부 전자들이 양모로 이동하여 유리막대는 상대적으로 (＋)전기를 띠게 되고 유리막대에서 일부전자들이 양모로 이동하여 왔기 때문에 양모는 상대적으로 (－)전기를 띠게 된다. 이처럼 접촉에 의해서 전기적으로 중성이었던 물체가 (＋) 또는 (－)전기를 띠게 되는 현상을 대전이라고 한다.

그림 5-7은 양모에 문지른 유리막대의 일부가 (＋)로 대전된 상태를 나타낸 것이다. 그림 5-7의 왼쪽 부분에 (＋)로 대전된 상태를 나타내었는데 이 부분이 바로 양모로 문지른 부분이다. (＋)로 대전된 전기들이 유리막대에 균일하게 퍼져야 된다고 생각할 수 있으나, 유리막대는 절연체이므로 양모로 문지른 부분에 한하여 대전된 (＋)전기들이 존재하지만 전체적으로 균일하게 퍼지지 않는다. 이와 반대로 금속의 경우에는 균일하게 퍼지게 된다.

[그림 5-7] (＋)로 대전된 유리막대

마찰전기(정전기)는 일상생활에서도 쉽게 관찰되는데, 한 예로서 머리카락을 플라스틱 머리빗으로 빗으면, 머리빗과 머리카락은 서로 반대되는 전하들로 대전된다. 각각의 머리카락은 같은 종류의 전하들로 대전되므로, 머리카락들은 서로 반발하지만 머리빗을 머리카락 근처로 가져가면 머리카락과 머리빗이 서로 반대의 전하들로 대전되어 있기 때문에 서로 잡아당기는 것이다.

정전기는 습도가 작을 때 잘 발생하나, 습도가 높으면 대부분의 물체표면은 얇은 물로 코팅된다. 얇은 물로 코팅된 물체를 서로 문지르면, 얇게 코팅된 물 분자들이 물체들 사이에 전자들이 한 물체에서 다른 물체로 이동하는 것을 도와주기 때문에 물체를 대전시키는 것이 어렵게 된다. 따라서 습도가 높은 날에는 물체가 잘 대전되지 않는다. 하지만 건조한 날 옷 등에서 정전기가 잘 일어나는 것을 쉽게 관찰할 수 있을 것이다.

대전된 유리막대(또는 플라스틱막대)를 가느다란 물줄기의 근처에 가져가면 어떤 일이 생길까? 이를 이해하기 위해서는 우선 물의 특성을 이해할 필요가 있다. 그림 5-8에 나타낸 바와 같이 2개의 수소원자와 1개의 산소원자가 결합하여 1개의 물 분자를 구성하는데 수소원자에 의한 (＋)전하들과 산소원자에 의한 (－)전하들의 중심이 서로 틀리므로 그림 5-8(b)에서와 같이 한쪽에는 (＋), 반대쪽에는 상대적으로 (－) 전하들이 많이 분포하게 되고 이러한 상태를 간단하게 그림 5-8(c)와 같이 표현하였다(전문용어로는 이를 전기 쌍극자라고 한다). 이처럼 (＋)전하의 중심과 (－)전하들의 중심이 일치하지 않은 분자를 극성분자라고 하는데 물이 대표적인 극성분자들 중의 하나이다.

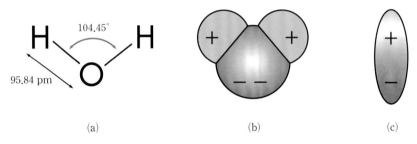

[그림 5-8] (a) 물 분자의 구조 (b) 전하분포 (c) 전하분포 모형

　　이러한 극성분자들이 모여서 물을 만들게 되는데 가느다란 물줄기 근처에 (＋)로 대전된 대전체를 가져가면 어떤 일이 벌어질까? 그림 5-9는 (＋)로 대전된 물체와 물 분자 사이의 상호작용을 나타낸 것이다. (＋)로 대전된 물체와 물 분자의 (－)극은 인력이 작용하고 대전체와 물 분자의 (＋)극은 반발력이 작용하게 된다. 하지만 대전체와 물 분자의 (－)극까지의 거리가 (＋)극까지의 거리에 비하여 더 가까우므로 대전체와 물 분자 사이에 작용하는 인력이 반발력보다 크게 되어 물 분자는 대전체 쪽으로 끌려오게 된다. 물론 모든 물 분자들이 처음부터 그림 5-9에 나타낸 것처럼 배열되는 것은 아니고 각각의 물 분자들은 임의의 방향을 향하게 되나, 대전체를 물줄기 근처에 가져감으로써 물 분자들의 방향이 임의의 방향을 가지는 것이 아니라 그림 5-10과 유사하게 배열이 일어나게 되어 물 분자를 대전체 쪽으

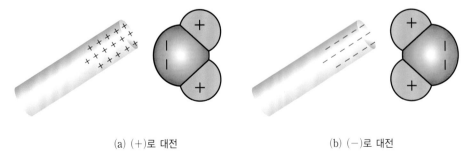

(a) (＋)로 대전　　　　　　(b) (－)로 대전

[그림 5-9] 대전된 물체와 물 분자 사이의 상호작용

로 끌어당기게 된다. 물 분자들은 물줄기 내에 존재하므로 물 분자를 잡아당긴다는 것은 결국에 물줄기가 대전체 쪽으로 휘어지는 결과를 가져오는 것이다(그림 5-10 참조).

그림 5-9(a)에서는 (+)로 대전된 물체를 물줄기 가까이 가져간 경우를 나타낸 것이지만, 이와 반대인 경우로서 (-)로 대전된 물체를 가느다란 물줄기 근처에 가져가면 어떤 일이 벌어질까? 그림 5-9(a)의 경우에는 물줄기가 대전체 쪽으로 끌려왔는데, 그렇다면 (-)로 대전된 물체를 물줄기 근처에 가져가는 경우에, 물줄기는 그림 5-9(a)와 반대방향으로 휘어질까? 그렇지는 않다. 이 경우에도 물줄기는 대전체 쪽으로 휘어지게 된다. 즉 이번에는 물 분자의 배열이 그림 5-9(b)와 같이 반대방향으로 배열하게 되어 실질적으로 (-)로 대전된 물체와 물 분자 사이에 인력이 작용하게 되어 물줄기는 역시 대전체 쪽으로 휘어지게 된다. 이러한 상황을 그림 5-10에 나타내었다.

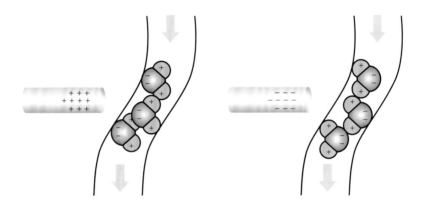

[그림 5-10] 대전체와 물줄기 사이의 상호작용

이처럼 대전체를 가느다란 물줄기 근처에 가져가는 경우에, 물줄기가 휘어지는 이유는 물 분자들이 극성분자이기 때문에 가능하다. 따라서 물과 같이 액체이지만, 극성분자구조를 가지지 않는 헥산인 경우에 가느다란 헥산 줄기는 대전체 쪽으로 휘어지는 일이 발생하지 않는다.

참고자료

① http://scifun.chem.wisc.edu/HOMEEXPTS/BENDWATER.html.
② http://www.green-planet-solar-energy.com/water-science-experiments. html.
③ http://www.lsbu.ac.uk/water/molecule.html.
④ http://kr.youtube.com/watch?v=g9GU3XpiepM.

5.4 백열전구를 수도꼭지에 연결하면 전구가 켜질까?

=== **준비물**

백열전구 (220 V용 30 W): 1개, 전구 소켓: 1개, 금속성 수도꼭지와 콘센트까지 연결이 가능한 길이의 전선: 1개, 220 V용 콘센트에 연결이 가능한 플러그: 2개(하나는 연결단자가 2개이며, 나머지는 그림 5-11에서와 같이 연결단자가 1개인것), 멀티미터: 1대, 절연장갑: 1켤레

=== **실험방법**

① 멀티미터를 220 V 전원이 연결된 콘센트의 양극에 연결하여 콘센트의 전압을 측정한다. 멀티미터에 220 V의 전압이 나타남을 확인한다.

② 그림 5-11과 같이 220 V용 플러그를 전구소켓에 연결하고 전구를 전구소켓에 끼운다.

③ 멀티미터의 측정단자를 저항에 두고 전구의 저항을 측정하여 전구의 필라멘트가 끊어지지 않고 정상인지를 확인한다.

④ 플러그를 콘센트에 연결하여 전구에 불이 들어오는가를 확인하고 불이 들어오지 않으면 전구의 필라멘트가 끊어졌는지 다시

수도꼭지에 연결
2개 콘센트 중의 하나에 연결

[그림 5-11] 수도꼭지에 연결하여 전구 켜기 실험

한 번 확인하거나 전선의 연결이 올바로 되었는지를 확인한다. 연결이 올바로 되었다면 전구가 밝게 켜질 것이다.

⑤ 전구가 정상적으로 동작하는 것을 확인한 후, 전구에 연결된 두 전선 중에 하나를 220 V용 콘센트의 한쪽에 연결하고 나머지 하나의 전선은 금속성의 수도꼭지에 연결하여 전구에 불이 켜지는지를 확인한다. 불이 켜지지 않으면, 멀티미터를 사용하여 수도꼭지와 전

구에 연결된 콘센트 전극사이의 전압을 측정하여 전압이 "0"인지를 확인한다.

⑥ ⑤에서 전구가 켜지지 않으면, 콘센트의 한쪽에 연결되었던 전선을 콘센트의 반대 전극에 연결하여 전구가 켜지는지를 확인한다. 이제는 전구에 불이 환하게 켜짐을 알 수 있다.

⚠ 주의 이 실험을 할 때에는 전기에 대해서 잘 알고 있는 사람과 같이 하던지 아니면 절연장갑을 끼고 하기 바란다. 절연장갑을 끼지 않고 실험을 하는 경우에 전기에 감전되는 안전사고를 당할 수가 있으므로 특별한 주의가 필요하다. 또한, 전선 중의 하나를 가스관에 연결하지 말아야 한다. 잘못하여 가스의 누출이 있는 경우에 화재의 위험도 있기 때문이다. 위에서와 같은 방법으로 실험을 하였는데도 불구하고 전구에 불이 켜지지 않으면, 수도꼭지가 금속이 아니라 플라스틱으로 땅에 연결되었기 때문이므로 금속으로 연결된 수도꼭지를 이용하면 보다 쉽게 실험을 수행할 수 있다.

실험결과 및 토의

이 실험을 통하여 전구에 연결된 두 전선 중에 하나는 수도꼭지에 연결하고 나머지 하나만을 콘센트에 연결하여도 전구에 불이 켜짐을 확인하였다. 일반적으로 전구에 불을 켜기 위해서는 전구에 전류를 흘려주어야 하는데 연결된 두 지점 사이에 전기 위치에너지의 차이가 있어야 전류는 흐르게 된다. 일반적으로 전류의 방향은 전기 위치에너지가 높은 곳에서 낮은 곳으로 흐른다고 정의하고 있다.

건물의 벽에 있는 콘센트는 2개의 전극이 있는데, 2개 중의 1개 전극의 전기 위치에너지는 땅에서의 전기 위치에너지보다 높거나 낮다. 하지만 2개 중의 1개의 전극은 땅에서의 전기 위치에너지와 같다. 따라서 금속으로 된 수도꼭지가 땅에 연결되어 있는 경우에 수도꼭지에서의 전기 위치에너지는 땅에서의 전기 위치에너지와 같다. 따라서 전구에 연결된 두 도선 중의 하나를 수도꼭지에 연결하고 나머지 하나를 땅에서의 전기 위치에너지와 같은 콘센트의 전극에 연결하면 전구에 불이 켜지지 않는다. 하지만 콘센트의 2개의 전극 중에 하나는 반드시 땅에서의 전기 위치에너지보다 220 V 높거나 낮기 때문에 1개는 수도꼭지에, 나머지 1개는 땅에서의 전기 위치에너지보다 220 V 높거나 낮은 단자에 연결하면 두 전극 사이에 전기 위치에너지가 차이가 나므로 전류가 흐르게 되어 전구에 불이 켜진다.

tip
두 전선 중의 하나는 수도꼭지에 연결하고 하나는 벽의 콘센트에 연결하여도 전구의 밝기는 같으며, 같은 전기를 사용하므로 전기세는 똑같이 나오게 된다. 오늘날 거의 모든 건물에는 누전차단기가 있어, 본 실험을 수행하기 위해서는 누전차단기를 제거한 상태에서 수행해야 한다.

실험결과에 대한 동영상 보기

5.5 운동 중인 전자에 자석을 가까이 가져가면 어떤 일이 벌어질까?

준비물

음극선관: 2개, 막대자석: 1개, 전자바람개비: 1개, 고전압발생장치: 1대

실험방법

① 그림 5-12와 같이 실험기구들을 준비한다.

[그림 5-12] 전자의 특성관찰

② 음극선관 1을 작동시키면 형광체가 칠해져 있는 부분에서 직선모양의 빛을 발하게 되므로 전자가 발생되어 운동 중임을 관찰할 수 있는데, 음극선관 1의 작동을 중시시켰을 때와 비교해 본다. 그림 5-13을 보면 관의 중앙에 흰색의 직사각형 물체가 있는데 이곳에 운동 중인 전자가 부딪치면 빛을 낼 수 있는 형광체가 칠해져 있다.

[그림 5-13] 음극선관 1

③ 자석의 N극을 전자가 지나가는 곳에 가까이 가져가면서 전자의 운동을 관찰한다.

④ 이번에는 자석의 S극을 전자가 지나가는 곳에 가까이 가져가서 전자의 운동을 관찰하고 과정 ③에서의 결과와 비교하여 본다.

⑤ 가정에서 사용 중인 텔레비전 또는 컴퓨터의 모니터(브라운관 모니터로서 평면모니터가 아닌 것은 대부분 브라운관 모니터이다)에 자석을 가까이 가져가면서 화면을 관찰한다.

🔸 실험결과 및 토의

이 실험을 이해하기 위해서는 형광체가 무엇인지에 대해서 알아볼 필요가 있다. 형광체란 운동에너지를 가진 전자들이 부딪치거나, 높은 에너지를 가진 자외선 및 X-선 등이 부딪치는 경우에 빛을 내는 물체로서 평면 PDP텔레비전 또는 음극선관 텔레비전 등에서 영상을 볼 수 있는 것은 텔레비전 화면 안쪽에 이러한 형광체가 있기 때문이다. 컬러텔레비전의 경우에는 3가지 빛을 내는 청색, 빨강색 및 녹색 형광체가 화면 안쪽에 칠해져 있다.

실험을 통하여 음극선관 1의 양끝에 있는 2개의 전극 사이에 높은 전압을 걸어주면 튀어나온 전자가 가속운동을 한 후, 형광체에 부딪쳐서 눈으로 볼 수 있는 빛을 낸다는 사실을 알게 되었다. 또한, 운동 중인 전자에 자석을 가까이 가져가면 전자들의 운동경로가 변한다는 것을 알 수 있었다. 운동 중인 전자에 가까이 가져가는 자석의 N극과 S극을 바꾸면 전자의 운동방향이 반대가 됨을 관측하였는데 이는 앞에서 설명한 식 (5.1)과 그림 5-3으로 설명된다.

가정에서 사용 중인 텔레비전(브라운관 텔레비전으로 요즈음 많이 사용하고 있는 PDP 또는 LCD 텔레비전은 안 됨) 또는 브라운관 식의 컴퓨터 모니터에 자석을 가까이 가져가는 경우에 화면이 일그러지는 경우도 마찬가지이다. 우리가 보는 화면은 내부에서 전자가 가속되어 화면 안쪽에 칠해져 있는 빨강, 녹색 및 파랑색 형광체에 부딪쳐서 우리가 눈으로 볼 수 있는 빛을 내는 것이다. 이는 앞의 음극선관1에서 녹색의 빛을 내는 것을 보았는데 이때에는 녹색을 내는 형광체가 칠해져 있기 때문이다. 이 경우에도 빛을 내는 근본 원인은 운동 중인 전자가 형광체에 부딪치는 것이므로 자석을 화면 가까이 가져가면 운동 중인 전자에 자기력이 작용하여 전자의 운동방향이 바뀌어 화면이 찌그러져 보이는 것이다.

위의 실험을 통하여 알 수 있는 것은 운동 중인 전하(여기서는 (−)전기를 띠고 있는 전자)에 자기장을 가해주면 자기력이 발생한다는 것이다. 다시 말해서 자기력은 전하가 운동 중일 때에만 작용하는 것이다. 운동 중인 전하(전하의 크기: q)에 작용하는 자기력은 $\vec{F}=q\vec{v}\times\vec{B}$와 같이 주어지며, 속도가 "0"인 경우에 작용하는 자기력이 "0"이 된다는 것을 알 수 있다.

추가실험

A. 전자 바람개비를 이용한 실험

[그림 5-14] 전자바람개비

① 고전압발생장치의 스위치가 "off"되어 있고, 출력조절스위
   치가 가장 약한 위치에 있는가를 확인한다.
② 그림 5-14에서 보여준 전자바람개비를 고전압발생장치에
   연결한다.
③ 고전압발생장치의 출력조절스위치를 시계방향으로 돌리면
   서 전자바람개비의 날개가 회전하는지를 관찰한다.
④ 전자바람개비의 날개가 잘 회전하는 위치에 출력조절스위
   치를 고정하고 회전날개가 회전하는 원인에 대하여 조별로
   토의한다.

실험결과 및 토의

내부가 진공으로 되어 있는 유리관 안에 전자바람개비가 들어 있고, 이를 운동 중인 전자
가 부딪치면 전자바람개비가 돌아간다는 것을 관찰하였다. 이러한 현상은 운동 중인 전자가
에너지를 가지고 있다는 것을 의미한다. 운동 중인 전자가 전자바람개비에 부딪쳐 전자바람
개비가 회전한다는 사실은 전자의 운동에너지가 전자바람개비에서 회전체의 회전운동에너
지로 바뀐다는 것을 의미한다.

B. 음극선관을 이용한 추가실험

[그림 5-15] 음극선관 2

① 고전압발생장치의 스위치가 "off"되어 있고, 출력조절스위치
   가 가장 약한 위치에 있는가를 확인한다.
② 그림 5-15에서 보여준 음극선관 2를 고전압발생장치에 연결
   한다.
③ 고전압발생장치의 출력조절스위치를 시계방향으로 돌리면서
   음극선관 2의 전면에 흰색으로 칠해진 부분에 음극선관 2 내부
   에 들어 있는 물체의 그림자가 생기는지를 관찰한다.
④ 음극선관 2 내부에 들어 있는 물체의 그림자가 잘 관찰되는 위치
   에 출력조절스위치를 고정하고 물체의 그림자가 생기는 원인에 대하여 조별로 토의한다.

실험결과 및 토의

내부가 진공으로 되어 있는 유리관 안에 회전축에 고정된 금속판이 들어 있는데 금속판을 전자가 지나가는 경로 위에 세워두면, 지나가던 전자가 금속판을 통과하지 못하게 된다. 따라서 금속판이 있는 부분은 전자가 통과하지 못하고, 금속판이 없는 부분을 통과한 전자가 음극선관 2의 앞면 안쪽에 칠해진 형광체에 부딪쳐 빛을 내게 된다. 따라서 음극선관 2의 앞면을 통하여 관찰하면, 마치 햇빛에 의해 물체의 그림자가 생기듯이 운동 중인 전자들에 의하여 음극선관 내부에 설치된 금속판의 그림자를 관찰함으로써 전자가 얇은 금속판을 통과하지 못함을 간단히 보여주는 실험이다 (그림 5-16 참조).

[그림 5-16] 전자들에 의한 금속판 그림자

음극선관 1의 실험결과에 대한 동영상 보기

전자바람개비 실험결과에 대한 동영상 보기

TV를 이용한 실험결과에 대한 동영상 보기

5.6 어떻게 하면 소금물을 돌아가게 할 수 있을까?

준비물

원형접시: 1개, 원형자석: 1개, 원형 금속막대: 1개, 건전지(또는 직류전원장치): 1개, 전선: 약간, 알루미늄 호일(또는 알루미늄 테이프): 약간, 소금: 약간, 강력접착제(또는 글루건): 1개

실험방법

① 원형금속막대를 강력접착제 또는 글루건을 사용하여 그림 5–17과 같이 원형접시의 중앙에 고정시킨다.

② 원형접시의 안쪽 가장자리를 알루미늄 호일(또는 알루미늄 테이프)로 감싼다.

③ 원형접시에 물을 붓고 소금을 조금 넣어 잘 젓는다(소금을 넣지 않고 일반 물을 사용하여도 물은 회전하지만, 소금을 조금 넣으면 보다 시각적으로 확인이 더 쉽다).

[그림 5–17] 돌아가는 소금물 실험장치

④ 원형자석의 N극을 위로, S극이 아래로 향하도록 하고 원형자석 위에 원형접시를 올려놓는다. 대부분의 자석에 N과 S극이 표시되어 있으나, 표시가 없는 경우에 자석의 N극과 S극의 구별은 소형 나침반을 이용한다.

⑤ 건전지의 (+)극과 금속막대를 전선으로 연결하고 (-)극을 알루미늄 호일에 연결한다.

⑥ 소금물이 어느 방향으로 회전하는가를 관찰한다.

⑦ 건전지의 (+)극과 (-)극에 연결된 전선을 서로 바꾼 다음, 소금물의 회전방향을 관찰한다.

⑧ 원형접시 밑에 있던 자석을 꺼내어 아래위를 뒤집어서 다시 원형접시 밑에 넣은 다음, 소
금물의 회전방향을 관찰한다.

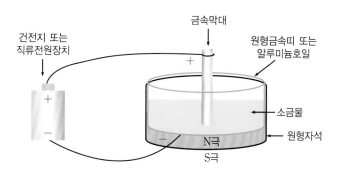

[그림 5-18] 자기장 속에서 이온들의 운동관찰

🔹 실험결과 및 토의

실험을 통하여 소금물이 회전하는 것을 관찰하였는데 소금물이 회전하는 이유에 대해서
생각하여 보자. 실험에서 자석의 극을 바꾸기도 하였고 건전지에 연결하였던 전극을 바꾸어
실험하였으며, 자석의 극을 바꾸거나 전극의 연결 상태를 바꾸어도 소금물의 회전방향이 바
뀐다는 것을 알았다. 그렇다면 이러한 원인에 대해서 생각하여 보자. 그림 5-18과 5-19는
여러분이 수행한 실험 중의 하나를 나타낸 것이다. 그림 5-19(a)에서 자기장의 방향이 위
로 향하고 전류는 (+)극에 연결된 금속막대에서 원형접시의 가장자리를 감싸고 있는 알루
미늄 호일로 흐르게 된다. 전류의 방향에 대해서는 그림 5-20을 참조하기 바란다. 전류가 흐
른다는 것은 대전입자가 운동 중임을 의미하며 이는 자기장 내에서 대전입자의 운동으로 설
명이 가능하다. 자기장 내에서 대전입자가 운동하면 식 (5.4)로 주어지는 자기력을 받는다.

$$\vec{F} = q\vec{v} \times \vec{B} \tag{5.4}$$

그림 5-19에서 전류의 방향은 하전입자의 운동방향과 같다. 따라서 그림 5-19(a)에서
전류의 방향을 나타내는 $\vec{v}$에서 자기장의 방향을 나타내는 $\vec{B}$ 쪽으로 오른손 나사를 회전시
키면 나사는 그림 5-19(a)에서 회전방향으로 표시된 화살표 방향의 시계방향으로 진행하
게 되므로 소금물은 시계방향으로 회전한다. 하지만 그림 5-19(b)에서와 같이 자기장의 방
향을 바꾸면, 소금물은 반시계방향으로 회전한다. 전류의 방향을 바꿨을 경우에는 위의 설명
을 바탕으로 여러분이 결과를 예측하여 보기 바라며, 실험결과는 동영상을 관찰하여 여러분
의 예측과 같은지를 비교하여 보고 틀리면 그 원인에 대해서 다시 생각하면서 동영상의 결과

와 같은 결과를 얻기 바란다.

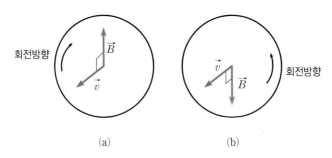

[그림 5-19] 자기장 내에서 하전입자의 운동

참고로 전류는 건전지의 (＋)극에 연결되고 원형접시의 중앙에 고정된 금속막대로부터 원형접시의 가장자리를 감싸면서 건전지의 (－)극에 연결된 알루미늄 호일로 흐르게 된다. 전류가 흐르는 모양을 그림 5-20에 화살표로 나타내었다.

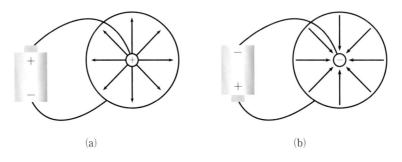

[그림 5-20] 전류는 화살표 방향으로 흐른다.

그림 5-20(a)에서 볼 수 있듯이 전류는 원형접시의 중심에 고정된 금속막대에서 원형접시의 가장자리 방향으로 퍼져나가는 형태로 자기장의 방향과는 수직이 됨을 알 수 있다. 물론 건전지의 (＋)를 알루미늄 호일에 연결하고 (－)극을 원형접시 중심에 고정되어 있는 금속막대에 연결하면 전류는 알루미늄 호일에서 금속막대로 향하게 되며, 이는 그림 5-20(a)에서 화살표의 방향을 바꾼 것과 같은 모습으로 그림 5-20(b)와 같다. 이 경우에 소금물은 그림 5-20(a)의 경우와는 반대로 회전하게 된다.

실험결과에 대한 동영상 보기

본 실험에서는 원형 금속 띠 또는 알루미늄 호일을 하나의 전극으로 사용하였는데, 가정에서 음식을 싸거나 요리할 때 사용하는 알루미늄 호일보다는 시중의 철물점에서 쉽게 구입할 수 있고 접착제가 칠해져 있는 알루미늄 테이프를 구입하여 적당한 크기로 잘라서 실험장치를 만드는 것이 보다 편리하다.

5.7 어떻게 하면 나사못을 회전시킬 수 있을까?

준비물

나사못(머리 부분이 편평하고 자석에 잘 달라붙는 것): 1개, 디스크 모양의 네오디움 자석(지름 1 cm 정도): 1개, 1.5 V 건전지: 1개, 전선 약간(한 가락의 가느다란 전선이 좋다).

실험방법

① 그림 5-21과 같이 실험준비물을 준비한다.

[그림 5-21] 실험 준비물

② 그림 5-22(a)와 같이 나사못의 머리 부분에 디스크 모양의 네오디움 자석을 붙인 다음 이를 건전지의 (−)극(또는 +극)에 붙인다.

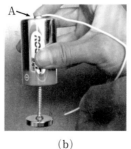
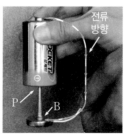

(a)   (b)   (c)

[그림 5-22] 나사못 돌리기 실험

③ 그림 5-22(b)와 같이 자석, 나사못과 건전지를 잡되 전선의 아래쪽은 자석에 연결하지 않는다.

④ 그림 5-22(c)와 같이 전선의 아래쪽을 자석의 옆면에 살짝 대면, 회로가 완성되어 전류가 건전지에서 흘러나와 나사못을 따라서 아래로 흐른다. 이때에 나사못의 운동 상태를 관찰한다.

⑤ 자석의 아래와 위를 뒤집어서 위의 실험을 반복한다.

⑥ 건전지의 극을 바꾸어서 같은 실험을 반복한다.

⚠ 참조 자석과 나사못이 비교적 무거울수록 건전지와 접촉하고 있는 지점(그림 5-22(c)에서 P로 표시된 지점) 의 마찰력이 줄어들어 자석과 나사못이 보다 잘 회전하게 된다.

⚠ 참조 그림 5-22(b)에서 A로 표시된 부분은 손가락이 전선에 직접 접촉되지 않도록 종이나 기타 절연물질을 손가락 바로 밑에 두고 전선이 전지와 잘 접촉하도록 한다. 그렇지 않고 전선을 오래 잡고 있으면 전선이 뜨거워져 손가락에 화상을 입을 수도 있다.

🔘 실험결과 및 토의

디스크 모양의 네오디움 영구자석에 의한 자기장은 편평한 원판을 통하여 나오므로 자석의 넓은 편평한 면에 대하여 수직하다(그림 5-23 참조). 전류는 평균적으로 자석의 가장자리로부터 중심 방향으로 흐르기 때문에 자석의 대칭축에 수직인 반지름 안쪽방향으로 흐른다. 자기장이 움직이는 전하에 작용하는 힘의 효과, 즉 "전하의 운동 방향 및 자기장의 방향에 대해서 수직인 방향으로 작용한다($\vec{F}=q\vec{v}\times\vec{B}$)."에 대해서 생각해 본다. 자기장은 그림 5-23 에서와 같이 수직 위로 향하고, 전하는 대칭축에 대해서 반지름이 감소하는 방향으로 움직이

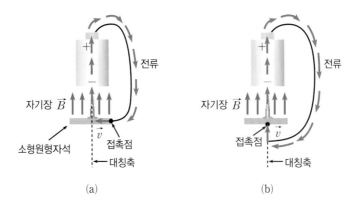

[그림 5-23] 자기장과 운동 중인 전하 사이에 작용하는 힘

고 있기 때문에 자기력은 원형자석의 접선방향(원형둘레에 나란한 방향)으로 작용하므로 자석은 회전하게 된다.

그림 5-23(a)에서 전류의 방향과 자기장의 방향은 원형 디스크 자석 내에서 서로 직각이 된다. 따라서 전류의 방향을 나타내는 붉은 화살표의 끝에서 자기장을 나타내는 청색 화살표의 방향으로 오른손 나사를 돌리면 두 화살표가 이루는 면에 수직한 방향, 즉 원형 자석의 접선방향으로 향하는 힘이 되며, 이 힘에 의해서 자석이 회전하게 된다. 그림 5-23(a)의 경우에 자석의 윗면에서 보면 자석은 반시계방향으로 회전하게 된다. 또한, 자석의 극을 바꾸거나 전류의 방향을 바꾸면, 나사못의 회전방향이 변하게 되는데 이는 직접 실험을 통하여 알아보거나 아니면 이 책과 같이 제공된 동영상 화면을 보기 바란다. 하지만 그림 5-23(b)와 같이 도선을 자석의 중앙에 접촉시키면, 자기장의 방향과 전류의 방향(하전입자의 운동방향)이 나란하게 되어 자석을 회전시키는 능력이 거의 "0"이 되므로 자석은 아주 느리게 회전하거나 전혀 회전하지 않게 된다.

보다 자세한 내용은 아래의 인터넷 주소를 검색하면 동영상을 볼 수 있다. 아마도 이 실험을 통하여 여러분은 세상에서 가장 작은 모터를 쉽게 만들 수 있을 것이다.

실험결과에 대한 동영상 보기

참고자료

http://www.youtube.com/watch?v=w2f6RD1hT6Q.

5.8 전류와 자석은 얼마나 친밀할까?

준비물

피복이 입혀진 전선: 1개, 1.5 V 건전지: 1개(또는 직류전원장치로 5 A까지 흘려줄 수 있는 것), 나침반: 8개, 막대자석: 2개

실험방법

① 그림 5-24(a)와 같이 두 막대자석 중에 하나는 책상 위에 두고 나머지 다른 막대자석을 책상 위에 놓인 막대자석 가까이 가져가면서 책상 위에 놓인 막대자석의 움직임을 관찰한다. 손에 쥔 자석의 극을 바꾸어 같은 실험을 반복한다.

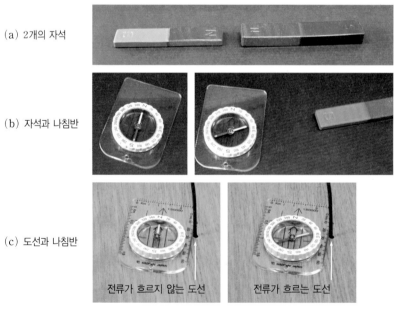

(a) 2개의 자석

(b) 자석과 나침반

(c) 도선과 나침반

전류가 흐르지 않는 도선   전류가 흐르는 도선

[그림 5-24] 전류와 자석 사이의 관계를 알아보는 실험

② 그림 5-24(b)와 같이 나침반을 책상 위에 놓고 막대자석을 나침반 가까이 가져가면서 나침반 자침의 움직임을 관찰한다. 손에 쥔 자석의 극을 바꾸어 같은 실험을 반복한다.

③ 과정 ①, ②의 실험을 통하여 막대자석이나 나침반 자침의 움직임이 자석의 극에 따라서 달라짐을 관찰할 수 있을 것이다.

④ 그림 5-24(c)와 같이 전원장치에 전선의 양끝을 연결하고 전선의 나머지 부분을 수직으로 가급적 길게 늘어뜨린다. 수직으로 늘어뜨린 전선 가까이에 나침반을 두고, 전원장치의 스위치를 켜서 전선에 전류가 흐르게 한다. 전선에 전류가 흐를 때에 나침반 자침의 움직임을 관찰한다.

⑤ 전원장치의 스위치를 끈 상태에서 8개의 나침반을 길게 늘어진 직선 모양의 도선을 중심으로 도선으로부터 가까이 같은 거리에 배치한 다음에 나침반 자침의 방향을 확인한다.

⑥ 나침반 자침의 방향을 확인하였으면, 전원장치의 스위치를 켜서 전선에 전류를 흘려주면서 자침의 운동을 관찰한다. 나침반을 전선으로부터 조금 더 멀리하여서 같은 크기의 전류를 흘려줄 때에 자침의 회전각을 관찰한다.

⑦ 과정 ⑥을 마친 후에 전원장치의 전원을 끄고 직류전원장치의 (+)와 (−)에 연결되었던 전선의 방향을 서로 바꿔 연결한 다음에 스위치를 켜서 전선에 전류를 흘리면서 나침반 자침의 운동을 관찰한다. 과정 ⑥에서와 반대 방향으로 자침이 움직이는 것을 관찰할 것이다.

📎 실험결과 및 토의

실험과정 ①, ②는 우리가 일상생활에서 쉽게 경험하게 된다. 이 과정에서 두 자석이 서로 접촉을 하지 않았음에도 불구하고 서로 힘을 미친다는 것을 알게 되었으며, 자석들 사이에 작용하는 힘은 두 자석의 극에 의존함을 알게 되었다. 이와 같이 서로 떨어져 있음에도 불구하고 서로 힘을 미치는 것은 자석이 만들어내는 어떤 것이 다른 자석까지 영향을 미치게 되는 것으로 생각할 수 있는데 이와 같이 자석이 만드는 그 무엇이 미치는 공간을 자기장이라고 한다.

실험과정 ①, ②에서 막대자석이 만드는 자기장 때문에 다른 자석을 끌어당기거나 서로 밀거나 한다. 따라서 자석 주위에는 자석이 만드는 자기장이 존재하게 되며, 이때 자기장은 방향을 가지게 되는데 자기장의 방향은 N극에서 나와서 S극으로 향하는 방향을 가지게 된다 (그림 5-25(a, b) 참조).

실험 ④를 통해서는 도선에 전류가 흐르면 그 주위에 자기장이 형성된다는 것을 알게 되었다. 또한 실험 ⑥를 통해서는 긴 직선도선 주위에 생기는 자기장이 도선을 중심으로 원형으로 형성된다는 사실을 알 수 있으며 자침의 회전각은 도선으로부터의 거리가 멀어짐에 따라 작아짐을 알 수 있다.

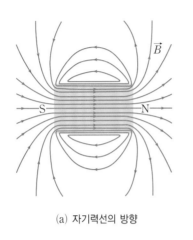

(a) 자기력선의 방향

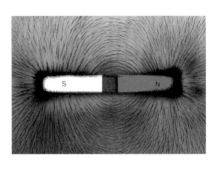

(b) 자기력선 분포

[그림 5-25] 막대자석에 대한 자기력선

실험 ⑥를 통하여 직선도선에 전류가 흐르면, 직선도선 주위로 자기장이 형성되는데 이를 그림으로 나타내면 그림 5-26과 같이 표현된다. 그림 5-26에서 엄지손가락의 방향이 전류의 방향이라고 할 때에, 엄지손가락을 감싸고 있는 나머지 네 손가락의 방향이 자기력선의 방향이다.

위의 실험을 통하여 전류가 흐르면 그 주위에 자기장이 형성된다는 것을 알 수 있다. 따라서 자기장을 만드는 근원은 전류이다. 다시 말해서, 전류가 있어야 자기장이 만들어진다는 것이다. 그렇다면 영구자석의 경우에는 어떻게 자기장이 만들어지는지에 대한 의문점이 생기지만, 이러한 것들은 자석을 구성하고 있는 원자나 분자들 내부에서 회전하고 있는 전자들의 운동에 의해 전류가 형성되어 자석이 되는 것이다. 그렇다면 모든 물질은 원자나 분자로 구성되어 있기 때문에 자석이 되어야 한다고 생각할 수 있으나, 이는 각각의 원자나 분자들이 만드는 초소형의 자석들의 배열방식에 따라서 우리가 감지할 수 있는 자석이 되기도 하고 되지 않기도 하는 것이다.

전류 없이는 자석이 만들어지지 않는다. 전류와 자석

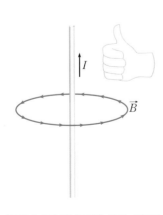

[그림 5-26] 직선도선에 흐르는 전류가
만드는 자기력선의 방향

을 분리하여 따로 생각하지 못할 정도로 전류와 자석은 매우 친밀하다.

실험결과에 대한 동영상 보기

5.9 교류도 자기장을 만들까?

준비물

영구자석: 1개, 나침반: 1개, 오실로스코프: 1대, 파형발생기: 1대, 멀티미터: 1대

실험방법

① 직류전원장치에 멀티미터를 연결하여 일정한 전압이 나오는지를 관찰한다.

② 그림 5-27(b, c)과 같이 직선 모양의 도선 양끝에 직류전원장치를 연결하여 도선에 전류를 흘리기 전과 후에 나침반의 운동 상태를 관찰한다.

(a) 직류   (b) 전류가 흐르기 전   (c) 전류가 흐를 때

[그림 5-27] 직류전류에 의한 자기장 관찰

③ 직류전원장치의 (＋)와 (－)단자에 연결된 전선들을 서로 바꾸어 전류의 방향을 반대로 하는 경우에 과정 ②에서 관측되었던 나침반 자침의 방향이 변하는지를 관찰한다.

④ 그림 5-28에서와 같이 영구자석을 줄에 매달고 영구자석 근처에 나침반을 둔 상태에서 영구자석을 천천히 회전시키면서 나침반 바늘의 운동을 관찰한다.

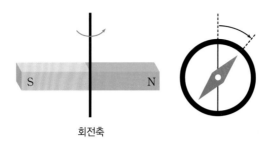

[그림 5-28] 자석의 회전에 의한 나침반의 움직임

⑤ 파형발생기를 동작시켜 파형발생기에서 나오는 전압의 모양이 그림 5-30에서와 같은지를 오실로스코프를 이용하여 관찰한다.

⑥ 그림 5-29와 같이 직선모양의 도선에 과정 ⑤에서 관찰된 교류를 흘려주면서 나침반 자침의 운동을 관찰한다.

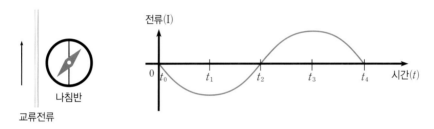

[그림 5-29] 교류 전류에 의한 나침반 자침의 회전

🔵 실험결과 및 토의

실험 과정 ②를 통하여 직선 모양의 도선에 직류를 흘려주면 자침이 회전하며, 전류의 방향을 바꾸면 자침이 반대로 움직인다는 것을 알았다. 물론 전류를 흘리기 전에 자침이 가리키던 방향과 일정한 각도만큼 회전한 상태를 유지하게 된다. 실험 과정 ④를 통해 자석이 회전함에 따라서 나침반의 자침도 좌·우로 움직이는 것을 알 수 있는데, 이는 나침반의 자침도 일종의 자석으로 같은 극끼리는 서로 밀어내고 반대 극끼리는 서로 당기는 힘이 자석 사이에 작용하기 때문이다.

파형발생기에서 발생된 교류 전압을 오실로스코프로 관찰하면 그림 5-30과 같이 전압의 크기가 시간에 따라서 변한다. 그림 5-30에서 수평축은 시간, 수직축은 전압의 크기를 나타내며, (+)로 표시한 부분과 (-)로 표시한 부분은 도선에 흐르는 전류의 방향이 서로 반대임을 의미한다. 따라서 교류를 도선에 흘려주면 전류의 방향이 시간에 따라서 주기적으로 변하며, 이러한 교류에 의해서 생기는 자기장도 교류와 같은 주기를 가지고 방향이 바뀌게 된다.

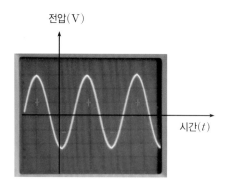

[그림 5-30] 오실로스코프로 관찰한 교류파형

　　교류를 직선 모양의 도선에 흘려주었을 경우에 나침반의 움직임에 대하여 생각하여보자. 그림 5-31에서 $t=0$인 순간에 도선에 흐르는 전류가 없으므로 자침은 움직이지 않는다. 하지만, $t=t_1$인 경우에 가장 큰 $(-)$의 전류가 흐르게 되어 직선 도선으로부터 일정한 거리만큼 떨어져 있는 자침의 회전각이 가장 커진다. 그러다가 다시 $t=t_2$인 경우에 전류의 크기가 "0"이 되어 자침은 원래의 위치로 되돌아온다. 전류는 다시 "0"에서 증가하기 시작하여 $t=t_3$인 경우에 가장 많이 흐르게 되며 이때 전류의 방향은 $t=t_1$인 경우와 비교하여 반대방향이므로, 전류가 만드는 자기장은 $t=t_1$일 때에 만드는 자기장의 방향과 반대가 되어 자침의 방향도 반대가 된다. $t=t_3$에서 전류는 다시 감소하기 시작하여 $t=t_4$에서 "0"이 되므로 이 순간에 전류가 만드는 자기장도 "0"이 되어 자침은 다시 원래의 위치로 되돌아온다. 위에서 설명한 과정에 따라 교류가 흐르는 도선 근처에 생성되는 자기장은 시간에 따라서 크기와 방향이 주기적으로 변하므로 자침의 움직임도 주기적으로 좌우를 번갈아가며 움직이게 된다.

　　가정에서 사용하는 전류도 교류인데 전류가 흐르는 도선 근처에 자석을 놓아도 자침의 움

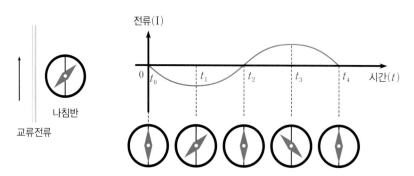

[그림 5-31] 직선도선에 흐르는 교류전류와 자침의 움직임

직임을 관찰할 수 없는 이유는 전선의 2가락이 서로 아주 가까이 있어 흘러들어가고 나오는 전류에 의해 만들어지는 자기장이 서로 상쇄되는 효과로 관측이 어려운 면도 있으나, 주된 이유는 주기가 60 Hz로 매우 빨리 변하여 자침의 움직임이 이를 따라가지 못하여 마치 교류에 의해 자기장이 만들어지지 않아 정지하여 있는 것처럼 보이는 것이다.

교류에 의해서도 자기장이 만들어진다는 현상을 비교적 관찰이 쉽게 하기 위해, 주기는 1 Hz로 작게 하여 나침반의 자침이 천천히 움직이도록 하여 동영상을 제작하였다. 여기서 사용된 "Hz"는 주기적인 운동을 나타내는 단위 중의 하나로 "1 Hz"는 1초에 한 번씩 똑같은 운동이 반복된다는 것을 의미한다. 따라서 1 Hz와 1초 사이에는 1 Hz＝1/1 sec와 같은 관계가 있다.

실험결과에 대한 동영상 보기

5.10 서로 가까이 있는 두 직선도선에 전류가 흐르면 어떤 일이 벌어질까?

준비물

피복이 입혀진 부드러운 전선(약 5 m): 2개, 약 10 A까지 흘려줄 수 있는 직류전원장치: 2대

실험방법

① 그림 5-32와 같이 기다란 두 전선을 직류전원장치를 끈 상태에서 직류전원장치의 (+)와 (−)단자에 각각 연결한다.

② 두 전선을 약 5 cm 정도 나란히 떨어뜨린 상태에서 직류전원장치의 스위치를 켜서 도선에 전류가 같은 방향으로 흐르게 하여 두 도선의 움직임을 관찰한다.

③ 직류전원장치 A와 B의 스위치를 끈 상태에서 직류전원장치 B의 (+)단자와 (−)단자에 연결되었던 도선을 서로 바꾸어 연결한다. 이는 직류전원장치 B에 연결된 도선에 흐르는 전류의 방향을 바꾸는 효과를 가져온다.

④ 직류전원장치 A와 B의 스위치를 다시 켜서 두 직선 도선에 전류를 흘려주면서 두 도선의 움직임을 관찰한다.

실험결과 및 토의

과정 ②의 실험결과 두 도선 사이에는 서로 인력이 작용함을 알 수 있다. 도선 A와 B에 같은 방향의 전류가 흐르는 경우를 그림 5-32(a)로 표현하였으며, 도선 A에 흐르는 전류에 의해 만들어진 자기장($\vec{B}$) 안에 도선 B가 있다고 생각하여 다시 그린 것이 그림 5-32(b)이다. 도선 B에 전류가 흐른다는 것은 도선 내에서 하전입자가 운동 중이라고 생각할 수 있다. 따라서 도선 B에 작용하는 힘을 구하여 보면 다음과 같다. 그림 5-32(b)에서 전류 I 대신에 $\vec{v}$로 표시를 한 것은 전류의 방향과 하전입자의 운동방향이 같기 때문이다. 따라서 $\vec{F}=q\vec{v}\times\vec{B}$을 그림 5-32(b)에 적용하여 $\vec{v}$에서 $\vec{B}$의 방향으로 오른손 나사를 돌리면, 오른

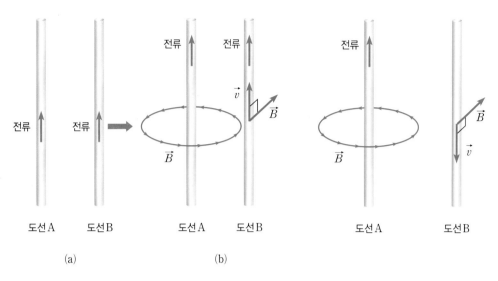

도선 A   도선 B   도선 A   도선 B   도선 A   도선 B

(a)   (b)

[그림 5-32] 두 도선 사이에 작용하는 힘   [그림 5-33] 두 도선 사이에 작용하는 힘

손 나사의 진행방향은 도선 A를 향하게 된다. 운동 중인 하전입자들은 도선 내에 있으므로 하전입자들에 작용하는 힘은 결국에 도선 A에 작용하는 것처럼 나타나게 된다. 따라서 같은 방향으로 전류가 흐르는 두 도선 사이에는 인력이 작용하게 된다. 앞에서 전류의 방향을 하전입자의 운동방향과 같이 두었다. 독자에 따라서는 도선에서 전류를 흐르게 하는 것은 전자이고 전자의 운동은 전류의 방향과 반대라고 알고 있는데 이는 올바로 이해를 하고 있는 것이다. 그렇다 하더라도 결과는 같다. 왜냐하면 전류를 형성하고 있는 전자의 전하는 $(-)$값을 가지며, 운동 방향은 아래로 향하게 된다. 이 경우에 $\vec{F}=q\vec{v}\times\vec{B}$을 적용하여 보면, q가 $(-)$값을 가지고 $\vec{v}$가 아랫방향을 향하고 있고 이를 그림으로 표현하면 그림 5-33과 같다. 이 경우에 $\vec{v}$에서 $\vec{B}$의 방향으로 오른손 나사를 돌리면, 나사는 오른쪽을 향하게 된다. 하지만, 전자는 $(-)$의 전하량$(-e)$을 가지므로 $\vec{F}=-e\vec{v}\times\vec{B}$와 같이 되어 전자에 작용하는 힘은 $\vec{v}$에서 $\vec{B}$의 방향으로 오른손 나사를 돌렸을 때, 오른손 나사의 진행방향과 반대가 되므로 결국에 도선 B는 도선 A로 향하는 힘을 받게 된다. 따라서 두 도선 사이에는 인력이 작용한다.

 과정 ③, ④의 실험을 통해 서로 반대방향으로 흐르는 두 도선 사이에는 척력(서로 밀어내는 힘)이 작용함을 알 수 있다. 위에서 언급한 실험내용들에 대해서는 이 책과 같이 제공된 동영상을 참조하기 바란다. 따라서 전류의 방향을 하전입자의 운동방향($\vec{v}$의 방향)으로 생각하여 문제를 생각하는 것이 이해하기가 쉽다.

실험결과에 대한 동영상 보기

전선이 너무 굵으면 자기력에 의한 전선들의 움직임을 관찰하기 어려우므로 약 10 A의 전류를 흘려줄 수 있으면서 가벼운 전선을 택한다. 동영상에서 사용한 붉은색 전선은 피복을 포함하여 바깥지름이 2.7 mm이었으나 이보다 가느다란 전선을 사용하여 실험하기를 권한다.

5.11 작은 발전기의 작동원리

준비물

네오디움 자석: 4개(지름 30 mm, 두께 5 mm), 에나멜선 약 30 m(지름 0.3 mm): 1개, LED 전구: 1개, 카드보드: 8 cm × 23 cm: 1개, 에나멜을 벗기기 위한 샌드페이퍼 또는 칼: 1개, 검정색 절연테이프: 1개, 못(자석에 잘 붙는 것으로 지름 약 4 mm, 길이 약 9 cm): 1개

실험방법

① 그림 5-34와 같이 카드보드를 오린 다음, 점선을 따라 한 번 접었다가 펴서 나중에 사용이 편리하도록 만든다.

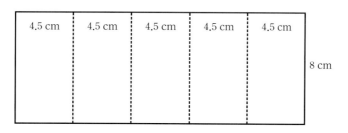

[그림 5-34] 카드보드 크기

② 그림 5-35와 같이 카드보드를 접은 다음 테이프로 고정하고, 중앙에 못이 관통할 수 있도록 작은 구멍을 만든다.

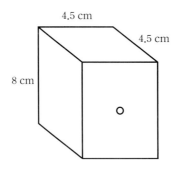

[그림 5-35] 접은 카드보드의 모양

③ 그림 5-36과 같이 접은 카드보드 안쪽의 못에 네오디움 자석을 고정시킨다.

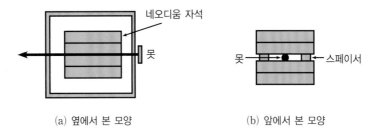

(a) 옆에서 본 모양   (b) 앞에서 본 모양

[그림 5-36] 자석과 못의 배열 모양

④ 그림 5-37과 같이 카드보드의 바깥쪽에 에나멜선을 촘촘히 감은 다음, 에나멜선 양끝 부분의 피복을 벗긴 후에 LED 전구와 연결한다.

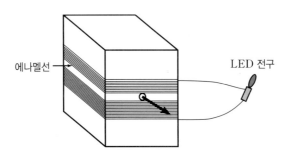

[그림 5-37] 에나멜선과 LED 전구의 연결

⑤ 그림 5-38과 같이 못을 회전시키면서 LED 전구에 불이 켜지는가를 관찰하고 결과에 대하여 토의해 보자.

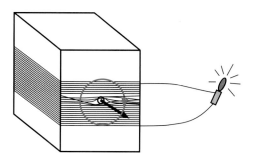

[그림 5-38] 못의 회전에 따른 전구의 밝기 관찰

⬤ 실험결과 및 토의

임의의 폐회로를 통과하는 자기력선의 수가 시간에 따라 변하는 경우에 폐회로에는 유도
기전력이 발생하게 된다. 이를 이용하여 회전운동에너지를 전기에너지로 바꾸는 장치가 발
전기이다. 발전기의 원리를 이해하기 위하여 우선 패러데이(Faraday) 법칙과 렌츠(Lenz)
의 법칙에 대하여 알아보도록 하자.

[그림 5-39] 패러데이 법칙

그림 5-39는 임의의 폐회로 쪽으로 영구자석이 $\vec{v}$의 속도를 가지고 접근하는 경우를 나타
낸 것이다. 영구자석이 폐회로에 가까이 접근할수록 폐회로를 통과하는 자기력선의 수는 그
림 5-39(b)에 나타낸 바와 같이 증가하게 되는데 자석의 접근속도에 따라 증가율이 결정되
고, 증가율이 클수록 폐회로에 발생하는 기전력은 증가한다. 이와 같이 "어떤 폐회로에 유도
되는 기전력(이를 유도기전력이라 한다)의 크기가 그 회로를 통과하는 자기력선 수의 변화율
에 비례한다."는 것이 패러데이의 법칙이며, 폐회로를 통과하는 자기력선 수의 변화를 방해
하려고 하는 방향으로 유도기전력이 생긴다는 것이 렌츠의 법칙이다. 즉, 패러데이 법칙은
유도기전력의 크기만을 설명해 주는데 비하여 렌츠의 법칙은 유도기전력의 방향을 설명하고
있다.

유도기전력은 임의의 폐회로를 통과하는 자기력선의 수가 변함에 따라서 폐회로에 전류를

흐르도록 하는 것으로, 이러한 유도기전력에 의해서 임의의 폐회로에 흐르는 전류를 유도전류라고 하고, 발전기는 이러한 유도기전력을 일으키는 장치라고 볼 수 있다. 이를 보다 정확히 이해하기 위해서 그림 5-39를 다시 생각하여 보자.

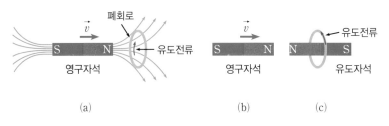

[그림 5-40] 유도전류와 렌츠의 법칙

그림 5-40(a)는 영구자석이 임의의 폐회로를 향하여 속도 $\vec{v}$로 접근하는 경우로 영구자석으로부터 나온 자기력선의 일부가 폐회로롤 통과하며, 통과하는 지기력선의 수는 자석이 폐회로에 접근함에 따라서 증가하게 된다. 이때, 폐회로에 발생하는 유도기전력은 폐회로를 통과하는 자기력선 수의 증가를 방해하는 방향으로 발생하게 되므로 유도전류는 그림 5-40(c)에서와 같이 반시계 방향으로 흘러야 한다. 왜냐하면 유도전류에 의해서도 자기장이 만들어지는데 그림 5-40(c)에서 유도자석으로 표시한 것과 같은 자석을 만들어야만, 영구자석이 접근하는 것을 방해하게 되어 폐회로를 통과하는 자기력선 수의 증가율을 방해하기 때문이다.

유도기전력의 크기는 같은 그림 5-41에서와 같이 똑같은 자석이 같은 속도로 접근하는 경우에 도선의 감긴 횟수에 비례하여 유도기전력이 커진다.

[그림 5-41] 도선의 감긴 횟수와 유도기전력의 크기

그림 5-42에서와 같이 자석은 정지하여 있고 도선이 회전하는 경우에는 어떤 일이 일어나는지에 대해서 생각하여보자. 그림 5-42에서 폐회로(원형모양의 도선으로 코일이라고 한다)가 ⓐ와 같이 배열되면 폐곡선을 통과하는 자기력선이 없어 폐회로에 유도기전력이 생기지 않는다. 하지만 ⓑ로 가면서 폐회로를 뚫고 지나가는 자기력선이 증가하여 유도기전력이

증가하여 ⓒ의 위치에서 최대로 되었다가 ⓔ에서 다시 "0"이 된다. 하지만 ⓕ로 가면서 다시 증가하지만, 유도기전력의 방향은 ⓑ와 반대로 된다. ⓖ에서 ⓒ와 반대로 최대로 되었다가 점차 줄어 ⓘ에서는 다시 "0"이 된다. 이와 같이 영구자석이 고정되어 있고 원형코일이 회전하면서 코일을 뚫고 지나가는 자기력선의 수가 변하여 원형코일에 유도되는 유도기전력은 그림 5-42의 그래프가 보여주는 모양의 교류전압이 발생하게 된다.

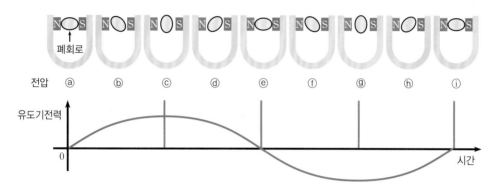

[그림 5-42] 폐회로의 회전과 유도기전력 사이의 관계

본 실험에서는 고정된 영구자석의 N과 S극 사이에 있는 코일을 회전시키는 대신에 코일을 고정시키고 영구자석을 회전시켰는데 이 경우에도 코일로 이뤄진 폐회로를 통과하는 자기력선 수의 변화를 가져와 코일에 유도기전력이 생기고 이것에 의해 코일에 연결된 발광다이오드에 전류가 흐르게 되어 발광다이오드가 켜지는 것이다. 발전소에서 일으키는 전기는

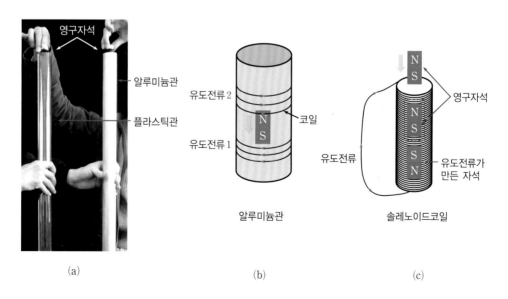

[그림 5-43] 유도전류와 영구자석에 의한 자기장들 사이의 상호작용

위의 원리에 의해서 생성되는 교류전압이다.

이제 유도기전력의 효과가 어떤 것인지에 대해서 간단한 실험을 통하여 알아보자. 그림 5-43에서와 같이 같은 종류의 영구자석을 길이와 모양이 같은 원형 플라스틱 관과 알루미늄 관내에 동시에 떨어뜨려보자.

플라스틱관 안에 떨어뜨린 영구자석은 빨리 떨어지지만, 같은 길이의 알루미늄관 안을 통과하는 영구자석은 2 m 정도 통과하는 데 약 30초 정도가 걸린다는 것을 알 수 있다. 이는 영구자석이 아래로 떨어지는 것을 방해하는 어떠한 힘이 있음을 의미한다. 그림 5-43(b)에 나타낸 알루미늄관은 그림 5-43(c)에서와 같이 솔레노이드 코일이 매우 빽빽하게 감겨있는 경우처럼 생각할 수 있으며, 솔레노이드 코일 안쪽으로 자석을 떨어뜨리면 솔레노이드 코일에 유도전류가 흐르게 된다. 유도전류가 만드는 자기장은 렌츠의 법칙을 통하여 설명하였듯이 영구자석을 밀어 올리는 방향으로 생기기 때문에 영구자석이 아래로 떨어지는 속도가 느려지게 되는 것이다.

그림 5-43(b)는 알루미늄관을 알루미늄관의 반지름과 같은 코일이 그림 5-43(c)와 같이 매우 빽빽하게 감겨져 있는 것으로 생각하여 그 중의 일부 코일을 나타내었다. 영구자석이 아랫방향으로 떨어지고 있으므로 "유도전류 1"로 표시된 부분의 코일을 통과하는 자기력선의 수는 증가하게 되므로 이러한 증가를 억제하는 방향으로 유도전류가 형성되어 유도전류 1의 방향은 오른쪽에서 왼쪽으로 향하게 된다. 하지만 "유도전류 2"로 표시된 부분의 코일을 통과하는 자기력선의 수는 영구자석이 아래로 운동함에 따라서 감소하게 되므로 이러한 감소를 억제하는 방향으로 유도전류가 발생하게 되어 "유도전류 2"의 방향은 "유도전류 1"의 방향과 반대가 되는 것이다.

이러한 유도전류 1, 2가 만드는 자기장에 의해서 영구자석의 운동이 느려지게 되는 것이다.

실험결과에 대한 동영상 보기

소형발전기에 대한 동영상 보기

참고자료

① http://physica.gsnu.ac.kr/phtml/electromagnetic/induction/induction/induction.html.

② http://amasci.com/amateur/coilgen.html.

5.12 맴돌이 전류란?

준비물

맴돌이 실험장치: 1대

실험방법

① 그림 5-44와 같이 준비물을 준비한다.

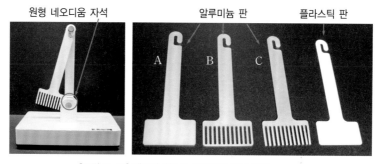

원형 네오디뮴 자석   알루미늄 판   플라스틱 판

[그림 5-44] 맴돌이 전류를 관찰하기 위한 장치

② 플라스틱판이 두 원형자석 사이를 잘 통과하도록 바닥에서 일정한 높이로 들어 올린 후에 살짝 놓으면, 플라스틱판이 두 원형자석 사이를 왔다 갔다 하는 것을 관찰할 것이다.

③ 알루미늄 판 A를 가지고 ②에서와 같이 실험을 하면 알루미늄 판이 원형자석 사이를 지나가지 못하고 갑자기 정지하는 것을 관찰할 것이다.

④ 알루미늄 판 B를 가지고 ②에서와 같이 실험을 하면 역시 두 원형자석 사이를 왔다 갔다 하지만, ②에서보다는 왕복횟수가 많이 줄어드는 것을 관찰할 것이다.

⑤ 이번에는 알루미늄 판 C를 ②에서와 같이 실험을 하면 역시 두 원형자석 사이를 여러 번 왕복운동하는 것을 관찰할 것이다.

실험결과 및 토의

우선 이 실험결과에 대하여 토의하기 전에 맴돌이 전류에 대해서 알아보자. 발전기의 원리를 공부하면서 임의의 폐곡선을 통과하는 자기력선의 수가 시간에 따라서 변하면 폐곡선에 전류가 흐르게 되는데 이것이 유도전류라는 것을 알았다. 그림 5–45는 자석의 양극 사이에 금속판이 삽입된 경우를 나타낸 것이다. 전자석은 교류전원에 연결되어 있어 N극과 S극이 시간에 따라서 변할 뿐 아니라 두 자극 사이의 자기장의 세기도 시간에 따라서 변한다. N극과 S극 사이의 자기장의 세기가 시간에 따라서 변한다는 것은 그림 5–45에서 폐곡선 C로 표시된 사각형 고리를 통과하는 자기력선의 수가 시간에 따라서 변한다는 것을 의미한다. 폐곡선 C를 통과하는 자기력선의 수가 시간에 따라서 변하고 폐곡선 C가 도체 내에 있으므로 폐곡선 C는 하나의 폐회로를 형성하게 된다. 폐곡선 C, 즉 폐회로를 통과하는 자기력선이 시간에 따라서 변하므로 폐곡선 C 둘레로 유도기전력이 발생하여 폐곡선 C를 통하여 유도전류가 흐르게 된다. 이때, 폐곡선 C를 통하여 흐르는 전류의 방향은 폐곡선 C로 표시된 사각형 고리를 통과하는 자기력선의 수가 시간에 따라서 증가하느냐 아니면 감소하느냐에 따라서 결정되며, 그림 5–45에서 전류의 방향은 시계방향임을 보여주고 있는데 이는 C로 표시된 사각형 고리를 통과하는 자기력선의 수가 시간에 따라서 감소하는 경우이다.

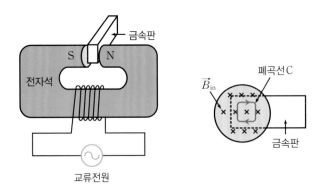

[그림 5-45] 금속판에 생긴 유도전류

지금까지는 금속판이 전자석의 양극 사이에 정지해 있고 전자석에 연결된 교류에 의해서 폐곡선 C 주위로 유도전류가 발생하는 경우를 생각하여 보았다. 그럼 이번에는 교류전원에 의해서 동작하는 전자석이 아니라 정지해 있는 영구자석의 N극과 S극 사이를 금속판이 지나가는 경우를 생각하여 보자.

실험 ③에서 플라스틱판을 원형 네오디움 자석의 N극과 S극 사이를 여러 번 자유로이 왕복운동하는 것을 관찰하게 되는데 이는 플라스틱이 전기가 흐르지 않는 유전체(자유전자가

없어 전기가 흐르지 않는 물체)이기 때문이다. 유전체이므로 플라스틱판이 자기장 사이를
통과한다 하더라도 유전체 내에 자유전자가 없어 유전체 내에서 흐르는 전류를 형성하지 못
한다.

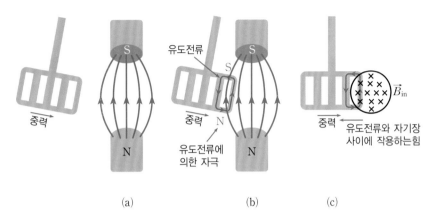

[그림 5-46] 홈이 파인 알루미늄 판과 자기장 사이에 작용하는 힘

하지만 알루미늄 금속판 A(또는 B)가 원형 네오디움 자석의 N극과 S극 사이를 지나가는
경우에 그림 5-46(b, c)에서 보여준 바와 같이 형성된 폐회로(화살표와 함께 빨강색으로 표
시함)에 유도전류가 발생되고, 유도전류에 의해 생긴 자기장 때문에 알루미늄 금속판 A(또
는 B)는 하나의 자석이 된다. 알루미늄 금속판 A(또는 B)에 생긴 유도전류에 의한 자기장의
방향은 알루미늄 금속판 A(또는 B)와 네오디움 자석 사이에 반발력이 작용하는 방향으로 형
성되므로 알루미늄 금속판 A(또는 B)는 원형 네오디움 자석의 N극과 S극 사이를 여러 번 반
복운동을 하지 못하면서 멈추는 것이다. 이 부분에 대한 보다 자세한 이해를 위해서는 유도
전류와 렌츠의 법칙에 대한 그림 5-40을 참조하기 바란다.

위의 실험 ⑤에서 알루미늄 판 C의 경우에 알루미늄이 금속이므로 많은 자유전자가 알루
미늄 금속 내에 존재한다. 따라서 네오디움 원형자석의 N극과 S극 사이의 강한 자기장을 통
과하면 자유전자가 힘을 받게 되어 이동을 하게 된다. 하지만 알루미늄 판 C의 경우에 끝 부
분이 열려 있어서 폐회로를 형성하지 못해 유도전류를 형성하지 못한다. 따라서 플라스틱보
다는 덜하지만, 두 원형자석 사이를 여러 번 왕복운동하는 것을 관찰하게 된다.

이러한 맴돌이 전류 효과는 그림 5-47에 나타낸 바와 같이 기차의 브레이크를 만드는데
응용된다. 그림 5-47(a)는 독일의 "ICE3"에 적용된 맴돌이 전류 브레이크이며, 그림 5-
47(b)는 일본의 신간센 700시리즈에 적용되었던 맴돌이 전류 브레이크이다.

(a)   (b)

[그림 5-47] 맴돌이 브레이크의 적용 예

실험결과에 대한 동영상 보기

참고자료

http://en.wikipedia.org/wiki/Eddy_current_brake.

5.13 긴 전선을 가지고 줄넘기를 하면 전선에는 어떤 일이 일어날까?

준비물

피복이 입혀지고 길이가 약 10 m이상인 전선(전선 가락수가 30개 정도인 것이 실험하기에 편리함): 1개, 감도가 좋은 검류계(20 μA 정도인 검류계가 좋음): 1개

실험방법

① 그림 5−48과 같이 전선양끝의 피복을 약 5 cm 정도 벗긴 다음, 검류계에 연결한다.

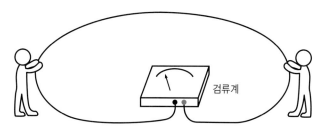

검류계

[그림 5-48] 줄넘기에 의한 전류의 발생

② 전선의 양끝에서 일정거리만큼 떨어진 곳을 잡고서 줄넘기를 하듯이 돌리면서 검류계의 바늘이 움직이는가를 관찰한다.

③ 전선을 천천히 돌렸을 때와 빠르게 돌렸을 때에 검류계 바늘의 움직임을 관찰하고 비교하여 보아라.

④ 검류계의 바늘이 한쪽으로만 움직이는 것이 아니라 눈금이 "0"인 곳을 중심으로 좌우로 움직이는지를 관찰하여라.

실험결과 및 토의

우리가 알고 있듯이 지구는 하나의 거대한 자석이며, 지구 자기장의 축은 지구의 회전축에

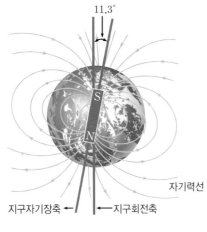

11.3°

자기력선

지구자기장축 ← ← 지구회전축

[그림 5-49] 지구자기장

비하여 약 11.3° 기울어져 있다 (그림 5-49참조). 자기력선은 일반적으로 N극에서 나와 S극으로 들어가는 모양으로 나타내므로, 지구의 북극은 S극, 남극은 N극인 모양을 한 하나의 거대한 자석이다. 다시 말해서 지리학적으로 북극은 자기적으로 남극(S), 그리고 남극은 자기적으로 북극(N)에 해당한다. 따라서 우리는 거대한 크기의 지구자석이 만드는 자기장 안에 살고 있다고 볼 수 있다. 이러한 지구자석이 만드는 자기장의 세기는 지역에 따라서 차이가 있는데 남아프리카와 남미지역의 경우에는 0.3 Gauss(Gauss: 자석의 세기를 나타내는 단위)보다 작고 캐나다, 오스트레일리아 남부 및 시베리아 부분은 0.6 Gauss 정도이다.

그림 5-48에서와 같이 전선의 양끝을 검류계에 연결하면 하나의 폐회로가 형성되며, 두 사람이 전선을 회전시키면 폐회로를 통과하는 자기력선의 수가 시간에 따라서 변하게 된다. 폐회로를 통과하는 자기력선의 수가 변하므로 폐회로에 유도기전력이 발생되어 전선에 전류가 흐르게 되는데 이러한 전류를 유도전류라 한다. 이러한 유도전류의 크기는 폐회로를 통과하는 자기력선의 수가 시간에 따라서 얼마나 빨리 변하느냐에 의해서 결정되므로 전선을 빨리 회전시키면 더 큰 유도기전력이 발생하여 검류계에 더 많은 전류가 흐르게 된다.

검류계는 아주 작은 크기의 전류를 측정할 수 있는 일종의 직류전류계이다. 하지만 그림 5-48에서 폐회로를 이루고 있는 전선에 흐르는 전류는 교류전류이므로, 전선을 너무 빨리 회전시키면 검류계의 바늘이 교류전류의 변화율을 따라가지 못하는 경우가 발생할 수 있기 때문에 검류계에 회전속도에 비례하는 전류가 관측되지 않는 경우가 있다. 따라서 회전속도의 크기에 따른 유도전류의 크기를 알아보기 위해서는 미세한 크기의 교류전류 측정이 가능하도록 멀티미터의 측정범위를 설정하여 실험하면 회전속도의 변화에 따른 유도전류의 크기를 측정할 수 있다.

실험결과에 대한 동영상 보기

멀티미터

멀티미터는 저항, 전류 및 전압 등의 전기적 특성을 측정할 수 있는 소형 측정기구로서, 측정범위를 어느 정도 범위 내에서는 자유로이 조절이 가능하다. 이를 이용하여 저항체의 저항 또는 회로에 흐르는 직류 및 교류 전류는 물론 전기회로에 가해준 전압 등을 측정할 수 있다. 그림 5-50은 실험실에서 일반적으로 많이 사용되는 멀티미터 중의 하나를 나타낸 것이다.

[그림 5-50] 멀티미터

참고자료

① http://www.gly.fsu.edu/~salters/GLY1000/Chapter3/Slide21.jpg.

② http://en.wikipedia.org/wiki/Earth's_magnetic_field.

5.14 모터에 전류가 흐르면 왜 회전할까?

코일에 전류가 흐르면 코일 주위에 자기장을 만들게 되는데 이와 같이 코일에 흐르는 전류에 의해 만들어진 자석을 일반적으로 전자석이라고 한다. 모터는 영구자석과 전자석이라는 두 개의 자석 사이에 작용하는 힘을 이용하여 회전을 일으키는 장치로서 전기에너지를 회전운동 에너지로 바꾸는 장치라고 볼 수 있다.

준비물

모터의 원리 장치 : 1개, 1.5 V 건전지(AA 사이즈) : 2개

실험방법

① 그림 5–51과 같이 모터 실험 장치를 준비하여 건전지를 연결한다.
② 모든 연결이 끝난 후에, 그림 5–51(a)의 회전판으로 표시된 부분이 회전하는지를 관찰한다. 또한 모터의 회전방향을 잘 관찰한다.

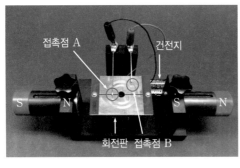

(a)   (b)

[그림 5–51] 모터 실험장치

③ 건전지와 모터가 연결된 선을 서로 바꾸어 모터의 회전방향이 바꾸기 전과 반대방향으로

회전하는지를 관찰한 후, 건전지의 연결단자를 장치에서 분리한다.

④ 과정 ③에서 모터의 회전방향을 기록하여 둔 후에 왼쪽 끝에 고정된 자석을 빼서 N극과 S극을 서로 바꾸어 장치에 다시 고정한다. 마찬가지로 이번에는 오른쪽 끝에 고정된 자석을 빼서 N극과 S극을 서로 바꾸어 장치에 다시 고정한다. 건전지의 연결단자를 장치에 다시 연결하여 모터의 회전방향을 관찰한다.

⑤ 전류의 방향을 바꾸거나 자석의 극을 바꾸면 코일의 회전방향이 바뀌는 이유와 모터가 회전하는 이유에 대하여 조원들과 토의하여 본다.

━━ 실험결과 및 토의

모터의 작동원리를 이해하기 위해 ㉮ 자석과 자석 사이에 작용하는 힘, ㉯ 자석과 전류가 흐르는 도선 사이에 작용하는 힘에 대해서 우선 알아보자. 그림 5-52(a)는 서로 반대극을 가지는 자석이 가까이 있어 두 자석 사이에는 서로 잡아당기는 힘이 작용한다. 하지만 그림 5-52(b)에서는 같은 극을 가지는 두 자석이 가까이 있어 두 자석 사이에는 서로 미는 힘이 작용한다. 그림 5-53은 영구자석을 전류가 흐르는 도선 근처에 가져가는 경우에 도선과 영구자석 사이에 일어나는 현상을 관측하기 위한 실험으로 영구자석과 도선 사이에 힘이 작용하는데, 전류의 방향이 바뀌거나 자석의 극이 바뀌면 영구자석과 도선 사이에 작용하는 힘의 방향이 변화된다는 것을 알 수 있다.

그림 5-53의 경우에 자석과 전류가 흐르는 도선 사이에 서로 힘이 작용하는 것처럼 관측되지만, 영구자석과 전류가 흐르는 도선이 만든 전자석 사이에 힘이 작용한다고 생각하면 모터의 회전을 이해하는 데 도움이 된다.

[그림 5-52] 자석 사이에 작용하는 힘   [그림 5-53] 자석과 전류가 흐르는 도선 사이에 작용하는 힘

직선모양의 도선에 전류가 흐르면 도선 주위로 자기장이 형성되는 것에 대해서 생각하여 보자. 그림 5-54(a, b)에는 직선도선에 전류가 흐르지 않을 때와 흐를 때에, 도선 바로 밑에 놓은 나침반 자침의 회전을 비교한 것으로 전류가 흐르지 않는 경우에는 자침이 회전하지 않으나, 전류가 흐르는 경우에는 자침이 많이 회전한 것으로 보아, 전류가 흐르는 도선 주위

에는 전류에 의해 자기장이 형성됨을 알 수 있다. 이때, 직선도선에 흐르는 전류에 의해 생긴 자기장의 방향은 그림 5-54(d)에서 보여주는 바와 같이, 오른손 엄지손가락을 전류의 방향이라고 할 때에 엄지손가락을 감싸고 있는 나머지 네 손가락의 방향이 된다.

  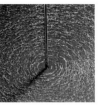 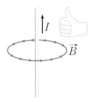

(a) 전류가 흐르지 않을 때   (b) 전류가 흐를 때   (c) 자기장 모양   (d) 자기장의 방향

[그림 5-54] 직선도선에 흐르는 전류가 만드는 자기장의 모양과 방향

지금까지는 직선모양의 도선에 흐르는 전류가 만드는 자기장에 대해서 알아보았다. 그럼 이제, 원형고리모양의 도선에 흐르는 전류가 만드는 자기장에 대해서 알아보자. 그림 5-55는 원형고리모양의 도선에 흐르는 전류에 의한 자기장과 이러한 원형고리들이 모여서 형성된 솔레노이드에 흐르는 전류에 의한 자기장을 나타낸 것이다.

그림 5-55에서 알 수 있듯이 원형고리모양의 도선들이 모여서 형성된 솔레노이드에 직류전류를 흘려보내주면, 솔레노이드는 N극과 S극으로 표시된 하나의 자석으로 생각할 수 있다. 그림 5-56은 솔레노이드에 흐르는 직류전류에 의해 만들어진 전자석(솔레노이드 자체가 하나의 자석이 된다)과 영구자석 사이에 작용하는 힘을 나타낸 것이다.

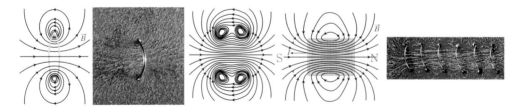

[그림 5-55] 원형고리모양의 도선 및 솔레노이드에 흐르는 전류에 의한 자기장

그림 5-56(a)에서는 영구자석과 솔레노이드 사이에 인력이 작용하지만, 그림 5-56(b)에서와 같이 전류의 방향이 바뀌면 영구자석과 솔레노이드 사이에는 척력이 작용하게 된다. 따라서 솔레노이드에 흐르는 전류의 방향에 따라서 영구자석과 솔레노이드는 서로 당기거나 밀거나하는 힘이 작용하게 된다.

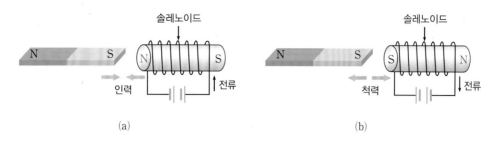

[그림 5-56] 영구자석과 솔레노이드 사이에 작용하는 힘

그림 5-57은 모터의 원리를 설명하기 위한 것으로 기본구조는 그림 5-56과 비슷하다. 2개 영구자석의 N극과 S극 사이에 코일(솔레노이드)이 회전축 위에 설치되어 있어, 회전축을 중심으로 회전이 가능하며 회전축에는 회전판이 붙어 있다. 건전지를 연결하여 코일에 전류가 흐르면 코일은 일종의 전자석이 되고 전류의 방향에 따라서 영구자석과 코일 사이에 작용하는 힘에 의해서 코일은 회전하게 된다. 코일이 어느 정도 회전하게 되면, 회전판 위에 표시된 접촉점 A와 접촉점 B가 서로 바뀌면서 코일에 흐르는 전류의 방향이 바뀌게 된다. 이처럼 코일에 흐르는 전류의 방향이 지속적으로 바뀌면 영구자석과 코일 사이에 작용하는 힘의 방향도 연속적으로 변하게 된다. 즉, 처음에 영구자석과 코일 사이에 척력이 작용하여 코일이 회전하였다면 이번에는 인력이 발생하여 회전을 하다가 다시 척력이 발생하여 회전하게 되는 방법으로 코일은 지속적으로 회전하게 되며, 이것이 모터의 동작 원리이다.

[그림 5-57] 영구자석과 코일 사이에 작용하는 힘

실험결과에 대한 동영상 보기

생각하여 보기

① 감긴 코일의 저항이 0.015 Ω이다. 전압이 1.5 V인 건전지가 정지해 있는 코일에 일정한 전류를 흘려준다고 가정하면, 코일에 흐르는 전류는 얼마인가?

② 과정①에서의 코일에 일정한 전류가 흐른다고 가정할 때에 코일을 통하여 전달되는 전력을 와트(W)로 표현하면 얼마이며, 이러한 에너지는 어디에서 오는가?

③ 일정한 크기의 전류가 코일에 흐른다고 가정하자. 이상적인 코일에서 이러한 전류가 만드는 자기장의 방향과 모양을 코일과 함께 그림으로 나타내보자.

④ 모터를 만들 때에 영구자석은 왜 필요한가?

⑤ 모터에서의 코일에 의한 자기장의 방향이 어떻게 변하는지를 포함하여 자기장의 모양을 그리고 설명해보자.

5.15 축전기는 어떻게 충전되고 방전될까?

축전기는 전기에너지를 저장할 수 있는 가장 일반적인 방법 중의 하나이다. 본 실험에서는 축전기에 전기에너지가 저장되는 충전과정 및 저장된 전기에너지가 방출되는 방전과정의 원리에 대해서 실험결과와 함께 설명하고자 한다.

준비물

직류전원장치(또는 건전지): 1대, 축전기($100\ \mu F$): 1개, 저항($1\ k\Omega$, $10\ k\Omega$, $30\ k\Omega$): 각 1개, 멀티미터: 1개 (또는 Labview 프로그램과 USB 6009를 설치한 실험실에서는 이들을 이용하여 충전 및 방전과정을 실시간으로 측정이 가능하다.)

실험방법

① 그림 5-58과 같이 직류전원장치에 $1\ k\Omega$ 저항과 축전기를 직렬로 연결하고 축전기 양끝 사이의 전압을 측정하기 위해 멀티미터를 연결한다.

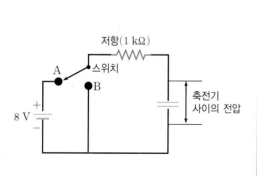
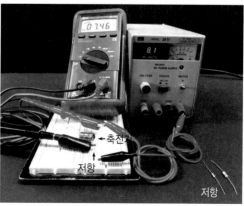

[그림 5-58] 축전기의 충전과 방전 실험

② 스위치를 A 지점에 연결하여 축전기를 충전시키면서 축전기 양끝의 전압이 변하는 것을 멀티미터를 통하여 관찰한다.

③ 축전기 양끝의 전압이 직류전원장치에서 공급해주는 전압과 같아지면 축전기가 완전히 충전된 상태이므로 스위치를 연다.

④ 스위치를 B 지점에 연결하여 축전기에 저장되었던 전기에너지를 저항을 통하여 방전시키면서 축전기 양끝의 전압을 멀티미터를 통하여(또는 Labview 프로그램을 이용하여) 관찰한다.

⑤ 저항의 크기를 바꾸어 가며, 위의 과정 ①~④를 반복하여 저항의 크기에 따른 충전과 방전결과를 비교하고 그 차이점에 대해서 토의하고 이해한다.

실험결과 및 토의

그림 5-59(a)는 면적이 A이고 두 도체판 사이의 간격이 d인 평행판 축전기, 그림 5-59(b)는 구리원자에 대한 전자들의 배열을 나타낸 것이다. 금속도체 판이 구리라고 생각하고 축전기에 대해서 좀 더 자세히 알아보자. 구리원자는 원자번호가 29번으로 총 29개의 전자를 가지고 있다. 29개의 전자들은 원자핵을 중심으로 반지름이 일정한 궤도 내에서 운동을 하며, 원자핵으로부터 가장 멀리 있는 전자(가장 바깥 궤도에 있는 전자라고 하여 최외각전자라고 한다)들은 원자핵과의 결합이 아주 약해 외부로부터 작은 에너지(예를 들어 따뜻한 실내에 있는 구리금속의 경우에 열에너지를 실내로부터 받는다)를 받으면 쉽게 궤도에서 벗어나게 된다. 이처럼 본래의 궤도에서 벗어난 전자를 자유전자라고 하며, 이들은 금속에 전기가 얼마나 잘 흐르는가를 나타내는 기준인 전기전도도에 크게 영향을 미친다. 구리금속은 수없이 많은 구리원자들이 모여서 이뤄진 것으로 구리원자당 1개의 자유전자를 가진다고 가

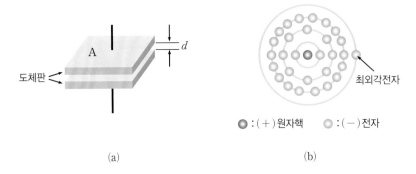

(a) (b)

[그림 5-59] (a) 평행도체 판으로 구성된 축전기 (b) 구리원자의 전자배열

정하더라도 구리금속 내부에는 수 없이 많은 자유전자가 존재하게 되므로, 1 cm^{3}당 8.47×10^{22}개의 자유전자가 존재하게 된다.

그림 5-60(a)에서 도체판 a와 b가 구리금속이라고 할 때에 자유전자들이 수없이 존재하지만, 원자핵이 가지고 있는 (+)전하의 양은 (−)전하를 가지는 29개의 전자들이 가지는 총 전하량과 크기가 같기 때문에 구리 금속판은 전기적으로 볼 때 중성이다. 자, 이제 전기적으로 중성이며 수많은 자유전자를 가진 2개의 금속판 a, b에 직류전압을 걸어주면 어떠한 일이 발생하는지에 대해서 알아보자.

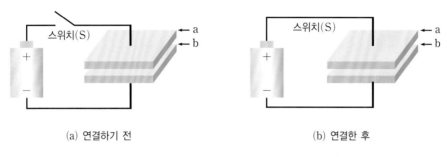

(a) 연결하기 전   (b) 연결한 후

[그림 5-60] 평행판 축전기에 직류전원을 연결하기 전과 후의 모양

그림 5-60(a)의 경우처럼 건전지(또는 직류전원장치)에 연결하기 전에는 2개의 금속판은 (+)전하의 양과 (−)전하의 양이 서로 같기 때문에 전기적으로 중성이다. 그림 5-60(a)에서 직류전원으로 사용하는 건전지의 역할은 (+)전하를 전기 위치에너지가 낮은 곳에서 높은 곳으로 올려주는 역할을 하는데 이는 물 펌프가 물을 낮은 곳에서 높은 곳으로 올려주는 역할을 하는 경우와 같다. 그리고 건전지에서 (−)표시는 전기적 위치에너지가 낮다는 것을 의미하며, (+)의 표시는 전기 위치에너지가 높다는 것을 의미한다. 따라서 건전지의 역할은 (−)부분에 있는 (+)전하를 (+)로 표시한 영역으로 올려주는 역할을 하는 것이다. 하지만 실제 회로에서는 (+)전하가 움직이는 것이 아니라 (−)전기를 띠고 있는 전자가 움직이는 것이다. 왜냐하면 구리금속에서의 (+)전하는 전기적으로 중성인 원자에서 자유전자가 하나 빠져나간 상태(원자핵과 28개의 전자가 결합된 상태)이므로 (+)전하가 움직이기보다는 금속원자의 궤도에서 빠져나온 1개의 자유전자가 움직이기가 훨씬 쉽다. 따라서 실제의 회로에서 흐르는 전류는 (+)전하가 아니라 (−)전하를 띠고 있는 전자들의 흐름에 기인하므로 건전지가 하는 역할은 (+)전하를 전기 위치에너지가 낮은 데에서 높은 곳으로 올리는 대신에 높은 곳에 있는 전자를 낮은 곳으로 이동시키는 역할을 한다.

그림 5-60(b)와 같이 스위치가 연결되면 건전지에 의해서 위쪽의 금속판 a에 있던 자유

전자가 아래쪽의 금속판 b로 이동되면 전기적으로 중성인 상태에서 전자가 빠져나가므로 위쪽의 금속판 a는 (+)로 대전되는 반면에 아래쪽의 금속판 b는 금속판 a에서 온 전자들에 의해서 (−)로 대전된다. 금속판 a, b가 얼마만큼의 전하들로 대전되느냐 하는 문제는 금속판의 넓이, 금속판 a, b 사이의 간격, 두 금속판 사이에 있는 유전체의 종류(그림 5−60에서는 공기이지만, 축전기의 성능개선 및 제조의 용이성 때문에 전기가 통하지 않는 종이와 같은 유전체를 두 금속판 사이에 끼워 넣는다) 및 두 금속판에 가해준 직류전압의 크기에 의존한다.

건전지에 연결하기 전에 금속판은 전기적으로 중성이므로 두 금속판 사이에는 아무것도 존재하지 않는다. 하지만 그림 5−60(b)와 같이 2개의 금속판이 (+)와 (−)로 대전되면 두 금속판 사이에는 전기장이 형성된다. 즉, 없던 전기장이 생겼으며, 이는 에너지의 일종으로 생각할 수 있다. 즉, 축전기는 전기에너지를 저장하는 도구로서 저장되는 에너지는 두 금속판 사이에 전기장의 형태로 저장되며, 두 금속판 사이가 공기로 채워지고 두 금속판 사이의 전기장의 크기가 E인 경우에 단위체적당 저장된 에너지, 즉 에너지 밀도는 $U_E = \frac{1}{2} \varepsilon_0 E^2$가 되는데 ε_0는 공기에 대한 유전율을 나타낸다. 그림 5−61(a)는 두 금속판을 직류전원장치에 연결한 후에 축전기의 두 금속판에 전하들이 쌓이는 모양을 시간에 따라서 나타낸 것이다. 회로에 연결된 저항이 작을수록 빨리 최대값으로 충전되는 것을 볼 수 있다. 회로에 연결된 저항이 크면 회로에 전류가 흐르기 어렵기 때문에 축전기를 최대값으로 충전하는 데 보다 많은 시간이 걸리게 되며, 이를 그림 5−61(a)에 나타내었다. 반면에 그림 5−61(b)는 축전기에 저장된 에너지를 저항을 통해서 끄집어내는 경우를 시간에 따라서 나타낸 것이다. 참고로 그림 5−61은 축전기의 충전과 방전에 대한 "동영상보기"에서 얻어진 데이터를 하나의

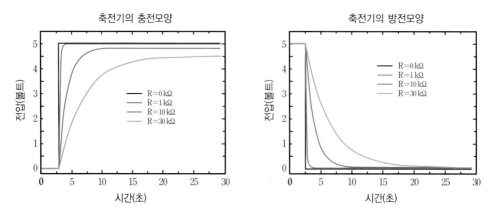

[그림 5−61] 축전기의 충전과 방전 모양

그래프로 정리한 것이다.

실험결과에 대한 동영상 보기

본 실험에서 사용된 축전기의 전기용량은 100 μF(100 V)를 사용하였다.

5.16 플라스마램프의 불빛은 어떻게 생기며, 램프에 접촉하는 손의 위치에 따라 불꽃은 왜 이동하는가?

준비물

플라스마램프: 1개, 막대 형광등(20 W): 1개, LED: 2~3개, 네온램프: 1개, 동전: 1개, 금속성 서류클립: 1개

실험방법

[그림 5-62] 플라스마램프

① 플라스마램프의 전원을 켠 다음, 불꽃의 모양을 관찰한다.

② 플라스마램프의 표면에 손가락을 접촉시킨 상태에서 손가락을 움직여 위치를 변화시키면서 불꽃의 모양과 변화를 관찰한다.

③ 플라스마램프를 끄고 그 위에 동전을 올려놓은 후 다시 램프를 킨다. 금속성 서류클립을 동전 가까이에 가져가면서 동전과 금속성 서류클립 사이에 불꽃이 생기는지를 관찰한다.

주의 플라스마램프를 켠 상태에서 맨손으로 동전을 램프 위에 올리면 전기충격을 받을 수 있으므로 반드시 램프를 끄고 동전을 올려놓는다.

④ 실내의 불을 끈 다음, 형광등 유리의 한쪽 끝을 손으로 잡고 그 반대쪽 끝을 플라스마램프 가까이 가져가면서 형광등이 켜지는지를 관찰한다.

⑤ 과정 ④와 같이 실험하되, 이번에는 형광등 유리의 중간 부분을 손으로 잡고 형광등의 한쪽 끝을 플라스마램프 가까이 가져가면서 형광등이 어떤 모양으로 켜지는지를 관찰한다. 그리고 과정 ④의 실험결과와 비교한다.

⑥ LED를 플라스마램프에 가까이 가져가면서 LED가 켜지는지를 관찰한다.

⑦ 플라스마램프를 켠 상태에서 네온램프의 한쪽 끝을 손으로 잡고, 플라스마램프 가까이 가

져가는 경우에 네온램프가 켜지는지를 관찰한다.

⑧ 위의 실험결과에 대하여 조원들과 같이 토의한다.

▬▬ 실험결과 및 토의

위에서 여러분이 수행한 재미있는 실험결과들을 정확히 이해하기 위해서는 전기의 기본 성질을 비롯하여 특성에 대한 비교적 많은 물리지식이 필요하다. 이 책을 읽는 독자들의 대부분이 중등학생임을 고려하여 실험내용을 이해하는 데 필요한 기본 물리지식을 항목별로 분류하여 설명하고자 한다.

5-16-1
플라스마란 무엇인가?

플라스마를 설명하기 전에 우선 우리가 알고 있는 물질에 대해서 생각하여 보자. 물질은 일반적으로 고체, 액체, 기체로 분류된다. 고체물질로는 금, 은, 구리 등과 같은 금속성 물질과 유리, 플라스틱과 같은 비금속성 물질 또는 반도체 물질 등이 있다. 액체로는 물, 기름 등이 있고, 기체로는 질소, 산소, 아르곤 등이 있다. 이와 같은 모든 물질을 구성하고 있는 가장 기본은 원자로 볼 수 있는데 원자는 (+)전기를 띠고 있는 원자핵과 (−)전기를 띠고 있는 전자들로 이뤄져 있다. 원자를 전기적인 관점에서 보면, 원자핵이 가지고 있는 (+)의 총 전하량과 핵 주위를 돌고 있는 전자들이 가지는 (−)의 총 전하량의 크기가 같다. 따라서 원자 (또는 원자들이 모여서 형성된 분자)들은 전기적으로 중성이다.

그림 5-63(a)는 불활성기체 중의 하나이며, 전기적으로 중성인 네온 원자(원자번호: 10)를 나타낸 것으로 중앙에 원자핵이 있고 핵 주위에 총 10개의 전자가 분포한다. 전자 하나가 가지고 있는 전하의 크기를 일반적으로 "e"로 나타내며, 전기적으로는 (−)를 띠고 있어 전자의 전하량을 일반적으로 "−e"로 표현한다. 따라서 전기적으로 중성인 네온의 경우 원자핵이 가지고 있는 전하량은 "+10e"이며, 원자핵 주위에 분포하고 있는 10개의 전자들이 가지는 총 전하량은 $10 \times (−e) = −10e$이다. 따라서 네온 원자는 원자핵이 가지고 있는 "+10e"와 전자들이 가지고 있는 총 전하량 "−10e"를 합하면 "0"이 되고, 그림 5-63(b)와 같이 알짜전하가 "0"이 되어 전기적으로 중성이다. 물론 전기적으로 중성이라 함은 전하들이 없다는 것이 아니라 같은 양의 (+)전하와 (−)전하가 존재한다는 의미이다.

하지만 그림 5-63(c)와 같이 외부에서 에너지를 주어 1개의 전자가 원자로부터 떨어져 나오면 어떻게 될까? 떨어져 나온 전자는 물론 "−e"전하량을 가지므로 나머지는 알짜전하 가 "+e"로 되면서 전기적으로 (+)가 된다. 이처럼 전기적으로 중성인 원자나 분자가 전자를 잃어버려 "+"의 전기를 띠게 되는 현상을 "이온화"라고 한다. 이러한 이온화는 가속된 자유전자들과 네온 원자들의 충돌에 의해서 발생할 수 있다. 그림 5−63(c)와 같이 원자나 분자에서 전자가 떨어져 나가 "+" 전기를 띤 양이온들과 원자나 분자에서 떨어져 나온 전자들이 섞여 있는 상태를 플라스마라고 부른다. 다시 말해서 플라스마란 같은 양의 양이온들과 음이온들로 이뤄진 물질을 나타내는 하나의 전문용어이다(그림 5−64 참조).

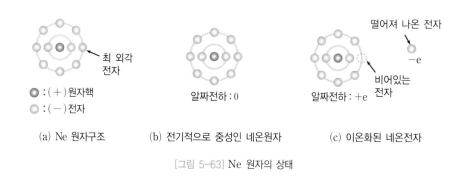

(a) Ne 원자구조   (b) 전기적으로 중성인 네온원자   (c) 이온화된 네온전자

[그림 5−63] Ne 원자의 상태

네온 원자가 이온화되는 경우에 전자 1개가 떨어져 나가고 남은 부분을 Ne^+, 떨어져 나온 전자를 −e로 나타내는데, 그림 5−64는 밀폐된 용기에 이들이 많이 들어 있는 경우를 보여주고 있다. 그림 5−64를 보면 전체적으로 양이온인 Ne^+가 11개, 전하가 −e인 전자 11개가 밀폐된 용기 안에 들어 있기 때문에 전기적으로는 중성이다. 이처럼 전기적으로는 중성이면서 이온화된 물질들이 모여 있는 경우를 고체, 액체, 기체와 구분하여 "플라스마"라고 하며 "제4의 물질"이라고도 한다. 즉, 플라스마를 구성하고 있는 물질은 전기를 띤 입자(매우 작은 알갱이)들이며 기체 상태로 존재하고, 전체적으로 같은 수의 양이온과 자유전자들로 이뤄져 있기 때문에 전기적으로는 중성이다. "음(−)"으로 대전된 전자들과 "양(+)"으로 대전된 이온들 사이에는 서로 인력이 작용하므로 플라스마를 구성하고 있는 물질은 보통 스스로 결합하여 전기적으로 중성인 원래 상태의 원자나 분자로 되돌아온다.

위에서 설명한 플라스마는 일반적으로 가속된 전자들이 네온 등과 같은 기체 속을 통과하면서 기체의 원자나 분자들과의 충돌을 통하여 생성될 수 있어 압력과 밀접한 관계가 있다. 따라서 기체의 압력이 플라스마의 생성에 미치는 효과를 세 가지

[그림 5−64] 이온화된 Ne 원자들

경우로 나누워 생각하여 보자.

ⓐ 기체의 압력이 매우 낮은 경우: 백열전구의 내부와 같이 매우 낮은 압력 상태에 있는 기체 속을 가속된 전자들이 지나가면서 용기 내부에 있는 기체 분자들과 충돌하여 빛을 내게 된다. 이때 발생하는 빛의 색은 기체의 종류에 의해 결정된다. 기체의 압력이 낮은 관계로 플라스마램프에서 보는 것과 같이 불꽃들이 움직이는 현상들이 관찰되지 않고 램프가 켜져 있는 모양을 띠게 된다.

ⓑ 기체의 압력이 대기압과 비슷한 경우: 보통의 대기압 하에서 플라스마를 형성하기 위해서는 매우 많은 전류가 필요하며, 대표적인 것으로는 번개를 생각할 수 있다. 매우 뜨거운 물체가 빛을 내듯이 눈에 보이는 불빛은 플라스마가 생긴 경로 즉, 가속된 전자들이 지나가는 경로를 따라서 초가열(super heated)된 기체로부터 오는 것이다. 따라서 번개가 친 뒤에 들려오는 천둥소리는 초가열된 기체에서 형성된 일종의 충격파(shock wave)에 의한 것이다. 이 경우에 가속된 전자가 지나가면서 기체를 순식간에 가열하게 되는데, 기체의 압력이 높은 관계로 많은 양의 기체를 가열하게 되어 열에너지 역시 많은 양이 방출된다.

ⓒ 기체의 압력이 어느 정도 크기를 가지나 대기압보다는 작은 경우: 가속전자가 지나가면서 기체 원자나 분자들과 충돌을 일으키므로 마치 번개처럼 보이지만, 압력이 높지 않아 큰 에너지의 방출은 발생하지 않는다. 따라서 번개처럼 초가열된 기체에서 발생되는 충격파에 의한 천둥소리는 발생하지 않는다. 이러한 조건을 만족하는 압력이 바로 이번 실험을 통하여 관측한 플라스마램프 내의 압력이며, 일반적으로 대기압의 약 ~0.01 정도이다.

5-16-2
플라스마램프는 어떻게 작동하는가?

플라스마램프가 작동하는 원리를 이해하기 위해서는 전기 에너지를 저장하는 축전기의 동작 원리를 이해할 필요가 있다. 축전기는 그림 5-65와 같이 평행한 2개의 금속판이 절연체, 예를 들면 공기 또는 유전체에 의해서 일정한 간격 떨어져 있다. 이러한 축전기의 금속판들이 직류전원, 예를 들면 건전지의 (+)극에 연결된 금속판에는 양(+)전하가 쌓이고, (−)극에 연결된 금속판에는 음(−)전하가 쌓이게 된다. 이처럼 전하들이 금속판에 쌓이는 과정을 충전이라고 한다. 2개의 금속판에 전하가 쌓이는 동안에는 축전기와 건전지를 연결한 전선을 통하여 전류가 흐르지만, 금속판에 전하들이 충분히 쌓이면 더 이상 전선을 통하여 전류는 흐르지 않는다. 금속판에 얼마나 많은 전하가 쌓이는 지는 금속판의 크기, 금속판 사이의 간격 및 유전체의 종류에 의해서 결정된다. 물론 전선에 전류가 흐른다고 하여도 두 금속판 사이에 있는 절연체인 유전체를 통과하여 전류가 흐르는 것은 아니다. 하지만 축전기가 충전되면서 두 금속판 사이의 유전체가 있는 부분에는 전기장이 생긴다.

축전기를 완전히 충전한 후, 건전지를 제거하고 전선을 사용하여 2개의 금속판을 서로 연결하면 각 금속판에 쌓였던 전하들이 없어지면서 두 금속판 사이의 유전체 부분에 형성되었던 전기장도 사라지게 되는데, 이 과정을 방전이라고 한다. 이에 대한 보다 자세한 설명은 이 책의 실험 5.15를 참조하기 바란다.

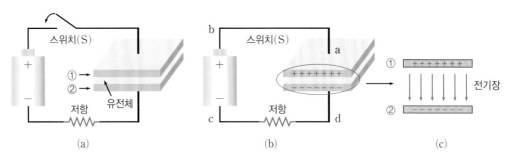

[그림 5-65] 축전지에 건전지를 연결하여 충전된 경우

한편, 그림 5-66과 같이 시간에 따라서 축전기에 크기와 방향이 변하는 교류전압을 가해주면 축전기의 한쪽 금속판에는 양전하가 쌓였다가 없어지면서 다시 음전하가 쌓이는 과정을 반복한다. 각 금속판에 얼마나 많은 전하가 쌓이고, 얼마나 빨리 없어지는가는 직류전압을 가해준 경우와 같이 금속판의 크기, 저항의 크기, 두 금속판 사이의 간격 및 유전체의 종류에 의존한다. 동시에 교류전압이 얼마나 빨리 변하는가를 나타내는 교류의 주파수에 의존한다. 물론 이 경우에도 두 금속판 사이에 있는 유전체를 통하여 전류가 흐르지는 않는다. 즉, 그림 5-66과 같이 나란한 2개의 금속판과 유전체로 만들어진 축전기의 금속판 a와 금속판 d에 교류전압을 걸어주면 저항을 통하여 전류가 흐르게 된다. 전류는 a-b-c-d-c-b-a-b와 같은 경로를 따라서 흐르는 것이지 a-b-c-d-a-b-c-d와 같이 유전체를 통과하여 흐르는 것은 아니다.

축전기에 저장할 수 있는 전하량이 크면서 교류 주파수가 높은 경우에, 전선을 통하여 흐르는 전류는 축전기와 교류전원 사이에 놓인 꼬마전구를 켜기에 충분하다(그림 5-67 참조). 따라서 교류전원의 주파수와 전압을 높이면, 축전기의 두 금속판 사이의 간격을 넓게 하더라

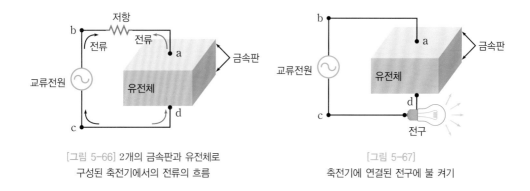

[그림 5-66] 2개의 금속판과 유전체로
구성된 축전기에서의 전류의 흐름

[그림 5-67]
축전기에 연결된 전구에 불 켜기

도 전구에 불을 켜기에는 충분할 정도의 전류가 전선을 통하여 흐르게 된다.

앞서 말한 바와 같이, 그림 5-67과 같이 축전기에 꼬마전구를 연결하면 전류가 흐르면서 불이 켜지게 된다. 물론 이 경우에도 전류가 금속판 a에서 유전체를 통과한 다음, 금속판 d를 지나 꼬마전구로 흘러가기 때문에 전구가 켜지는 것은 아니다. 일반적으로 축전기의 두 금속판 사이의 간격은 매우 좁으나, 손이 들어갈 정도로 간격이 벌어진다 하더라도 교류 주파수와 전압을 증가시키면 그림 5-67과 같이 축전기와 교류 전원 사이에 연결된 전구가 켜질 수 있다.

축전기가 포함된 문제에서는 마치 전류가 유전체를 통과하면서 a-b-c-d-a와 같은 경로로 흐르는 것으로 오해할 수 있으나, 금속판 a와 금속판 d 사이에 매우 큰 전압을 걸어주어 유전체가 파괴되지 않는 한 전류는 유전체를 통과하지 않는다.

지금까지는 축전기의 두 금속판에 가해주는 전압이 매우 높지 않은 경우에 대하여 생각하여 보았다. 하지만 이제부터는 두 금속판 사이에 비교적 큰 직류전압과 교류전압을 가해주는 경우에 대하여 생각하여 보자. 그림 5-65와 같이 건전지를 사용하여 두 금속판에 직류전압을 가해주면 금속판 ①에는 양(+)의 전하가 쌓이고 금속판 ②에는 음의 전하(전자)가 쌓여서 두 금속판 사이에 일정한 크기의 전기장이 형성되었음을 알았다. 하지만 수백 개의 건전지를 직렬로 연결(실제로는 높은 전압을 회로에 가해줄 수 있는 직류전원 장치를 사용한다.)하여 두 금속판 사이에 높은 전압을 걸어주면 어떤 일이 일어날까? 두 금속판 사이에 형성된 전기장의 세기가 매우 강하게 된다. 따라서 금속판 ②에 있던 일부의 전자들이 금속으로부터 떨어져 나오게 된다. 이 전자들은 두 금속판 사이에 있던 기체 원자들을 이온화시키는 데 필요한 에너지의 몇 배 이상으로 가속된다. 만약에 두 금속판 사이에 불활성기체의 하나인 Ne 기체가 채워져 있다면, 금속에서 방출된 전자들이 지나가는 경로에 있던 중성의 Ne 원자들은 가속되어 큰 운동에너지를 가지는 전자들과 충돌할 것이다. 이로 인하여 중성의 Ne 원자들은 양이온인 Ne^+와 전자로 분리되면서 이온화된다. 즉, 네온 원자핵을 중심으로 가장 바깥궤도에 있던 전자가 튀어나오면서 그림 5-64와 같이 Ne^+ 이온과 $-e$의 전기를 가진 전자들로 분리된다. 중성의 Ne 원자에서 떨어져 나온 전자들은 (＋)로 대전된 금속판 ①쪽으로 가속되며, Ne^+ 이온들은 금속판 ②쪽으로 가속운동을 하게 된다. 하지만 Ne^+ 이온의 질량이 전자의 질량에 비하여 매우 크므로 실질적인 운동은 전자들의 운동에 의해서 주로 결정된다. 이처럼 이온화된 전자들이 금속판 ①에 부딪치면, 금속판 ①은 전기적으로 중성이 되며 두 금속판 사이에 형성된 전기장은 사라지게 된다. 즉, 이온화된 네온 기체들은 하나의 도체로 작용하게 되면서 전류는 금속판 ①로부터 금속판 ②로 직접 흐르게 된다. 물론 이온화된 전자 (Ne에서 떨어져 나온 전자)가 금속판 ①로 가속운동을 하면서 중간에 있던 다른 Ne^+ 이온과 부딪쳐서 결합하면, Ne^+ 이온은 전기적으로 중성인 원래의 네온원자로 돌아오게 된다.

불활성 기체들이 이온화되는 과정에서 (＋)이온과 전자들이 생기기 때문에, 금속에서 떨어져 나온 전자들의 이동경로를 따라 더 많은 전자들이 이동하게 되므로 일종의 플라스마 흐름을 형성하게 된다. 플라스마가 흐르는 경로를 따라서 양이온과 음이온인 전자들이 불활성 기체원자 또는 분자들과 충돌하게 되며, 이러한 충돌을 통하여 불활성 원자 또는 이온(예를 들면 Ne 원자 또는 Ne^+ 이온)들은 에너지가 낮은 안정된 상태에서 에너지가 높은 상태로 흥분된다. 이때 흥분된 상태(전문용어로는 "여기상태"라고 한다.)에 있던 원자나 이온들이 안정된 상태로 다시 되돌아오면서 빛을 발생하게 되는데, 빛의 색깔은 기체의 종류 및 이온들이 얼마나 높은 에너지로 흥분되었는가를 나타내는 여기상태에 의존한다. 즉, 플라스마램프 안에 들어 있는 기체의 종류에 따라서 발생되는 빛의 색깔이 결정된다. 헬륨 기체는 밝은 흰색, 아르곤은 보라색, 네온은 오렌지색이 포함된 붉은 색의 빛을 발생한다. 따라서 플라스마램프를 제작하는 사람들은 여러 종류의 기체를 혼합함으로써 소비자들이 원하는 색을 발생시키는 램프를 제작한다.

이제 직류전압 대신에 시간에 따라서 매우 빨리 변하는 강한 교류전압을 두 금속판에 가해주게 되면, 두 금속판 사이에 들어 있는 기체의 종류에 의해서 다양한 색을 가진 불빛들이 발생하게 된다. 그림 5-68과 같이 두 개의 금속판을 투명용기로 밀폐하고 용기 안의 기체를 진공펌프로 어느 정도 뽑아내어 압력을 낮게 만든다. 압력이 낮아지면, 두 금속판 사이의 간격을 좀 더 멀리 떨어뜨려도 이온화가 잘 일어난다. 이온화된 기체는 두 금속 사이를 전기가 직접 흐르도록 해주는 일종의 도체역할을 하므로 두 개의 금속판은 더 이상 축전기로서의 기능을 하지 않게 된다.

그림 5-68에서 두 금속판 ①, ② 사이에 고전압의 교류전압을 가해주면, 두 금속판 사이

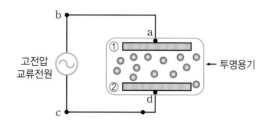

[그림 5-68] 기체가 들어있는 밀폐 용기 안에 2 개의 금속판이 있는 경우

에 있는 기체가 이온화되면서 전류는 가해준 교류의 주파수에 따라서 방향이 계속 변하면서 경로 a–b–c–d–a를 따라 흐르게 된다. 교류의 주파수를 약 10,000~35,000 Hz, 전압을 약 2,000 V, 용기 안의 압력이 대기압의 ~0.01 정도, 그리고 두 금속판 사이의 간격을 약 8~10 cm 정도로 하여도 이온화가 비교적 잘 일어나는 동시에 불꽃의 흐름을 보다 실감나게 관찰할 수 있다. 밀폐 용기 안의 온도는 균일하지 않으며, 따뜻한 부분은 차가운 부분보다 전도성이 좋으므로 더 많은 전류가 흐르게 되어 주위보다 더 따뜻해진다. 좀 더 많은 전류가 흐르는 부분이 밝은 빛을 내게 되며, 이것이 플라스마램프에서는 불꽃의 흐름으로 보이게 되는 것이다.

플라스마램프 안의 기체압력은 플라스마를 발생시키는데 필요한 압력보다 높기 때문에, 일반적으로 플라스마를 일으키는 기체 원자들 사이의 간격에 비하여 플라스마램프 안에 들어 있는 기체 원자들 사이의 간격은 더 작다. 따라서 전기적으로 중성인 원자를 플라스마로 이온화시키는 데 필요한 에너지를 가진 입자들이 기체 원자들과 충돌할 수 있는 기회는 증가한다. 또한 램프 안에서는 "A" 원자에서 전자가 떨어져 나감으로써 양이온이 된 A^+ 이온과 "B" 원자에서 떨어져 나온 자유전자가 서로 결합하여 전기적으로 중성인 원래의 "A" 원자로 되돌아오는 충돌도 일어난다. 일반적으로 램프 안에서는 충돌로 인하여 흥분된 입자들보다는 작은 에너지를 가진 중성 원자들의 수가 훨씬 더 많기 때문에, 플라스마램프에서 발생하는 불꽃은 일반적으로 가늘게 보인다.

그림 5-68과 같은 구조를 가지나, 그림 5-69와 같이 1개의 금속판을 네온 기체와 함께 압력이 작은 밀폐된 투명용기 안에 넣으면 어떤 일이 일어나는지에 대하여 생각하여 보자. 그림 5-69(a)의 경우에도 투명용기 안에 들어있는 네온 기체들은 쉽게 이온화되지만, 대기압 상태에 있으면서 투명용기 밖의 밀도가 비교적 높은 공기는 이온화가 거의 일어나지 않는다. 물론 교류전원에서 가해주는 전압이 매우 높으면 공기의 이온화가 가능하나, 일반적으로 플라스마램프가 작동하는 2,000[V] 정도의 전압으로는 이온화가 되지 않는다. 밀폐된 투명

용기 안의 네온 기체가 이온화되었다고 할 때, 전류는 e–a–b–c–d 사이를 "왔다갔다" 하는 방식으로 흐르게 되지만, 금속판 ②를 거쳐 공기 속을 통과한 다음 밀폐된 투명용기를 뚫고 통과하여 투명용기 안쪽 벽의 "e"로 흐르지는 않는다. 여기서 "a"는 금속판 ①, "d"는 금속판 ②, 그리고 "e"는 투명용기의 안쪽 벽에 접촉되어 있다. 따라서 이온화된 기체들에 의한 불꽃은 투명용기 안에서만 관찰된다.

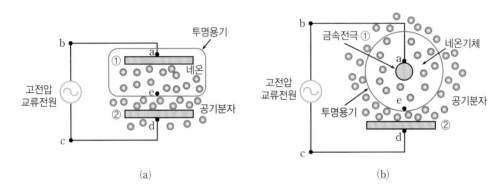

(a)   (b)

[그림 5–69] 1개의 금속판만을 네온 기체와 같이 밀폐된 투명용기 안에 넣은 경우

그림 5–69(b)는 그림 5–69(a)의 금속판 ①을 상용되고 있는 플라스마램프의 전극과 같은 모양의 원형으로 그린 것이다. 그림 5–69(b)는 금속 전극 ①의 모양이 원형으로 되어 있을 뿐 모든 면에서 그림 5–69(a)와 거의 같이 작동한다. 그림 5–69(b)와 같은 구조를 가질 경우에 유리용기 내의 불꽃은 금속전극 ①과 금속판 ②의 거리가 가장 가까운 점 a–e–d를 직선으로 연결하는 부분에서 가장 강하게 일어나게 된다. 우리가 일반적으로 생각하는 램프는 2개의 전극을 가지고 있으며 램프의 중앙에 불빛을 내는 필라멘트가 있다. 따라서 플라스마램프의 경우에 2개의 전극 중에 하나는 밀폐된 투명용기 안쪽 중앙에 있는 둥근 형태의 물체(그림 5–69(b)에서 "a"로 표시된 부분)이며, 나머지 하나는 절연체인 투명용기의 안쪽벽(그림 5–69(b)에서 "e"로 표시된 부분)이 되어 "a"와 "e" 사이의 공간이 일반램프에서의 필라멘트 역할을 하게 된다. 외관상으로 보았을 때 "a"와 "e"가 서로 연결되어 있지 않아 필라멘트의 역할을 하지 않을 것으로 생각되나, 투명용기 내부에 들어 있는 네온과 같은 불활성 기체들의 이온화에 의하여 전류가 흐르면서 불빛을 내므로 일반램프의 필라멘트 역할을 하는 것이다.

자 이제, 금속판 ②를 고전압 교류전원 장치 안에 넣으면 외관상으로 좀 더 보기 좋으면서 투명용기 내에서 일어나는 불꽃은 거의 모든 방향으로 균일하게 퍼지게 된다. 그림 5–70은 상용화된 플라스마램프와 거의 같은 모양으로 그린 것이다. 플라스마램프의 모양은 다양하나 기본적으로는 대기압의 ~0.01 정도의 낮은 압력으로 불활성 기체인 헬륨과 네온, 또는 제논과 크립톤 등의 혼합가스가 채워진 공 모양인 투명용기 안쪽 중앙에 둥근 형태의 전극이 놓여 있다(그림 5-70 참조). 둥근 모양의 투명용기 안에 일반 기체를 주입하게 되면 기체와 전극 표면이 서로 반응을 일으킬 수 있으므로 다른 물체와 반응을 잘 하지 않는 불활성 기체를 주로 사용한다. 또한 불활성 기체는 다른 기체에 비하여 낮은 전압으로 이온화가 가능하다. 물론 다른 기체에 비하여 이온화 에너지가 낮지만, 불활성기체의 압력이 높으면 이온화 시키는 데 높은 전압이 필요하므로 비교적 낮은 압력으로 상업용 플라스마램프가 제작되고 있다.

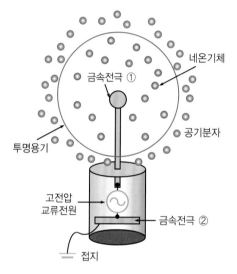

[그림 5-70] 상용화된 플라스마램프의 구조

그림 5-70과 같이 플라스마램프의 안쪽 중앙에 있는 둥근 모양의 금속전극 ①과 금속전극 ②사이는 1초 동안 약 10,000번 정도로 매우 빨리 변하며, 약 2000 V의 높은 교류전압을 가해주면 플라스마램프의 내부에는 시간에 따라서 매우 빨리 변하는 전기장이 발생한다. 이러한 전기장은 같은 주기로 변하는 자기장을 항상 동반하게 된다. 즉, 전기장이 시간에 따라 변하면 주위에 자기장을 항상 동반하게 되는데, 대표적인 것으로 전자기파를 생각할 수 있다. 우리가 일상적으로 말하는 전자기파는 시간에 따라서 변하는 전기장과 자기장을 합한 것이며 전파라고도 한다. 1초에 약 10,000번 정도로 매우 빨리 변하는 교류를 플라스마램프의 중앙에 있는 금속전극 ①에 가한다. 그런 후 LED 전구의 2개 전극 중의 하나를 투명용기의 바깥표면에 접촉시키고 나머지 하나를 손으로 잡으면, 밀폐된 투명용기의 바깥표면으로부터 LED 전구와 사람의 손을 통해 땅으로 전류가 흐르는 것이 가능하게 되어 LED 전구가 켜지

게 된다. 이처럼 LED 전구가 켜지는 원리는 축전기의 충전과 방전에 관련된 내용(실험 5.15 참조)을 참조하면 이해가 되리라 생각한다.

5-16-3
플라스마램프의 표면에 접촉하는 손가락의 위치에 따라
불꽃이 이동하는 이유는 무엇인가?

플라스마램프의 표면에 접촉하는 손가락의 위치에 따라 불꽃이 이동하는 이유를 알기 위해서는 우선 축전기에서 전류의 흐름을 보다 명확하게 이해할 필요가 있다. 그림 5-71(a)의 경우에 전극 ①과 ② 사이의 간격이 같으므로 두 전극 사이에 높은 주파수의 큰 교류전압을 가해주면, 플라스마의 분포는 분홍색으로 표시된 것과 같이 두 전극 사이에 균일하게 된다. 하지만 전극 ②를 그림 5-71(b)와 같이 기울인 상태에서 똑같은 전압을 가해주면, 플라스마 분포는 그림 5-71(b)에서 분홍색으로 표시된 것과 같은 모양으로 변하게 된다. 이때 플라스마램프의 불꽃은 분홍색으로 표시된 부분에 집중된다.

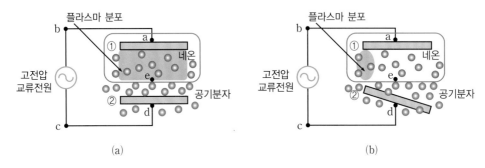

[그림 5-71] 전극 모양에 따른 플라스마 분포 모양

위와 같은 현상이 일어나는 이유는 가능한 흐르기 쉬운 경로를 따라서 흐르려는 전류의 성질 때문이다. 예를 들면 여러분이 옆집 친구를 방문하는 경우에 직선모양의 길로 가겠지만, 직선 모양의 길에 높은 담장이 있다면 담을 돌아서 친구의 집에 가려는 것과 유사하다.

플라스마램프의 표면을 손가락으로 터치하지 않은 경우, 램프 중앙에 있는 둥근 모양의 금속전극에서 튀어 나온 전자들이 투명용기의 안쪽 표면에 도달하기 쉬운 경로는 모든 방향에 대하여 거의 같다. 즉, 램프의 모든 방향으로 균일하게 퍼져나가 투명용기의 안쪽 표면까지 흐르게 된다. 따라서 전자들의 이동경로에 따라 생기는 플라스마램프의 불빛은 그림 5-72에서 보는 바와 같이 모든 방향으로 거의 같다. 엄밀히 이야기하면 위쪽 방향으로 약간 더 많이 퍼지는데, 그 이유는 가속전자들이 이동하는 경로에서 램프 안에 있던 기체 원자 또는 분자들과의 충돌과정을 통해 약간의 열이 발생하며 위쪽으로 이동하게 되면서 전류의 흐름을 쉽게 만들기 때문이다.

[그림 5-72] 동작 중인 플라스마램프

하지만 램프의 표면을 손가락으로 터치하면 어떻게 될까? 이 경우에 램프의 중앙에 위치한 금속전극 ①에서 튀어 나온 전자들이 투명용기의 안쪽 표면에 도달하기 쉬운 경로로 램프의 중앙에 있는 전극과 용기의 표면에 손가락이 닿은 지점을 직선으로 연결한 것이다. 사람의 몸은 공기, 플라스틱, 나무 등에 비하여 저항이 훨씬 작다. 따라서 손가락으로 램프의 투명용기 바깥 표면을 터치한다는 것은 그림 5-71(b)에서 금속전극 ②를 기울이는 것과 같다. 이것은 어느 특정 영역으로 플라스마를 제한시키는 효과를 일으키므로 손가락이 램프의 투명용기 바깥 표면에 접촉하는 위치에 따라 플라스마램프의 불꽃도 같이 움직인다. 그렇다면 이 경우에 전류는 어떻게 흐를까?

플라스마램프가 작동하게 되면 램프 안의 네온기체가 이온화되어 그림 5-73에서 투명용기 안쪽 면 위의 한 점 "a"와 금속전극 ①을 전선으로 연결한 것과 같이 되어 금속전극 ①과 점 "a" 사이에 전류가 흐르게 된다. 또한 전기적인 측면에서 보면 금속전극 ②는 우리가 매일 딛고 사는 땅과 연결되어 있는데, 이를 전문용어로 "접지되어 있다"고 한다. 따라서 금속

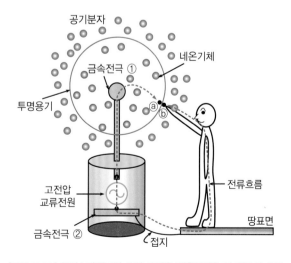

[그림 5-73] 플라스마램프의 유리 표면을 접촉하였을 때 전류의 흐름

전극 ②와 땅은 전기적으로 같은 전위를 가진다. 손으로 투명유리의 바깥 면을 건드리면 전류는 그림 5-73에서 빨강색 점선으로 표시한 것처럼 용기 안쪽 면 위의 점 "a"–금속전극 ①–교류전원–금속전극 ②–우리가 딛고 있는 땅–사람의 발–몸–팔–손가락–용기 바깥 면 위의 점 "b"사이를 왔다갔다 한다. 하지만 투명용기 안쪽 면 위의 한 점 "a"에서 투명유리를 통과하여 투명용기 바깥 면 위의 한 점인 "b"로 직접 흐르는 것은 아니다. 물론 손가락으로 플라스마램프의 바깥표면을 건드리면, 전류는 손과 팔, 그리고 몸과 다리를 통하여 흐른다. 하지만 전류의 양이 아주 작으므로 여러분은 어떤 전기적 충격을 크게 느끼지는 않는다.

10원짜리 동전을 램프의 윗면에 올려놓고, 맨손으로 잡고 있는 금속성 서류클립을 동전에 아주 가까이 가져가면 동전과 금속성 서류클립사이에 불꽃이 발생하는 것을 관찰할 수 있다. 이러한 불꽃은 동전 표면에 쌓인 전자들로 인하여 동전과 금속성 서류클립 사이에 강한 전기장이 형성된다. 따라서 동전과 금속성 서류클립 사이에 있던 공기 분자들이 이온화되면서 동전에서 금속성 서류클립으로 전류가 갑자기 흐르면서 생기는 것이다. 이는 번개가 발생하는 원리와 매우 유사하다. 동영상을 볼 때 플라스마램프의 가장 윗부분을 보면 작고 가느다란 불꽃이 생겼다 없어졌다 하는 것을 볼 수 있는데, 이것이 동전과 금속성 서류클립 사이에 생기는 불꽃이다.

⚠ 주의 맨손으로 램프 위의 동전을 건드리면 전기적 충격을 받을 수 있으므로 매우 조심스럽게 접촉시킨다. 즉, 동전과 손가락 사이에 방전이 일어나면서 손가락 표면이 탈 수 있다. 하지만, 플라스마램프는 1초에 약 10,000번 정도로 매우 빨리 변하는 교류전압에 의해서 작동하고, 사람의 신경계통은 플라스마램프를 작동시키는 것만큼 빨리 감지하지 못하므로 고통을 크게 느끼지는 않게 된다. 그렇다고 맨손을 동전에 접촉시키지 말고 금속성 서류클립을 사용하여 실험하기 바란다. 또한 오랫동안 실험하게 되면 동전이 매우 뜨거워지므로 실험은 약 1~2분 내에 끝내고 필요하면 다시 수행하는 것이 좋다.

　作動中인 플라스마램프에 대한 동영상 보기

　동전과 플라스마램프를 이용한 동영상 보기

5-16-4
플라스마램프의 표면에 형광등(약 20W) 또는 네온램프의 한쪽 끝을 접촉시키면 형광등과 네온램프는 왜 켜질까?

그림 5-74는 형광등(또는 네온램프) 한쪽 끝 또는 중간을 손으로 잡고, 반대쪽 끝을 플라스마램프의 유리 표면에 접촉시킨 경우에 불이 켜지는 것을 사진으로 찍은 것이다. 인터넷에

서 검색단어를 "Plasma globe"로 하면 플라스마램프를 가지고 수행한 많은 동영상과 함께 원리에 대한 설명을 볼 수 있다. 또한 플라스마램프 가까이 있는 형광등이 켜지는 원리에 대해서도 설명하고 있는데 자료들의 일부가 잘못되어 있는 경우를 보게 된다. 형광등을 맨손으로 잡고 한쪽 끝을 플라스마램프에 접촉시키면, 그 부분부터 손으로 잡고 있는 부분까지 불이 켜지는 것을 보게 된다. 이처럼 불이 켜지는 이유는 형광등의 내부에 강한 유도 전기장이 형성되기 때문이며, 유도되는 전기장은 플라스마램프와 같은 주기를 가지게 된다. 이러한 강한 유도 전기장에 의하여 형광등 내부에 들어있는 수은으로부터 튀어나온 전자들이 강한 유도전기장 내에서 가속되어 플라스마램프 안에 들어있는 불활성 기체들의 이온화가 연속적으로 일어나면서 플라스마를 형성하게 된다. 불활성 기체에서 떨어져 나온 전자들은 강한 유도 전기장 내에서 운동을 하면서 안정상태에 있던 수은 증기와 충돌을 일으키게 된다. 이로 인하여 수은증기는 높은 에너지 상태로 흥분되었다가 다시 안정상태로 되돌아오면서 자외선을 방출하게 된다. 이때 방출된 자외선이 형광등 안쪽에 칠해져 있는 형광체에 부딪치면서 형광체 고유의 빛으로 형광등이 켜지게 된다. 따라서 형광등이 플라스마램프에 접촉한 부분부터 형광등을 잡고 있는 손 사이까지만 형광등에 불이 켜지는 것이다. 물론 형광등의 한쪽 끝을 플라스마램프에 접촉시키지 않고 플라스마 근처에만 가져가도 형광등은 켜지게 된다.

그림 5-74(b)와 같이 형광등의 중간을 손으로 잡고 한쪽을 플라스마램프에 접촉시키는 경우에 접촉한 부분부터 형광등을 잡고 있는 손 사이에서만 형광등 내부에 강한 유도 전기장이 형성된다. 이 경우에 사람의 몸을 따라 흐르는 유도전류가 발생하게 되는데, 형광등의 표면으로부터 지면으로 흘러가기에 가장 쉬운 경로를 따라 흐르게 된다. 다시 말해서 형광등을 잡고 있는 손과 팔, 그리고 몸과 다리를 통하여 지면으로 흐르게 된다. 따라서 형광등의 한쪽을 플라스마램프에 접촉시키고, 중간을 손으로 잡은 경우에는 형광등의 1/2만 켜지고, 나머지 부분에는 강한 유도 전기장이 형성되지 않아 형광등은 켜지지 않는다.

실험결과 사람의 몸을 통하여 비교적 전기가 잘 흐른다는 것을 알 수 있다. 이제 그림 5-

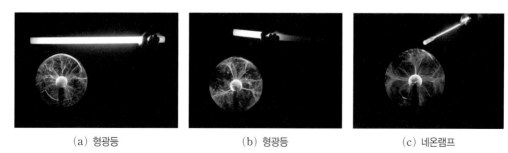

(a) 형광등   (b) 형광등   (c) 네온램프

[그림 5-74] 플라스마램프 표면에 접촉시킨 형광등과 네온램프

75와 같이 4명이 함께 양팔을 벌리고 서로 손을 잡되, 플라스마램프로부터 세 번째로 가까이 있는 민수의 왼손으로 형광등의 한쪽 끝을 잡고 네 번째의 영철이가 오른손으로 형광등의 반대쪽 끝을 잡고 서 있는 경우를 생각하여 보자. 플라스마램프에 가장 가까이 있는 영수가 플라스마램프의 표면을 잡으면 형광등이 켜지고 손을 떼면 형광등이 꺼짐을 볼 수 있는데, 이는 유도전류가 플라스마램프의 표면으로부터 영수의 손을 거쳐 민수를 통과하고 형광등의 표면까지 플라스마램프의 주기에 따라 흐르는 것이다(그림 5-75에서 "전류: 경로 1"로 표시). 한편 형광등의 내부에도 유도 전기장에 의한 미세 교류 전류가 흐르게 되지만, 이러한 전류가 형광등 내부로부터 형광등 유리를 통과하여 사람의 손으로는 흐르지 않는다(그림 5-75에서 "전류: 경로 2"로 표시). 유도전류는 영철이가 형광등을 잡고 있는 형광등의 바깥 표면으로부터 영철이의 손과 팔 그리고 몸과 다리를 거쳐 지면을 따라 플라스마램프로 흐르게 된다(그림 5-75에서 "전류: 경로 3"로 표시). 물론 이때 플라스마램프로부터 가장 멀리 있는 영철이는 실험실바닥에 서 있어야 되지만, 나머지 사람들은 전류가 실험실 바닥으로 흐르지 못하도록 실험실 바닥과 절연되어야 한다. 따라서 전류가 흐르지 않는 나무의자 등의 물체 위에 올라가서 실험하여야 한다. 만약에 영수가 교실 바닥에 서 있는 상태에서 플라스마램프를 왼손으로 만지고 있으면, 그림 5-73에서 붉은 선으로 표시된 회로를 따라 유도전류가 흐르게 되어 형광등에 강한 유도 전기장이 형성되지 않기 때문에 형광등은 켜지지 않는다(그림 5-74 참조). 이처럼 여러 사람이 같이 실험하는 경우에는 플라스마램프 가까이 있는 3명은 지면과 절연을 잘 해야 하고 형광등의 소비전력이 가급적 작은 것을 사용하되 어두운 실험실에서 실험을 해야 비교적 관찰이 잘 된다.

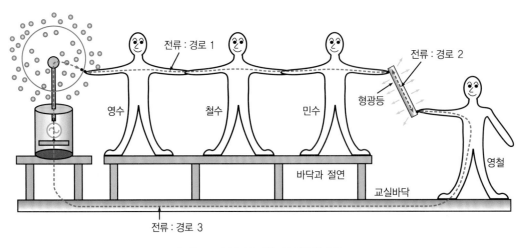

[그림 5-75] 플라스마램프와 전류의 흐름

형광등은 사람의 몸을 통하여 흐르는 전류가 형광등의 바깥표면에서 유리를 통과한 후, 내부 길이의 방향으로 흘러서 켜지는 것은 아니다. 이에 대한 증거로는 형광등의 한쪽 끝을 플라스마램프에 접촉시키지 않고 근처에 가져가도 형광등이 켜지는 것을 들 수 있다. 이는 플라스마램프에 가까운 형광등의 한쪽 끝과 형광등을 손으로 잡고 있는 부분에 강한 유도 전기장이 발생하고, 이러한 유도전기장에 의하여 형광등이 켜지는 것이다. 마찬가지로 네온램프를 가지고 동일한 실험을 하여도 비슷한 실험결과를 얻게 된다. 이 경우 플라스마램프에 가까운 부분과 손으로 잡고 있는 부분 사이에 생긴 강한 유도 전기장에 의하여 네온램프 안에 들어 있는 네온 기체들의 일부가 이온화된다. Ne^+ 이온들 또는 전자들이 네온 원자들과 충돌을 일으키면서 안정상태에 있던 네온 원자들이 여기상태(흥분상태)로 여기되었다가 기저상태(안정상태)로 되돌아오면서 네온램프 고유의 빛깔을 발생하는 것이다.

인터넷을 통하여 검색된 결과를 보면, 마치 전류가 "플라스마램프의 중앙에 위치해 있는 전극 → 이온화된 불활성기체(플라스마) → 플라스마램프 투명용기의 안쪽 표면 → 투명용기 통과 → 투명용기의 바깥 표면에 도달"의 순서로 바깥표면에 도달한 후, 공기 중으로 날아가거나 플라스마램프의 표면을 만진 사람 손을 통하여 땅으로 흘러가는 것처럼 설명되어 있다. 하지만 이는 그림 5-73을 통하여 살펴보았듯이 전류가 플라스마램프의 투명용기를 통과하여 흐르는 것은 아니다. 물론 그림 5-75에서 민수와 영철이가 형광등의 금속 전극을 손으로 잡고 있으면, 전류는 "플라스마램프의 바깥 표면-영수-철수-민수-형광등의 왼쪽 전극-형광등 내부-형광등의 오른쪽 전극-영철-교실 바닥-플라스마램프의 중앙에 있는 금속 전극-플라스마램프 투명용기의 안쪽 면" 사이를 세 경로(경로1, 경로2, 경로3)를 통하여 흐르게 된다. 플라스마램프의 중앙에 있는 금속전극의 표면이 절연체로 감싸여 있는 경우에는 금속전극에서 절연체를 통과하여 램프 안으로 직접 흐르지는 못하는데, 이에 대한 이해는 그림 5-66을 참조하기 바란다.

⚠ 주의 형광등 양끝의 금속부분은 뜨거울 수 있으므로 맨 손으로 가급적 건드리지 않도록 한다.

형광등, 네온램프 및 LED 실험결과에 대한 동영상 보기

위의 실험에 대한 내용은 "Plasma globe"로 인터넷 검색을 하면 관련된 내용과 함께 재미있는 동영상들을 많이 관찰할 수 있다. 참고자료 ⑥을 보면, 우리가 일반 가정에서 사용하는 백열전구를 사용하여 플라스마램프를 만드는 방법이 설명되어 있다. 하지만 안전사고의 위험도 있기 때문에 여러분 혼자서 하지 말고 반드시 전기에 대해서 잘 아는 선생님 또는 전기 전문가와 같이 실험하기를 권한다.

⚠ 주의 인공심장을 사용하는 사람은 플라스마에 의한 강한 전자기파의 발생으로 인하여 인공심장이 정상 작동 되지 않을 수 있으므로, 위의 실험을 수행하지 않는 것이 좋다.

🔴 추가실험

위의 설명한 실험 외에도 비싸지 않은 전자계산기 같은 소형 전자기기를 플라스마램프 근처로 가져가면 LCD화면이 정상작동이 되지 않는다는 것을 관찰할 수 있다.

🔴 생각해 보기

소금물이 돌아가는 실험과 작은 나사못 돌리기 실험을 통하여 전기를 띠고 있는 작은 알갱이(전문용어로는 "하전입자"라고 한다.)가 자기장 내에서 운동하면 자기장의 방향과 $90°$의 방향으로 자기력을 받는다는 것을 설명하였다. 플라스마램프 안에서의 불꽃은 하전입자들(예를 들면 Ne^+ 또는 전자 등)이 운동하면서 불활성 기체를 흥분시켜 불빛이 발생하므로 하전입자의 운동 방향이 바뀌면 불꽃의 방향도 이동할 것으로 예측된다. 따라서 강한 자석을 플라스마램프 근처에 가져가면 강한 자기장이 플라스마램프 안에서 운동하는 자유전자와 같은 하전입자에 자기력을 작용하여 불꽃의 방향이 바뀔 것이라고 예측된다. 하지만 실제로는 바뀌지 않는다는 것을 알 수 있다. 그 이유에 대해서 친구들과 토의하기 바란다.

🔴 참고자료

① http://www.teachertube.com/viewVideo.php?title=The_Plasma_Globe & video_id=127152.

② http://www.youtube.com/watch?v=x8Dd8iFaxUU.

③ http://www.metacafe.com/watch/1977545/plasma_globe_tricks/.

④ http://tacashi.tripod.com/elctrncs/splglobe/splglobe.htm.

⑤ http://www.powerlabs.org/plasmaglobes.htm.

⑥ http://www.youtube.com/watch?v=BphSvYS14L0&NR=1.

⑦ http://www.4physics.com/phy_demo/plasma1.htm.

5.17 코일은 어떠한 전기적 특성을 가질까?

━━ **준비물**

직류전원장치: 1대, 코일(10 H 정도): 1개, 꼬마전구 : 2개, 스위치: 1개

━━ **실험방법**

① 그림 5-76과 같이 직류전원장치의 출력단자에 스위치를 연결하고 전구 A, B와 코일을 연결한다. 이때 가변저항의 저항크기를 코일의 저항과 같도록 조절한다.

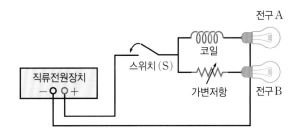

[그림 5-76] 코일의 전기적 특성 실험회로

② 전원장치를 켜고 스위치를 켜서 2개의 전구가 동시에 켜지는지, 아니면 2개 중 어느 쪽이 먼저 켜지는지를 관찰한다.

③ 스위치를 끄면서 2개의 전구가 동시에 꺼지는지, 아니면 2개 중 어느 쪽이 먼저 꺼지는지를 관찰한다.

④ 위의 실험결과를 같은 조원끼리 토의하고 실험결과를 이해한다.

tip

그림 5-76의 회로에서 가변저항을 넣은 이유는, 코일에 연결된 꼬마전구가 늦게 켜지는 이유가 코일자체의 저항에 의한 효과라고 오인할 여지가 있어 코일자체의 저항과 같도록 저항의 크기를 변화시킬 수 있는 가변저항을 삽입한 것이다.

🔴 실험결과 및 토의

코일이란 전기가 잘 통하는 전선을 반지름이 일정한 모양으로 감아놓은 것을 말한다. 코일에 전류가 흐르지 않은 상태에서는 코일 내부에 아무런 일도 일어나지 않는다. 하지만 코일에 전류가 흐르게 되면 전류가 흐르는 전선 주위로 자기장이 생기게 되어 그림 5-77(b, c)에서 보여주는 바와 같이 코일 내부에 자기장이 생긴다. 즉, 코일을 건전지(또는 직류전원장치)에 연결하기 전에는 코일 내부에 자기장이 존재하지 않다가 직류전원장치에 연결하면 전류가 흐르게 되어 코일 내부에 자기장이 생기게 되는 것이다.

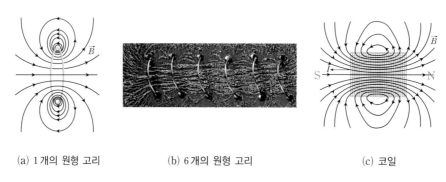

(a) 1개의 원형 고리   (b) 6개의 원형 고리   (c) 코일

[그림 5-77] 원형도선에 흐르는 전류가 의한 자기장

여기서 알아 두어야 할 것은 자기장이 없던 상태에서 전류를 흘려 자기장을 생기게 하는 것을 코일자체가 방해하게 된다는 것이다. 이는 코일 양끝에 연결되어 있는 직류전원장치와 반대방향의 전압을 발생시켜서 방해를 하는데, 이러한 전압을 코일의 역기전력이라 한다. 이러한 역기전력은 일정한 크기의 직류가 흘려서 코일 내부에 자기장이 충분히 생성되면 없어지게 된다. 한편, 내부에 자기장이 존재하는 상태에서 직류전원장치의 전원을 끄게 되면 코일 내부에 존재하던 자기장이 직류전원장치의 전원을 끄는 순간에 없어져야 하는데 코일은 또한 이를 방해한다. 즉, 기존의 자기장의 세기를 유지하려고 하는 전압이 코일 자체에서 발생하게 된다. 따라서 코일에 직류전원을 연결하거나 스위치를 끌 때, 코일 내부에 있어서 자기장의 변화를 억제하려는 역기전력이 생기게 된다.

직류전원장치에 같은 종류의 전구 A, B를 그림 5-76과 같이 연결하는 경우에 코일에서 전류의 흐름을 방해하는 역기전력이 생겨 전구 A에 불이 늦게 들어오게 된다. 하지만 그림 5-76의 전구 B는 직류전원장치에 직접 연결되어 직류전원장치에서 전구로 흐르는 전류의 흐름을 방해하는 요인이 없으므로 스위치를 연결하는 순간에 전구에 불이 들어오게 된다. 앞에서 언급한 역기전력은 비교적 짧은 시간 동안 일어나며, 전류가 흐르는 코일 내부에 충분한 자기장이 형성되면 역기전력은 생기지 않게 되므로 스위치를 연결한 후 어느 정도의 시간이 지나면 2개의 전구에 똑같은 전류가 흘러서 전구의 밝기는 같아진다.

전구가 켜진 상태에서는 코일을 통하여 전류가 계속 흐르므로, 전류에 의해서 코일 내부에는 자기장이 형성되어 있다. 즉, 전류가 흐르기 전에는 자기장이 없다가 스위치를 연결하여 전류가 흐름으로써 코일 내부에 자기장이 생긴 것이다. 자기장도 일종의 에너지의 한 형태이므로 전류가 흐르는 코일 내부에는 에너지가 저장되어 있다고 볼 수 있다. 참고로 자속밀도가 B이고 코일 안쪽이 공기로 채워져 있다고 할 때에 코일 안쪽에 저장된 자기장의 에너지밀도(단위체적당 자기에너지)는 $U_B = \dfrac{1}{2\mu_0} B^2$이며, μ_0는 공기에 대한 자화율이다. 자화율은 주어진 자기장에 대해서 어떤 물질이 자화하는 정도를 나타낸 것이다.

스위치를 연결하여 어느 정도 시간이 지나 두 전구의 밝기가 같아진 후에, 스위치를 끄는 경우를 생각하여 보자. 이 경우에 두 전구는 거의 동시에 꺼지게 된다. 스위치를 켤 때에 코일에 생긴 역기전력에 의하여, 코일과 함께 연결된 전구 A는 직류전원장치에 직접 연결된 전구 B에 비하여 시간적으로 늦게 켜지게 된다. 그렇다면 스위치를 끌 때에도 코일과 연결된 전구가 코일양단에 생긴 역기전력에 의하여 이론적으로는 좀 더 늦게 꺼져야 된다고 생각하게 되는데 동시에 꺼지는 원인은 무엇일까? 이를 이해하기 위해서는 우선 회로를 이해해야 한다.

그림 5-78(a)에서 스위치를 연결하기 전에 회로에는 전류가 흐르지 않았기 때문에 코일 내부에는 자기장이 형성되어 있지 않았다. 하지만 스위치를 연결하면 회로에 전류가 흐르게 되어 코일내부에 자기장의 형성이 시작되는데, 코일은 이러한 변화를 싫어한다. 따라서 코일 내부에 자기장의 형성을 방해하는 방향으로 두 지점 (a, b)사이에 기전력이 붉은색의 화살표 방향으로 발생되어 회로에 전류가 흐르기 어렵게 만든다. 따라서 코일과 연결된 전구는 직류전원장치에 직접 연결된 전구에 비하여 늦게 불이 켜지는 것이다.

두 전구의 밝기가 같아지면, 회로에는 전류가 흐르고 있다는 것을 의미한다. 이렇게 전류

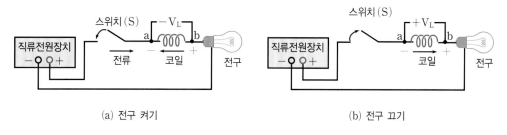

(a) 전구 켜기　　　　　　　　　　　　(b) 전구 끄기

[그림 5-78] 역기전력 관찰을 위한 전구 켜기와 끄기

가 흐르는 상태에서 그림 5-78(b)와 같이 스위치의 연결을 끊으면, 전류가 흐르지 않게 된다. 전구가 켜져 있을 때에는 코일내부에 자기장이 형성되어 있다가, 전류가 끊기면서 자기장의 세기가 갑자기 감소하게 된다. 코일은 없던 자기장이 갑자기 생기는 것도 싫어하지만, 있던 자기장이 갑자기 없어지는 것도 싫어하므로, 회로에 흐르는 전류에 의해 생긴 자기장을 유지하기 위하여 두 지점(a, b) 사이에 역기전력이 생기는데, 이 경우에 생기는 기전력은 처음 스위치를 연결할 때와 반대로 생기게 된다. 역기전력은 발생하였으나 발생된 역기전력에 의해 회로를 통하여 전류가 흐를 수 없게 되어 코일에 연결된 전구도 스위치를 끊자마자 꺼지는 것이다.

위에서 설명한 역기전력의 현상은 일상생활에서도 많이 관측된다. 즉, 대부분의 가전제품에는 코일이 들어 있는데, 플러그를 콘센트에 연결하면 갑자기 전류가 가전제품에 흐르게 되어 이를 방해하는 역기전력이 생겨 플러그에 반짝하면서 불꽃이 생기는 것이나, 플러그를 뽑을 때에도 불꽃이 반짝하는데, 그 이유는 가전제품 속에 들어 있는 코일에 의해 높은 역기전력이 생기기 때문이다.

실험결과에 대한 동영상 보기

추가설명

본 실험에서 사용된 코일은 너무 오래 되어 폐기처분된 마이크로오븐을 분해하여 얻어진 것으로 코일 자체의 저항은 약 67 Ω이었으며, 인덕턴스는 13.44 H로 측정되었다(그림 5-79 참조).

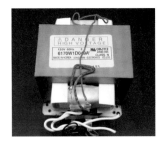

[그림 5-79] 마이크로오븐용 코일

생각하기

지금까지는 직류전원장치에 코일을 연결하는 경우에 대해서 실험하고 그 원인에 대해서 생각하였는데, 만약에 코일을 교류전원에 연결하면 어떤 일이 발생하는지에 대해서도 친구들과 같이 생각하여 보기 바란다. 또한 스위치를 켤 때에 코일에 연결된 전구가 늦게 켜지는 것을 알았는데, 스위치를 끌 때에도 코일에 연결된 전구가 늦게 꺼지는 것을 관찰하고자 하는 경우에 어떤 모양으로 스위치를 만들어 사용하면 가능한 지에 대해서 조원들과 토의하여 보기 바란다.

5.18 저항(R), 코일(L) 및 축전기(C)를 직렬로 연결하여 교류 전압을 가해주면 어떤 일이 발생할까?

지금까지는 전압의 크기가 시간에 관계없이 항상 일정한 직류에 대해 저항, 축전기 및 코일만이 연결된 회로의 전기적 특성에 대하여 알아보았다. 본 실험에서는 전압이 시간에 따라서 변하는 교류와 함께 저항, 축전기 및 코일이 직렬로 연결된 회로의 전기적 특성에 대해서 알아보고자 한다.

준비물

파형발생기: 1대, 교류전압계(또는 멀티미터): 1대, 축전기 (10 nF): 1개, 코일(100 mH): 1개, 저항(1 KΩ): 1개

실험방법

① 진동수가 2~8 kHz일 때 출력전압이 3 V 정도가 유지되도록 파형발생기의 출력전압을 조절한다.

② 출력전압을 고정한 상태에서 그림 5-80과 같은 회로를 구성한다.

③ 저항 양끝에 교류전압계를 연결한다. 파형발생기의 진동수를 2~8 kHz 사이에서 천천히 조정하면서 저항 양끝의 전압이 최대가 되는 진동수, 즉 공명진동수를 찾는다.

④ 그림 5-80에 주어진 축전기의 용량과 코일의 인덕턴스 값을 사용하여 이 회로의 공명진동수를 계산한다.

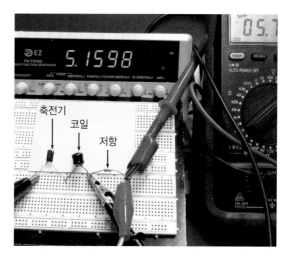

[그림 5-80] RLC 직렬회로에서의 전기적 특성실험

⑤ ③에서 측정한 공명진동수와 ④에서 계산한 공명진동수를 비교하여 보고, 두 값이 잘 일치하는지, 만일 잘 일치하지 않고 근사적으로 일치한다면 그 이유에 대해서 친구와 같이 토의한다.

⑥ 파형발생기의 진동수를 공명진동수에 고정시키고 코일 양끝에 교류전압계를 연결하여 코일에 걸린 교류전압의 크기를 측정한다.

⑦ 파형발생기의 진동수를 공명진동수에 고정시킨 상태에서 축전기 양끝에 교류전압계를 연결하여 축전기에 걸린 교류전압의 크기를 측정한다.

⑧ 과정 ⑥에서 측정한 코일 양단의 전압과 과정 ⑦에서 측정한 축전지 양단 사이의 전압의 크기가 서로 같은지를 비교하고, 다르다면 그 이유에 대해서 생각하고 토의해 본다.

⑨ 파형발생기의 진동수를 공명진동수에 맞추고 코일과 축전기 양끝에 교류전압계를 연결하여 전압을 측정한다. 이때 측정한 전압 값은 과정 ⑥에서 측정한 코일 양단의 전압과 과정 ⑦에서 측정한 축전지 양끝의 전압을 합한 값과 같은지를 비교하여 본다. 같지 않다면 그 원인에 대해서 조원들과 토의해 본다.

⑩ 파형발생기의 진동수를 변화시키면서 저항 양끝의 전압을 측정하여 가로축을 진동수, 세로축을 저항 양끝의 전압으로 하여 그림 5−81에 그래프를 그려본다. 이를 RLC 직렬회로의 공명곡선이라고 한다.

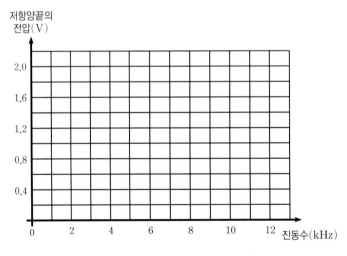

[그림 5−81] RLC 직렬회로의 공명곡선

실험결과 및 토의

본 실험의 결과를 이해하기 위해서는 전기회로에 대한 기본 지식이 필요하다. 따라서 실험결과를 이해하는 데 필요한 기본 전기회로의 전기적 특성에 대해서 알아보도록 하자. 본 실험에서 사용된 축전기의 전기용량은 9.66 nF, 코일의 인덕턴스는 99.17 mH, 그리고 저항은 1 KΩ이었다.

A. 저항의 전기적 특성

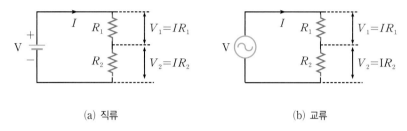

(a) 직류　　　　　　　　(b) 교류

[그림 5-82] 직류 및 교류 전원에 연결된 저항

그림 5-82에서와 같이 저항만으로 구성된 회로의 경우에 회로에 가해준 전압(V)은 저항 R_1 및 R_2 양끝 사이의 전압을 합한 것과 같으며, 이러한 결과는 직류와 교류에 관계없이 같다. 이를 수식으로 표현하면 다음과 같다.

$$V = V_1 + V_2 = IR_1 + IR_2 = I(R_1 + R_2) \qquad (5.5)$$

식 (5.5)를 저항만으로 구성된 회로에 적용하면 그림 5-83과 같다. 그림 5-83에서 회로에 가해준 전압은 $12\,V$이고 $4\,\Omega$의 저항 양끝의 전압은 $4.8\,V$, $6\,\Omega$의 저항 양끝의 전압은 $7.2\,V$로서 이 둘을 합하면 총 $12\,V$로서 가해준 전압의 크기와 같게 되며, 이러한 전기적 특성은 직류와 교류에 대해서 똑같이 성립한다.

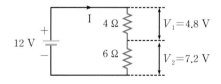

[그림 5-83] 저항만으로 연결된 직류회로

이러한 저항에 대한 전기적 특성을 전압과 전류에 대해서 그래프로 표시하여 보면 그림 5-84와 같다. 그림 5-84를 보면 전압과 전류를 같은 수직축 위에 나타내다 보니 상대적인 크기는 차이가 있지만, 전압이 시간에 따라서 변하는 모양과 전류가 시간에 따라서 변하는 모양이 같다는 것을 알 수 있다. 이를 보다 전문적인 용어로 표현하면 위상이 같다고 한다.

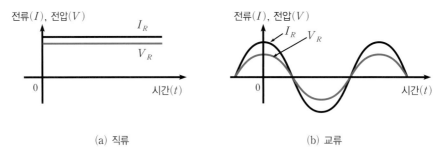

(a) 직류　　　　　　　　　　　(b) 교류

[그림 5-84] 저항 양끝의 전압(V_R)과 저항에 흐르는 전류(I_R) 사이의 관계

B. 축전기의 전기적 특성

축전기에 전압을 가해주는 경우는 ⓐ 직류전압을 가해주는 경우, ⓑ 교류전압을 가해주는 경우가 있는데 직류전압을 가해주는 경우에 대해서는 축전기의 충전과 방전을 참조하기 바라며, 여기서는 교류전압을 가했을 경우에 축전기의 양끝에 걸리는 전압과 축전기에 흐르는 전류에 대해서 생각하여 보기로 하자.

그림 5-85에서 전압과 전류를 같은 수직축 위에 나타내면 상대적인 크기에서의 차이가 있을 수 있다. 하지만 전압과 전류가 시간에 따라서 변하는 모양은 같지만 시간적으로 한 주기의 1/4만큼 차이가 나는 것을 알 수 있는데 전문적인 용어로는 위상이 90°만큼 차이가 난다고 한다. 즉, 전류와 전압에 대한 파형을 비교하여 볼 때에 I_C의 최대값(그림 5-85(b)에서 점 a로 표시)이 시간적으로 볼 때에 V_C에 대한 최대값(그림 5-85(b)에서 점 b로 표시)보다 1/4 주기만큼 앞서 있다고 한다.

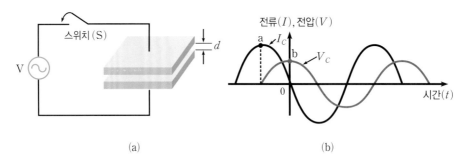

(a)　　　　　　　　　　　(b)

[그림 5-85] 교류를 연결한 경우, 축전기 양끝의 전압(V_C)과 회로에 흐르는 전류(I_C) 사이의 관계

한 주기를 라디안으로 표시하면 2π이므로, 1/4 주기는 $\pi/2$로서 이를 각으로 표시하면 90°이다. 따라서 "전류는 전압보다 위상이 90°앞선다"고 이야기한다. 축전기에 전류가 흐른

다고 하여 위쪽의 금속판에서 두 금속판 사이의 간격이 d인 공간을 뛰어넘어 아래쪽의 금속판으로 전하가 이동하는 것이 아니고 두 금속판에 전하의 충전과 방전을 반복하는 것으로 아래쪽의 금속판과 위쪽의 금속판을 연결하는 도선을 통하여 흐르는 것이다.

그림 5-85에서는 전원과 축전기만 연결된 회로를 나타내었는데 회로에 흐르는 전류에 대한 위상은 전원과 축전기 사이에 저항을 두고 저항 양단의 전압을 오실로스코프로 관찰하여 측정하면 그것이 회로에 흐르는 전류의 위상이 된다.

C. 코일의 전기적 특성

코일에 갑자기 전류를 흘려주면 코일내부에 자기장이 생긴다. 하지만 전류가 흐르기 전에는 코일 내부에 자기장이 존재하지 않았으나, 전류가 흐르게 됨으로써 자기장이 생기게 되는데, 이때 갑작스런 전류의 흐름을 방해하는 방향으로 코일 양끝에 역기전력이 생기게 된다. 그림 5-86(a)에서는 전원과 코일만 연결된 회로를 나타내었는데 회로에 흐르는 전류에 대한 위상은 전원과 코일 사이에 저항을 두고 저항 양단의 전압을 오실로스코프를 사용하여 측정하면 그것이 회로에 흐르는 전류의 위상이 된다. 물론 코일 양끝에 생기는 전압은 코일 양끝에 오실로스코프를 연결하여 측정하면 된다. 이러한 측정을 통하여 그림 5-86(b)에서와 같은 전류와 전압 사이의 위상관계를 결정하게 되며, I_L의 최대값(점 a로 표시)이 시간적으로 볼 때에 V_L에 대한 최대값(점 b로 표시)보다 1/4 주기만큼 늦으므로 "코일에 흐르는 전류는 코일 양끝의 전압보다 위상이 90° 늦다."고 이야기 한다.

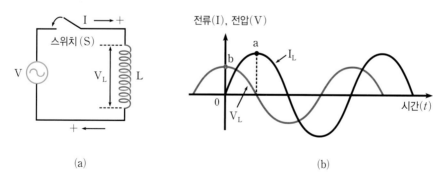

[그림 5-86] 교류를 연결한 경우, 코일 양끝의 전압(V_L)과 회로에 흐르는 전류(I_L) 사이의 관계

지금까지 저항, 축전기 및 코일에 대한 전압과 전류특성에 대해서 알아보았는데, 저항인 경우는 전압과 전류의 위상이 같으나 축전기와 코일에서는 서로 90°만큼씩 차이가 난다는 것을 알았다. 이를 그래프로 전압을 수평축에 표시하고, 회로에 흐르는 전류를 수직축에 표시

하면 그림 5-87과 같이 표현이 가능하다. 이러한 전기적 특성을 가지는 저항, 코일 및 축전기를 그림 5-88과 같이 직렬로 연결하였을 경우에 나타나는 전체적인 전기적 특성에 대해서 알아보자.

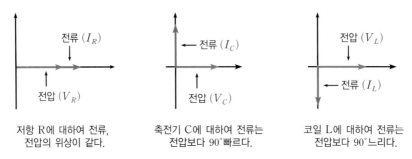

저항 R에 대하여 전류, 전압의 위상이 같다.

축전기 C에 대하여 전류는 전압보다 90°빠르다.

코일 L에 대하여 전류는 전압보다 90°느리다.

[그림 5-87] 저항, 축전기 및 코일에서의 전압과 전류의 위상 관계

그림 5-88은 저항, 축전기 및 코일이 교류전원에 직렬로 연결된 회로이므로 저항, 축전기 및 코일에는 같은 양의 전류가 흐른다. 따라서 전류에 대한 위상을 기준(편리상 "0"으로 설정)으로 하여 저항, 축전기 및 코일 양끝에 걸리는 전압을 하나의 그래프로 표시하여 보자.

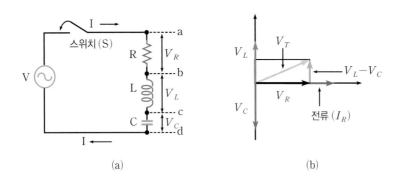

(a) (b)

[그림 5-88] (a) RLC 직렬회로 (b) 전압의 위상관계

저항 양끝의 전압은 전류와 같은 모양으로 변하므로 그림 5-88(b)에서와 같이 전류와 같은 수평축 위에 검정색으로 표시하였으며, 코일 양끝 사이의 전압(V_L)은 전류보다 위상이 90° 앞서므로 수직축 위에 보라색의 화살표, 축전기 양끝 사이의 전압(V_C)은 전류보다 90° 늦어지므로 수직축 위에 빨강 화살표로 표시하였다. 이러한 것을 고려하여 볼 때, 그림 5-88(a)에서 점 b와 점 d 사이의 전압은 코일 양끝 사이의 전압의 크기 V_L에서 축전기 양끝 사이의 전압 V_C를 뺀 값이 되어 그림 5-88(b)에서 초록색으로 표시한 $V_L - V_C$가 된다. 한편, RLC 직렬회로에서 점 a와 점 d 사이에 걸린 총 전압의 크기는 그림 5-88(b)에 황금색

으로 표시한 V_T가 되며 이 값의 크기는 $V_T = \sqrt{V^2_R + (V_L - V_C)^2}$와 같이 된다.

전원에서 가해준 전압의 크기(V)는 저항 양끝 사이의 전압(V_R), 코일 양끝 사이의 전압(V_L)과 축전기 양끝 사이의 전압(V_C)을 합한 값과 같지 않다. 즉, $V \neq V_R + V_L + V_C$이다. 이러한 결과는 저항만으로 연결된 회로에 대해서 얻은 결과와 전혀 다른 것이다(식 (5.5) 참조). 이제, V_R, V_L 및 V_C에 대한 표현식을 생각하여보자. 회로에 흐르는 전류를 i, 그리고 교류전원의 각진동수를 ω라고 할 때에, $V_R = iR$, $V_L = i\omega L = iX_L (X_L = \omega L)$, $V_C = i\dfrac{1}{\omega C} = iX_C (X_C = \dfrac{1}{\omega C})$로 표현된다. 여기서, X_L은 코일에 대한 교류저항, X_C는 축전기에 대한 교류저항을 의미한다. 그림 5-88(a)에서 점 a와 d 사이에 걸린 총 전압(V_T)은 $V_T = \sqrt{V^2_R + (V_L - V_C)^2}$와 같이 주어지며, 이를 코일과 축전기에 대한 저항으로 표현하면,

$$V_T = i\sqrt{R^2 + \left(\omega L - \frac{1}{\omega C}\right)^2} = iZ \quad \left(Z = \sqrt{R^2 + \left(\omega L - \frac{1}{\omega C}\right)^2}\right) \qquad (5.6)$$

와 같이 되는데 Z는 교류저항으로서 "임피던스"라고 한다. 즉, 임피던스란 교류저항을 의미한다. 점 a와 d 사이에 걸린 총 전압(V_T)은 교류전원의 전압(V)과 같고, 교류에 대한 표현식은 일반적으로 $V = V_0 \cos(\omega t + \theta_0)$와 같이 표현되므로 교류전원의 각진동수가 ω라고 하면 그림 5-88(a)에서의 교류전원은

$$V = V_0 \cos(\omega t + \theta_0) \qquad (5.7)$$

와 같이 표현이 가능하다. 따라서 식 (5.6), (5.7)을 사용하여 RLC 직렬회로에 흐르는 전류를 구하면

$$i = \frac{V}{Z} = \frac{V}{\sqrt{R^2 + \left(\omega L - \dfrac{1}{\omega C}\right)^2}} = \frac{V_0 \cos(\omega t + \theta_0)}{\sqrt{R^2 + \left(\omega L - \dfrac{1}{\omega C}\right)^2}} \qquad (5.8)$$

와 같이 되고, 식 (5.8)에서 $i = V/Z$을 교류회로에 대한 옴의 법칙이라고 한다. 식 (5.8)로부터 알 수 있는 것은 교류저항(Z)의 크기가 각진동수 ω에 의존하므로 $\omega L = \dfrac{1}{\omega C}$을 만족하는 조건에서 교류저항이 가장 작아진다. 따라서 같은 크기를 가지는 교류전원에 대하여 가장 많은 전류가 회로에 흐르게 되며, 이를 전문용어로 "공명"이라고 하고 이러한 조건을 만족하는 각진동수를 공명 각진동수라고 한다. 따라서 저항, 코일 및 축전기가 직렬로 연결된

회로에서의 공명 각진동수를 $\omega_{공명}$로 나타내면 $\omega_{공명}=\dfrac{1}{\sqrt{LC}}$와 같이 주어진다. 공명 각진동수에서는 코일과 축전기에 의한 저항이 "0"이 되므로 회로에 흐르는 전류는 저항 R의 크기에 의해서만 결정된다.

회로에 가해주는 교류전원의 각진동수가 $\omega_{공명}$이 되는 경우에 회로에 가장 많은 전류가 흐르게 되므로 그림 5-88(a)의 회로에서 점 a와 b 사이의 전압, 즉, V_R의 값이 가장 커진다. 하지만 점 b와 c 사이의 전압의 크기(V_L)와 점 c와 d 사이의 전압(V_C)의 크기가 서로 같고 그림 5-88(b)에서와 같이 방향이 반대이므로 점 b와 d 사이의 전압은 가장 작아진다. 이론적으로 볼 때에, 공명진동수에서 점 b와 d 사이의 전압은 "0"이 되어야 하지만, 코일은 가느다란 전선을 많이 감아놓은 것으로 코일이 저항이 아주 작은 금속전선으로 만들어졌다고 하더라도 가늘고 긴 경우에는 어느 정도의 저항을 가지게 되어 이러한 저항효과가 동반되므로 공명진동수에서 점 b와 d 사이의 전압은 "0"이 되지는 않는다.

교류전원의 각진동수(ω)가 아주 작으면 축전기에 대한 저항, $X_C=\dfrac{1}{\omega C}$의 값이 매우 커지게 되므로 회로에는 전류가 잘 흐르지 못하게 된다. 또한, 교류전원의 각진동수(ω)가 아주 커지면 코일에 대한 저항, $X_L=\omega L$의 값이 매우 커지게 되어 역시 회로에 전류가 흐르지 못하게 된다. 따라서 공명 각진동수 부근에서 많은 전류가 흐르게 되며, 공명 각진동수보다 아주 크거나 작은 각진동수에서는 회로에 전류가 거의 흐르지 못하게 되는 것이다.

저항, 코일 및 축전기가 직렬로 연결된 회로에 대한 한 가지 예를 그림 5-89에 나타내었다. 그림 5-89에서 R(저항)=100 Ω, L(코일의 인덕턴스)=250 mH, C(축전기의 정전용량)=0.1 μF라고 하자. 이러한 회로의 공명진동수$\left(f_0=\dfrac{1}{2\pi\sqrt{LC}}\right)$는

$$f_0=\frac{1}{2\pi\sqrt{LC}}=\frac{1}{6.28\sqrt{250\times10^{-3}\times0.1\times10^{-6}}}=1{,}000\,[\mathrm{H_Z}]$$

이다. 공명진동수(f_0)와 공명 각진동수 $\omega_{공명}$ 사이의 관계는 $\omega_{공명}=2\pi f_0$와 같다. 회로에 가해주는 교류전원의 전압이 10 V이고 진동수가 공명진동수인 1,000 Hz인 경우에, 회로에 흐르는 최대전류는

$$i=\frac{V}{Z}=\frac{V}{\sqrt{R^2+\left(\omega L-\dfrac{1}{\omega C}\right)^2}}=\frac{V}{R}=\frac{10}{100}=0.1\,[\mathrm{A}]$$

이다. 공명진동수에서 저항 양끝의 전압(V_R)은 $V_R=iR=0.1\times100=10[\mathrm{V}]$, 코일 양끝의

전압(V_L)은 $V_L = i\omega_0 L = i2\pi f_0 L = 0.1 \times 2\pi \times 1000 \times 250 \times 10^{-3} = +158[\text{V}]$, 축전기 양

끝의 전압(V_C)은

$$V_C = -i\frac{1}{\omega_0 C} = -i\frac{1}{2\pi f_0 C} = -0.1 \times \frac{1}{2\pi \times 1000 \times 0.1 \times 10^{-6}} = -158[\text{V}]$$가 된다.

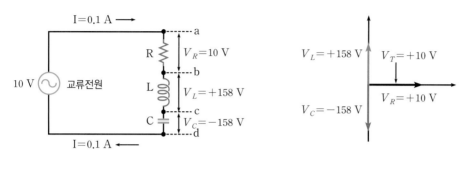

(a) RLC-직렬회로   (b) 전압들의 위상관계

[그림 5-89] 저항, 코일, 축전기의 직렬회로

외부에서 가해준 교류전원의 전압이 10 V인데도 불구하고 코일과 축전기 양끝의 전압이
158 V처럼 커질 수 있다. 하지만 그림 5-89(b)에 나타낸 바와 같이 크기가 같고 방향이 반
대이므로, 점 a와 d 사이의 전체전압은 외부에서 가해준 전원전압 10 V와 같게 된다.

실험결과에 대한 동영상 보기

보충설명

저항(R), 코일(L) 및 축전기(C)가 직렬로 연결된 회로에 가해지는 교류의 진동수가 $\omega_{\text{공명}}$
$=1/\sqrt{LC}$인 경우에 회로에 가장 많은 전류가 흐른다는 것을 알았다. 따라서 수평축을 진동
수, 그리고 세로축을 전류로 하여 공명곡선을 나타내었으나, 저항의 크기가 공명곡선의 모양
에 미치는 효과에 대해서는 생각하여 보지 않았다. 이제부터는 RLC-직렬회로에서 저항의
크기(R)와 L과 C의 값이 공명곡선에 미치는 효과에 대해서 알아보기로 하자.

A. 저항의 크기가 공명곡선의 모양에 미치는 효과

RLC-직렬회로에서 가해지는 교류의 진동수가 매우 작다면, 축전기의 저항($X_C = 1/\omega c$)
이 매우 커지게 되어 회로에 전류가 잘 흐르지 않게 된다. 또한 교류의 진동수가 매우 크다면
코일에 의한 저항($X_L = \omega L$)이 매우 커지게 되어 회로에 전류가 잘 흐르지 못한다. 하지만
공명진동수 근처에서는 축전기와 코일에 의한 합성저항이 비교적 작아 회로에 전류가 잘 흐

르게 되며, 특히 축전기의 저항과 코일의 저항이 같게 되는 공명진동수에서 회로에 가장 많은 전류가 흐르게 되며, 이때 회로에 흐르는 전류의 크기는 오직 저항 R에 의해서 결정된다.

　설명을 간단히 하기 위하여 코일의 특성을 나타내는 L 값이 1[H], 축전기의 특성을 나타내는 C 값이 1[F]라고 하자. 이 경우에 공명 각진동수는 1[Radian/sec]가 된다.

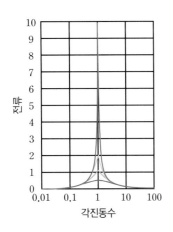

[그림 5-90] RLC 직렬회로에서 전류와
저항 사이의 관계

　공명진동수를 "1"로 하였을 때에, 공명진동수의 1/100보다 작은 진동수에서부터 100배 되는 진동수 범위에 대해서 저항 R의 값에 따른 전류의 크기를 비교하여 보자. 물론 이 범위를 벗어나는 진동수에 대해서도 생각하여 볼 수 있으나, 이 범위를 벗어나는 진동수에 대해서는 회로에 흐르는 전류는 매우 작다고 볼 수 있다. 따라서 이러한 범위 내에서의 전류는 주로 저항 R의 값에 의하여 변하게 된다.

　회로에 1 V(rms)의 전압을 가해주면, R=1 Ω인 경우에 회로에 흐르는 전류는 1 A가 되며, 그림 5-90에 초록색으로 표현하였다. 여기서 제시하는 값들은 문제를 간단히 설명하기 위하여 제시한 값들이다. R=2 Ω인 경우에 회로에 흐르는 전류는 0.5 A, R=0.5 Ω인 경우에 회로에 흐르는 전류는 2 A, 그리고 R=0.1 Ω인 경우에 회로에 흐르는 전류는 10 A의 전류가 흐르게 됨을 알 수 있다.

　그림 5-90의 그래프에서 제시된 값들을 통하여 저항이 작을수록 진동수가 공명진동수에서 조금만 벗어나도 전류가 급격히 감소함을 알 수 있다. 저항이 큰 경우에 공명곡선의 폭은 보다 넓어지면서 최대전류는 훨씬 더 작아지게 됨을 알 수 있다. 여기서 말하는 공명곡선의 폭은 최대 전류와 최소 전류(거의 "0")의 중간 크기의 전류에 해당하는 두 진동수의 차이를 말한다. 예를 들어서 R=1 Ω인 경우에 회로에 흐르는 최대전류는 1 A이며, 최소전류는 거의 "0"이므로, 이의 중간 크기의 전류는 0.5 A로서 진동수가 약 0.5 Hz에서도 전류는 약 0.5 A가 흐르지만, 진동수가 약 5 Hz인 경우에도 회로에는 약 0.5 A의 전류가 흐른다. 따라서 이들 두 진동수의 차이는 4.5 Hz가 되며, 이것이 공명곡선의 폭이 된다.

B. L/C의 비가 공명곡선의 모양에 미치는 효과

　L/C에 대한 비율을 변화시키면 공명 각진동수는 변화하지 않지만, 임의의 진동수에서의 코일에 의한 저항과 축전지에 의한 저항 값들이 변하게 된다. RLC 직렬회로에서 공명 각진동수는 $\omega_{공명}=1/\sqrt{LC}$이다. 이때에, $L=1$[H], $C=1$[F] 또는 $L=2$[H], $C=0.5$[F] 또는

$L=0.5\,[\mathrm{H}]$, $C=2\,[\mathrm{F}]$인 경우 모두 $LC=1$이 되어 공명 각진동수는 같다. 이처럼 L/C에 대한 비율을 변화시키는 경우에 공명곡선이 어떻게 변하는가에 대해서 생각하여 보자.

이처럼 공명 각진동수는 변하지 않으면서 L과 C에 대한 비율을 변화시키면, 공명 각진동수 또는 공명 각진동수 근처에서의 X_L 또는 X_C의 값이 변하게 된다. 저항 R의 값이 1, 2, 0.5, 0.1 Ω인 경우에 공명 각진동수에서 회로에 흐르는 전류는 각각 1, 0.5, 2, 10[A]의 전류가 흐르지만, 공명 각진동수 근처에서의 코일과 축전지에 의한 임피던스의 변화에 의하여 전류 값의 변화를 가져오게 된다. 따라서 진동수의 변화에 따라서 회로에 흐르는 전류를 그래프로 나타내면 그림 5-91과 같다. 그림 5-91에서와 같이 L/C에 대한 비율이 증가할수록 공명곡선은 매우 날카로워지며, L/C에 대한 비율이 감소할수록 공명곡선의 폭은 넓어지게 된다. 이러한 효과는 전자회로에 특정영역의 진동수를 가지는 교류를 통과시키거나 아니면 배제시키는 필터회로라든가 아니면 특정 진동수에서만 잘 작동하도록 전류를 선택하는 회로에서는 매우 중요하다.

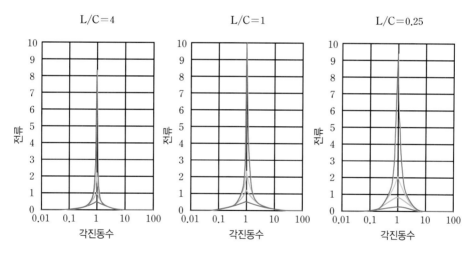

[그림 5-91] RLC 직렬회로에서 특정 L/C에 대한 비율에 대한 진동수와 전류사이의 관계

생각하기

① 공명곡선을 통하여 회로에 흐르는 전류는 교류전원의 진동수와 어떤 관계가 있음을 알 수 있는가?

② 공명곡선의 모양이 여러분이 구한 것보다 날카로워지려면 어떤 조건을 만족해야 되는가? 라디오를 통하여 방송을 듣기 위해 특정방송국을 선택하는 경우에는 어떤 모양의 공명곡

선이 바람직한가?

③ 코일 양끝의 전압을 잴 때에 코일 양끝에 연결된 멀티미터의 단자를 서로 바꿔 코일 양끝의 전압을 측정하여 보아라. 두 값은 서로 일치하는가?

④ 코일 양끝의 전압과 축전기 양끝의 전압을 측정하여 공명 각진동수에서 크기가 서로 같고 방향이 서로 반대인지를 확인하여 보아라. 만약에 서로 같지 않다면 그 이유는 무엇인가?

참고자료

http://www.play-hookey.com/ac_theory/ac_rlc_series.html.

5.19 코일에 저장된 에너지와 축전기에 저장된 에너지는 서로 어떻게 주고받을까?

지금까지는 저항, 축전기 및 코일들에 대한 전기적 특성 및 이들이 직렬로 연결된 RLC 직렬회로의 전기적 특성에 대해서 알아보았다. 이제는 충전된 축전기에 코일을 연결하면, 어떤 일이 일어나는지에 대해서 알아보고자 한다.

준비물

건전지 (또는 직류전원장치): 1개, 축전기($1000\ \mu F$, $16\ V$): 1개, 코일($45\ mH$): 1개, 코일 ($100\ mH$): 1개, 오실로스코프: 1대

실험 방법

① 그림 5-92와 같이 스위치를 S_1의 위치로 옮기면서 축전기와 건전지(또는 직류전원장치)를 연결하여 축전기를 완전히 충전시킨다. 여기서 완전히 충전시킨다는 의미는 축전기 양끝 사이의 전압이 건전지의 전압과 거의 같아지는 경우를 의미한다.

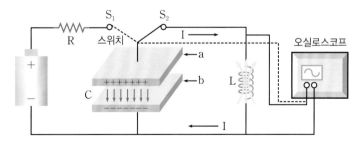

[그림 5-92] 축전기와 코일 사이의 에너지 교환

② 축전기 양단 사이의 전압의 변화를 관찰하기 위하여 오실로스코프를 축전기의 양끝에 연결한다(그림 5-92에서 점선으로 표시). 건전지와 축전기 사이에 연결된 저항(R)의 크기

에 따라서 시간에 대한 축전기 양끝 사이의 전압의 증가율이 결정된다.

③ 스위치를 S_2의 위치로 옮기면서 건전지와 축전기의 연결을 끊고 축전기와 코일을 연결하여 코일 양끝의 전압의 변화를 오실로스코프로 관찰한다.

④ 축전기의 용량이나, 코일을 바꾸어 위의 과정 ①~③을 반복한다.

⑤ 전기신호는 매우 빨리 변하기 때문에 위에서 언급한 실험을 일반 스위치를 사용하여 손으로 수행하기는 매우 어렵다. 따라서 건전지 대신에 파형조절이 가능한 파형 발생기를 가지고 실험을 수행하는 것이 보다 편리하게 할 수 있다.

📥 실험결과 및 토의

축전기가 건전지(또는 직류전원장치)에 연결되기 전에는 축전기는 단지 2개의 금속판이 일정한 간격을 가지고 떨어진 상태이다. 이 2개의 금속판은 전기적으로 중성이므로 두 금속판 a, b 사이의 공간에는 전기장이 존재하지 않는다. 이제 스위치를 S_1에 연결하여 축전기와 건전지가 연결되면, 금속판 a는 (＋)로 대전되고 금속판 b는 (－)로 대전하게 되는데 이러한 과정을 충전이라고 한다. 축전기가 완전히 충전되면, 두 금속판 a, b사이의 공간에는 전기장이 존재하게 되므로 축전기의 충전에 따른 에너지가 두 금속판 사이에 전기장의 형태로 저장되는 것이다. 다시 말해서 축전기는 외부로부터 두 금속판에 가해준 전압의 크기에 따라서 두 금속판 사이의 공간에 전기장의 형태로 전기에너지를 저장하는 일종의 전기부품이다.

아직까지 코일은 축전기에 연결되어 있지 않아 코일에는 어떠한 전류도 흐르지 않는다. 이제 스위치를 S_2에 연결하여 충전된 축전기와 코일이 연결되면 어떤 일이 일어날까? 충전된 축전기가 코일과 연결되면, 축전기의 금속판 a, b에 저장되었던 전하들이 코일을 통하여 흐르게 되면서 축전기 양단의 전압은 감소하게 된다. 이제 코일에 전류가 흐르게 되면 어떤 일이 벌어질까? 전류가 흐르는 도선 주위에는 자기장이 생긴다는 것을 앞의 실험을 통하여 알았다. 즉, 코일에 흐르는 전류의 크기에 의존하는 자기장이 코일 내부에 생기는데 이는 축전기의 두 금속판 a, b 사이에 전기장의 형태로 저장되었던 전기에너지가 코일 내부에 자기장을 형성하면서 자기에너지로 저장되는 것이다. 이러한 일은 축전기의 금속판에 저장되었던 모든 전하가 다 빠져나갈 때까지 일어난다.

궁극적으로 축전기의 두 금속판에 저장되었던 모든 전하가 빠져나가면, 전류의 흐름은 멈추게 되는가? 그렇지는 않다. 그 이유는 코일은 코일에 흐르는 전류의 변화를 싫어하는 성질이 있기 때문에 코일 내에 자기장의 형태로 저장되었던 자기에너지를 소모하면서 코일에 흐르던 전류의 크기를 유지시키려 하기 때문이다. 이러한 전류는 원래 축전기에 저장되었던 전하(Q_0)들과 반대부호의 전하들로 축전기를 충전하게 되어 금속판 a에는 (−), 금속판 b에는 (+)로 대전된다. 자기장이 완전히 소모될 때, 전류는 흐르지 않게 되며 축전기는 처음과는 반대로 대전되어 축전기의 전압도 처음과는 반대로 생성된다. 이제 다시 축전기의 두 금속판 사이에 처음과는 반대의 전압이 형성되었으므로 처음과는 반대로 전류가 코일을 통하여 흐르게 되는 반복운동을 하게 되며, 반복되는 주기는 식 (5.9)로 주어진다. 이처럼 축전기에 충전되었던 전하는 코일과 축전기의 두 금속판 사이를 "왔다갔다" 한다(그림 5–93 참조). 코일은 크지는 않지만 어느 정도 크기의 전기저항을 가지고 있으므로 전하들이 축전기와 코일을 "왔다갔다" 하는 동안에 코일 자체의 저항에 의해 열에너지가 발생하게 된다. 전하들이 축전기와 코일 사이를 "왔다갔다" 하는 현상은 맨 처음 축전기에 저항되었던 전기에너지가 코일에서의 저항에 의한 열에너지로 완전히 소모될 때까지 지속된다.

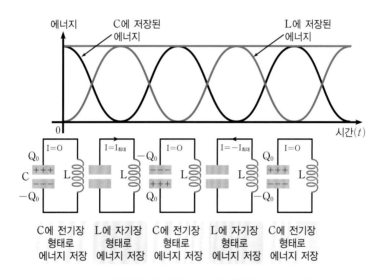

[그림 5–93] 시간에 따른 축전기와 코일 사이의 에너지 저장형태

위에서 설명한 바를 요약하면, 처음에 축전기에 저장되었던 모든 전기에너지가 코일 내의 자기에너지로 바뀐 다음에는 다시 전류가 반대로 흐르면서 축전기를 충전하게 된다. 즉, 맨 처음에는 축전기의 두 금속판 사이에 전기장의 형태로 저장된 전기에너지가 코일내의 자기에너지로 변환되어 저장되었으나, 일정시간이 지난 뒤에는 코일 속에 저장된 자기에너지가 축전기의 두 금속판 사이의 전기장의 형태로 바뀌면서 다시 전기에너지로 저장되는 일이 계속 반복된다. 이러한 축전기와 코일 사이의 에너지 교환이 얼마나 빨리 이뤄지는가 하는 문제는 축전기의 전기용량과 코일의 자기 인덕턴스와 밀접한 관계가 있다. 즉, 코일의 자기 인덕턴스가 L, 축전기의 전기용량이 C라고 할 때에, 식 (5.9)로 주어지는 각진동수(ω)를 가

지고 에너지의 교환이 일어나며, 이때 인덕턴스의 단위는 Henry, 축전기의 전기용량 단위는 Faraday이다.

$$\omega = 1/\sqrt{LC} \qquad\qquad (5.9)$$

즉, 충전된 축전기가 코일에 연결된 회로에서는 식 (5.9)로 주어지는 각진동수로 축전기와 코일 사이에 에너지의 교환이 일어나게 된다.

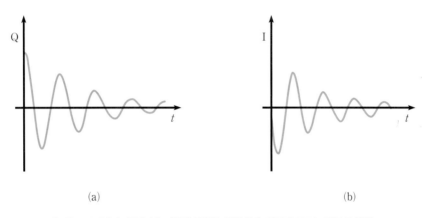

[그림 5-94] (a) 축전기에 저장된 전하의 변화 (b) 회로에 흐르는 전류의 변화

그림 5-93에 축전기와 코일 사이에 일어나는 에너지 교환을 그래프로 표현하였는데 이는 코일을 비롯한 전기회로 내에 저항이 전혀 없는 이상적인 경우이다. 하지만 코일이란 절연된 전선을 원형으로 감아놓은 것으로 전선의 길이가 길어질수록 피할 수 없는 고유의 저항을 가지게 된다. 따라서 실제로 축전기와 코일이 연결된 회로에는 저항이 존재하므로 전류가 코일 내에 흐르면서 열에너지가 발생하여 축전기 양단의 전압을 측정하면 그림 5-94(a)에서의 같이 시간에 따라 점진적으로 감소하게 되는데 이는 실질적으로 축전기의 두 금속판에 저장된 전하의 감소를 의미한다. 또한 회로에 흐르는 전류는 축전기에 저장된 전하들의 이동에 의해서 생기므로, 시간에 따른 전류의 변화를 그래프로 나타내면, 그림 5-94(b)와 같이 표현된다.

앞에서 언급한 축전기와 코일 사이의 에너지 교환은 처음 축전기에 저장되었던 전기에너지가 코일 자체의 저항에서 발생하는 열에너지로 모두 소모될 때까지 반복된다. 하지만 코일 자체의 저항이 큰 경우에는 그림 5-94에서 보여준 바와 같이 진동하면서 감소하는 것이 아니라, 그림 5-95에서 보여주는 바와 같이 바로 "0"으로 감소하는 형태를 보이게 된다.

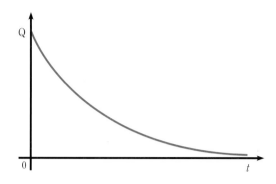

[그림 5-95] 코일 자체의 저항이 큰 경우에 축전기에 저장된 전하의 변화

실험결과에 대한 동영상 보기

추가설명

전기적인 신호는 일반적으로 매우 빠르게 변하기 때문에 일반 스위치를 사용하여 실험하기가 매우 어렵다. 따라서 스위치를 사용하는 대신에 전압을 시간에 따라서 자동으로 변화시켜 주는 파형발생기를 사용하여 실험하였으며, 파형 발생기에서 발생된 신호의 모양에 대해서는 그림 5-96을 참조하기 바란다.

동영상 촬영을 위하여 사용된 코일은 오래되어 사용이 불가능한 전자레인지에서 분해하여 얻은 것으로 코일의 인덕턴스는 45.39 mH, 코일 자체의 저항은 2.53 Ω이었다(그림 5-97

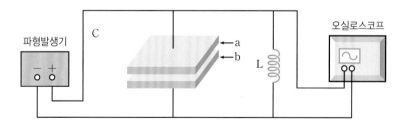

(a) 동영상 실험에 사용된 회로

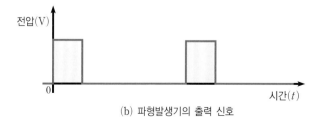

(b) 파형발생기의 출력 신호

[그림 5-96] 코일과 축전기의 에너지 교환실험 회로 및 입력전압

참조). 실험에 사용된 축전기의 전기용량은 $1000\ \mu\mathrm{F}\,(16\ \mathrm{V})$이었다. 또한 축전기와 코일 사이의 에너지 교환이 그림 5-95에서 보여주는 바와 같이 진동하지 않고 급격히 감소하는 경우도 생기는데 이는 코일 자체의 저항이 매우 큰 경우이다. 이러한 경우도 동영상에서 보여주고 있는데, 이때 사용된 코일의 인덕턴스는 $100\ \mathrm{mH}$, 코일 자체의 저항은 $271.3\ \Omega$이었고 축전기의 전기용량은 $1000\ \mu\mathrm{F}\,(16\ \mathrm{V})$이었다.

[그림 5-97] 실험에 사용된 2개의 코일

참고자료

http://www.phys.unsw.edu.au/~jw/LCresonance.html.

빛의 특성 이해하기

빛은 우리의 일상생활에서 가장 많이 보는 것 중의 하나이다. 아침에 일어나면서 빛을 보게 되고 세수하고 거울 보는 일도 모두 빛의 특성과 관계가 깊다. 우리가 경험하는 빛의 특성들은 수도 없이 많지만, 그 중에 대표적인 것이 빛의 반사와 굴절이다. 6장에서는 빛의 특성 중의 일부를 이해하는 데 도움이 되는 몇 가지 실험을 동영상과 함께 설명하고자 한다.

6.1 빛의 반사와 굴절

　　빛이 한 매질에서 다른 종류의 매질로 입사하는 경우에 경계면에서 일부는 반사되고 일부는 원래의 진행방향으로부터 진행방향이 바뀌는데 이러한 현상을 빛의 굴절이라 한다. 이러한 굴절현상은 각 매질에서의 빛의 진행속력이 다르기 때문에 일어난다. 경계면에 대해 수직으로 그은 직선(법선이라고 한다.)과 입사광선이 이루는 각을 입사각(θ_i)이라 하고 경계면을 지나 진행하는 굴절광선이 법선과 이루는 각을 굴절각(θ_r)이라 한다(그림 6−1 참조).

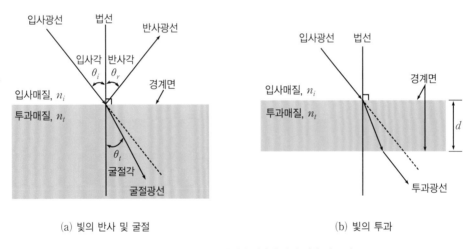

(a) 빛의 반사 및 굴절　　　　　　　　　　　(b) 빛의 투과

[그림 6-1] 서로 다른 두 매질 속에서의 빛의 진행 및 투과

　　그림 6-1(a)에서 입사광선과 반사광선은 같은 종류의 매질 내에서 진행하므로, 입사광선과 반사광선의 진행속력은 서로 같다. 따라서 입사각과 반사각은 항상 서로 같으므로 $\theta_i = \theta_r$의 관계를 가진다. 한편, 입사각과 굴절각 사이에는

$$n_i \sin\theta_i = n_t \sin\theta_t \ \Rightarrow \ \frac{\sin\theta_i}{\sin\theta_t} = \frac{n_t}{n_i} = n \quad (n: \text{상대굴절률}) \qquad (6.1)$$

와 같은 관계가 있으며 이를 굴절의 법칙 또는 스넬의 법칙이라 한다. 여기서 n_i는 입사매질의 굴절률, n_t는 투과매질의 굴절률이다.

빛이 경계면에서 굴절되는 정도는 입사하는 빛의 색(전문용어로는 파장이라고 한다.)과 관련되며, 비온 뒤에 생기는 무지개는 빛의 색에 따라 굴절되는 정도가 다르므로 생기는 것이다. 이러한 빛의 굴절현상은 두 매질에서의 빛의 진행속력이 서로 다르기 때문에 생기며, 같은 매질이라 하더라도 빛의 진행속력은 빛의 색에 따라서 다르다. 식 (6.1)을 보면 상대굴절률이 하나의 상수처럼 생각할 수 있으나, 엄밀한 의미에서는 하나의 상수가 아니라 빛의 파장에 따라서 다른 값을 가지게 되므로 상대굴절률에 대한 표현은 $n(\lambda)$(λ: 빛의 파장을 나타냄)로 표현하는 것이 옳은 표현이다. 여기서 $n(\lambda)$라는 표현은 상대굴절률이 빛의 파장에 따라서 변한다는 의미를 가지고 있다.

그림 6-1(b)에서는 두께가 d인 투명매질을 통과하는 빛을 나타낸 것이다. 두께가 d인 투명매질을 통과한 빛은 입사광선이 굴절되기 전의 원래의 진행방향(그림 6-1(b)에서 점선으로 표시한 방향)과 평행을 이루면서 진행하게 된다.

6.2 햇빛풍차

햇빛 풍차의 구조는 그림 6-2와 같이 공기와의 마찰을 없애기 위하여 거의 진공상태의 유리튜브 내에서 자유롭게 회전이 가능한 회전날개와 이를 지지하여 주는 지지대로 구성되어 있다. 회전날개는 4개로 구성되어 있는데, 4날개 각각의 앞면은 검정색, 그리고 뒷면은 흰색으로 되어 있다.

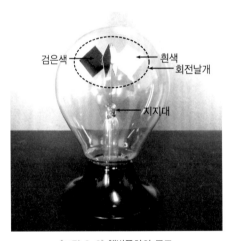

[그림 6-2] 햇빛풍차의 구조

준비물

햇빛풍차: 1개

실험방법

① 햇빛풍차를 준비한다.

② 햇빛풍차를 햇빛이 약한 곳에 두고, 내부에 있는 회전날개가 정지하여 있는지를 관찰한다.

③ 햇빛풍차를 햇빛이 비교적 강하게 비추는 곳에 두고, 회전날개가 빠르게 회전하는지를 관찰

한다.

④ 회전날개에 도달하는 햇빛을 손으로 가려가면서 회전날개의 회전을 관찰한다.

▭ 실험결과 및 토의

햇빛풍차가 햇빛을 강하게 받으면 회전날개가 매우 빠르게 회전한다는 것을 쉽게 관찰할 수 있다. 물론 햇빛만이 아니라 일반 불빛을 가해 주거나 따뜻한 손을 가까이 하여도 회전날개가 회전하는 것을 관찰할 수 있다. 따뜻한 손으로부터는 원적외선이 발생하므로 이러한 원적외선에 의하여 회전날개가 회전하게 되는 것이다. 이를 이해하기 위해서는 우선 빛의 성질에 대해서 이해를 해야 한다. 햇빛풍차의 내부에 있는 회전날개는 지지대 위에서 자유롭게 회전이 가능하도록 되어 있는데, 회전날개는 4개로 구성되어 있으며, 각 날개의 앞면은 검정색, 뒷면은 흰색으로 되어 있다. 일반적으로 검정색은 빛을 잘 흡수하고 흰색은 잘 반사한다고 알려져 있다. 이러한 성질을 이용하여 만든 것이 햇빛풍차로서 검정색이 칠해진 부분은 빛이 들어오는 방향으로부터 멀어지고, 흰색으로 칠해진 부분은 빛이 들어오는 방향으로 가까워지려는 방향으로 회전하게 된다. 하지만 햇빛풍차를 차갑게 하면서 관찰하면 회전방향은 빛을 비춰주는 경우와는 반대로 회전하게 된다. 그렇다면, 검정색을 칠한 면에서는 빛을 잘 흡수하고 흰색으로 칠한 부분에서는 빛이 잘 반사되는데, 이로 인하여 회전날개가 회전하는 원인에 대해서 생각하여 보자.

회전날개가 회전하는 원리가 빛에 의한 복사압력(radiation pressure)으로서 설명되어 왔고 햇빛풍차를 구입할 때에 함께 달려 오는 일부 설명서에도 회전날개의 회전원리가 복사압력에 기인한다고 설명하고 있으나 이는 잘못된 설명이다. 따라서 우선 복사압력에 대해서 자세히 설명하고, 회전날개의 회전이유에 대해서 설명하고자 한다.

빛은 정지질량이 없는 광자라고 하는 빛 알갱이들의 흐름으로서 이들은 에너지와 운동량을 가지고 있다. 이러한 광자들이 검정색으로 칠해진 부분에 도달하여 완전 흡수되는 경우에 단위면적당 받는 힘인 압력은 "$nh\nu$"와 같이 표현되는데, n은 광자의 수, h는 플랑크 상수, 그리고 ν는 빛의 색과 관계가 있는 빛의 진동수이다. 반면에 검정색으로 칠한 부분에 도달하는 빛과 같은 세기이면서 진동수가 같은 빛이 흰색으로 칠해진 부분에 도달하여 완전 반사한다고 가정하면 흰색으로 칠해진 부분이 받는 압력은 $nh\nu$의 2배로 증가하는데 이에 대해서는 아래의 설명을 참조하기 바란다.

압력은 단위면적당 받는 힘이므로 힘에 대해서 다시 생각하여 보자. 힘은 $\vec{F}=m\vec{a}$와 같이 질량에 가속도를 곱해준 것이며, 가속도는 속도가 시간에 따라서 얼마나 빨리 변하는지를 나타내는 양으로 시간에 대한 속도의 변화율이다. 물체의 질량이 시간에 따라서 변하지 않는다고 가정하면, 힘은 $\vec{p}=m\vec{v}$(운동량이라고 한다)의 시간에 따른 변화율로서 설명이 가능하다. 그림 6-3에서 검정색의 날개표면에 빛의 알갱이인 광자가 부딪치는 경우에 운동량의 변화는 처음 운동량에서 나중의 운동량을 빼면 된다. 광자의 질량을 m_0라고 하면 광자가 검정색 면에 부딪치기 전의 운동량을 $\vec{p}_{전}=m_0\vec{v}$이라고 하자. 검정색 면에 부딪친 다음에 광자는 완전 흡수되므로 나중의 운동량은 "0"이 된다. 따라서 총 운동량의 변화는 광자가 부딪치기 전에 가졌던 운동량과 같게 $\vec{p}_{전}$이 된다. 하지만 광자가 흰색이 칠해진 면에 부딪친 후에 반사되어 나오는 광자의 운동방향은 부딪치기 전의 운동방향과 반대가 되므로 부딪친 후의 운동량은 $\vec{p}_{후}=m_0(-\vec{v})=-m_0\vec{v}$와 같이 된다. 따라서 운동량의 변화($\Delta\vec{p}$)는 $\Delta\vec{p}=\vec{p}_{전}-\vec{p}_{후}=m_0(\vec{v})-(-m_0\vec{v})=2m_0\vec{v}$와 같이 되어 검정색이 칠해진 면에 부딪치는 경우의 2배가 된다. 따라서 힘은 운동량의 변화율이므로 흰색이 칠해진 면에 부딪치는 경우에 받는 복사압력의 크기는 검정색으로 칠해진 면이 받는 복사압력의 2배가 된다. 그렇다면 회전날개의 회전은 관찰되는 회전방향과 반대방향으로 회전해야 한다. 따라서 이러한 회전의 원인을 전자기파인 빛의 복사압력으로 설명하는 것은 옳지 않다.

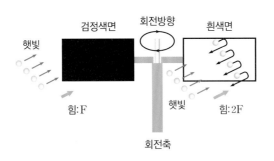

[그림 6-3] 복사압력에 대한 설명

회전날개의 회전에 대한 올바른 설명은 1876년에 Arthur Schuster에 의해서 이뤄졌으며, 그는 회전체를 회전시키는 힘이 거의 진공상태에 있는 유리관 안에서 발생된다는 것을 보였다. 만약에 복사압력에 의해서 회전날개가 회전한다면, 유리관 내의 진공이 더 잘 될수록 회전날개가 공기와 부딪치는 저항이 작아 회전날개가 더 빨리 회전해야 한다. 좀 더 좋은 진공펌프가 개발되면서 Pyotr Lebedev라는 사람은 유리관 내에 어느 정도의 공기가 있어야 회전날개가 회전을 하며, 공기가 거의 없는 상태의 높은 진공상태에서는 거의 회전을 하지 않는다는 것을 보였다. 앞에서 설명하였듯이 복사압력이 회전의 원인이라면, 회전날개는 관찰되는 현상과 반대로 회전하여야 한다. 빛에 의한 실제의 복사압력은 매우 작기 때문에 회전날개를 회전시킬 정도가 되지 않으나, 감도가 매우 좋은 Nichols 복사계기로는 측정이 가능하다. 따라서 회전날개의 회전원인은 복사압력으로는 설명되지 않고 열역학적으로 설명되어야 한다.

A. 외부로부터 복사선을 받는 경우

복사에너지(빛의 형태로 전달되는 에너지)가 햇빛풍차의 날개에 부딪치면, 햇빛풍차는 일종의 열 엔진이 된다. 열 엔진은 온도차에 의하여 작동하는 엔진으로 두 지점의 온도차가 역학적 에너지로 변환됨으로써 작동한다. 회전날개의 검정색 면은 빛 에너지를 더 많이 흡수하여 흰색 면보다 더 따뜻해지므로 검정색 면과 흰색 면 사이에 온도차가 발생한다.

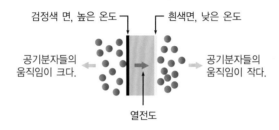

[그림 6-4] 회전날개를 옆에서 확대하여 본 모양

회전날개의 흰색 면에 들어오는 빛이 완전 반사된다고 가정하면, 유리관 내의 공기분자들은 회전날개의 검정색 면에 부딪칠 때 보다 더 많은 열을 흡수하여 운동이 활발해진다. 따라서 외부로부터 복사선을 받은 검정색 면 근처에 있는 공기분자들의 운동이 흰색 면 근처에 있는 공기분자들보다 더 활발히 움직인다(그림 6-4 참조). 따라서 이들 공기분자들이 검정색 면에 부딪침으로써 검정색 면에 미치는 압력이 흰색 면 근처에 있는 공기분자들이 흰색 면에 미치는 압력보다 더 크게 된다. 움직이는 공기분자들이 벽에 미치는 압력은 공기분자들

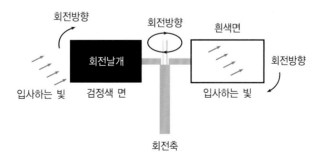

[그림 6-5] 외부에서 빛을 받아 회전하는 경우

의 운동이 활발할수록 크다. 그러므로 외부에서 햇빛을 받는 경우에, 회전날개는 검정색 면이 뒤로 밀리면서 흰색 면이 앞으로 나오는 방향으로 회전하며, 이는 여러분이 관측한 결과와 일치한다(그림 6-5 참조).

유리관 내의 온도는 회전날개의 검정색 면이 주위에 있는 공기분자들에게 열을 전달함에 따라서 올라가지만, 공기분자들은 실내온도에 있는 유리튜브의 벽에 부딪치면서 다시 냉각된다. 유리벽을 통한 이러한 열 손실은 유리관 내의 온도를 일정하게 유지하므로 회전날개의 검정색 면과 흰색 면 사이에 온도차를 가져오게 된다. 전도에 의하여 약간의 열이 검정색 면으로부터 전달되므로 회전날개의 흰색 면의 온도는 내부공기보다 약간 더 따뜻하나, 검정색 면보다는 더 차갑다. 흰색 면의 온도가 즉시 검정색 면의 온도에 도달하지 않도록 검정색 면과 흰색 면이 어느 정도 열적으로 단열되어 있다. 회전날개가 금속인 경우에 흰색 페인트 또는 검정색 페인트가 절연체가 된다. 유리관은 회전날개의 검정색 면이 외부로부터 빛을 받아 올라가는 온도보다 실내온도에 더 가까우며 내부의 공기압력이 높으면 유리로부터 열을 빼앗아 가는 데 도움이 된다.

유리관 내의 공기압력은 너무 높거나 낮지 않도록 조절할 필요가 있다. 유리관 내의 진공이 너무 잘 되어 있으면 회전날개가 회전을 잘 하지 못하게 되는데, 이는 회전체를 앞으로 밀어내는 공기의 흐름을 일으키고 각 회전날개의 양면이 열전도에 의해 열평형에 도달하기 전에 회전날개의 열을 전달해 주는 공기분자들이 충분히 없기 때문이다. 한편, 내부의 압력이 너무 높으면, 공기에 의한 저항을 이겨내면서 회전날개를 회전시킬 수 없기 때문이다.

B. 외부로부터 복사선을 받지 않는 경우

외부에서 쪼여주는 빛 없이 햇빛풍차가 가열되면, 회전날개의 흰색 면이 앞으로 나오면서 검정색 면이 따라오는 식으로 회전체가 회전하게 된다. 즉, 그림 6-5에서 보여준 것과 같은 방향으로 회전하게 된다. 손으로 유리관 부분이 잘 닿지 않도록 튜브를 감싸면, 회전날개는 천천히 돌거나 거의 돌지 않게 되지만 유리관 부분을 꼭 감싸 쥐어 빨리 따뜻해지면 인지할 정도로 회전하게 된다. 이처럼 직접 유리관을 손으로 가열하게 되면 따뜻해진 유리로부터 나온 적외선에 의해서 회전체는 회전하게 되어 그림 6-5와 같이 되지만, 손이 유리에 닿지 않으면, 유리 자체가 사람의 손에서 나오는 원적외선의 대부분을 차단하게 되어 회전체는 거의 돌지 않게 된다. 근적외선과 가시광선은 유리를 잘 통과한다.

햇빛풍차에 빛을 비추지 않으면서 유리관 위에 얼음을 올려놓거나 냉장고의 안쪽이 살짝 보일 정도로 냉장고의 문을 거의 닫고 냉장고 안에 넣어두면, 반대로 회전하게 된다. 즉, 회전날개의 검정색 면이 앞으로 나오면서 흰색 면이 이를 따라오는 모양으로 그림 6-5에 나타낸 방향과 반대로 회전하게 된다. 이러한 현상은 흑체흡수보다는 검정색으로 칠해진 부분으로부터의 흑체복사에 의해 설명된다. 검게 칠해진 쪽이 좀 더 많은 열을 방출하여 반대쪽보다도 더 빨리 냉각되기 때문에 검정색 면 근처에 있는 공기분자들의 운동이 흰색 면 근처에 있는 공기분자들보다 느려지게 되고 이로 인하여 검정색 면에 공기분자들이 미치는 압력이 흰색 면에 미치는 압력보다 더 작아지기 때문이다. 따라서 강한 햇빛을 받을 때와는 반대로 회전하게 된다.

유리관의 온도가 회전막대의 마찰을 극복할 정도로 빨리 증가하거나 감소하면서 열전도에 의해 회전날개의 앞면과 뒷면이 같은 온도가 되는 것보다 더 빨리 유리관의 온도가 증가하거나 감소하는 한 회전날개의 회전은 지속된다.

영어로 인터넷에서 검색을 하고 싶으면 "Crookes radiometer"으로 하여 검색하면 보다 자세한 내용을 알 수 있다.

실험결과에 대한 동영상 보기

흑체

반지름이 일정한 속이 비어 있는 공 모양의 물체에 나 있는 아주 작은 구멍을 통하여 안쪽의 빈 공간에 들어온 빛은 밖으로 빠져나가지 못하고 안에 갇히게 되는데 이처럼 들어오는 빛을 모두 흡수하는 물질을 흑체라고 한다. 다시 말해, 모든 빛을 흡수하는 물체로서 빛은 이러한 물질을 통과하여 지나갈 수도 없으며, 반사되지도 않는다. 반사되거나 통과되는 빛이 없으므로 물체가 차가울 경우에는 검게 보인다.

흑체복사

흑체는 온도에 의존하는 빛을 방출하는데, 흑체로부터의 이러한 열에 의해서 방출되는 빛을 흑체복사라고 한다. 실온에서 흑체는 대부분 적외선을 방출하지만, 온도가 섭씨 수백 도 정도 올라가면, 온도의 상승과 함께 빨강, 오렌지, 노랑, 그리고 청색의 빛을 내보낸다.

참고자료

① http://www.answers.com/topic/crookes-radiometer-2.
② http://en.wikipedia.org/wiki/Black_body.

6.3 사라지는 유리막대

준비물

투명플라스틱 용기 또는 400 cc 정도의 비커: 1개, 파이렉스 유리 및 일반유리막대(길이 10 cm, 지름 2 cm 정도): 각 1개, 식물성 기름: 300 cc 정도

실험방법

① 그림 6-6과 같이 굴절률(n)이 1.474인 파이렉스 유리를 준비한다.

② 비커에 유리막대가 어느 정도 잠기기에 충분할 정도로 비중이 큰 식물성 기름을 붓는다.

③ 비중이 작은 식물성 기름을 첨가하면서 비중이 큰 식물성 기름과 잘 섞이도록 젓개로 저으면서 파이렉스 유리가 보이지 않으면 더 이상 비중이 작은 식물성 기름을 첨가하지 않는다.

④ 일반 유리막대를 과정 ②~③에서 만들어진 오일 속에 넣는다.

⑤ 오일 속에 들어간 두 막대가 눈으로 어떻게 관찰되는지에 대하여 조원들과 토론한다.

[그림 6-6] 사라지는 유리막대 실험

실험결과 및 토의

공기 중에서 진행하던 빛이 유리면을 만나면 일부는 반사되고 일부는 굴절되면서 유리 내부로 진행하게 된다. 이때에 투명한 유리를 볼 수 있는 이유는 유리가 입사하는 빛의 일부를 반사시키고 일부는 굴절시키기 때문이다. 공기 중에서 진행하는 빛의 속력은 진공 중에서의

빛의 속력과 거의 같은 약 300,000 km/s이다. 하지만 빛이 공기에서 유리로 진행하게 되면 속력이 느려진다. 공기에서 투명유리로 진행함에 따라 빛이 굴절되는 이유는 이러한 빛의 진행속력의 차이 때문에 생기게 된다. 진공 중에서의 빛의 속력을 c라 하고 투명물질 내에서의 빛의 진행속력을 v라고 할 때에, c/v를 투명물질의 굴절률이라고 하고 기호로는 일반적으로 "n"으로 표현한다. 따라서 굴절률이 큰 물질일수록 물질 내에서의 빛의 진행 속력이 느려진다는 것을 의미한다.

이제 투명물질 "A"에서 투명물질 "B"로 빛이 진행한다고 할 때에 두 물질의 경계에서 어떤 일이 벌어지는지를 알아보기 위해 2가지 경우를 생각하여보자.

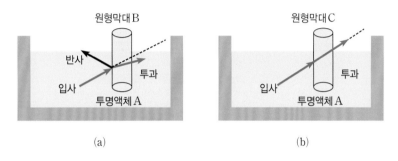

[그림 6-7] 투명액체 A에 있는 2 종류의 원형막대

그림 6-7(a)는 굴절률이 n_A인 투명액체 A 속에 굴절률이 n_B인 원형막대 B를 넣은 경우를 나타낸 것이다. 굴절률이 서로 다르기 때문에 투명액체 A에서 진행하던 빛이 원형 막대 B에 부딪치면 일부는 반사되고 일부는 원형막대를 통과하게 된다. 이때에, n_A와 n_B의 차이가 클수록 두 매질의 경계면에서 더 많이 반사되며, 투과된 빛은 더 많이 굴절된다.

그림 6-7(b)는 굴절률이 n_A인 투명 물질 A 속에 굴절률이 n_C인 원형막대 C를 넣었지만, $n_A=n_C$와 같은 조건을 만족하여 두 물질의 굴절률이 같은 경우이다. 굴절률이 같으므로, 두 물질 내에서의 빛의 진행속력이 같게 되어 두 물질의 경계면에서 반사가 일어나지 않으며 투과되는 빛도 굴절되지 않고 원래의 방향대로 진행하게 되므로, 투명액체 A에 담긴 투명막대 C는 보이지 않게 된다.

원형막대로 굴절률이 1.46인 석영유리를 사용하여 위의 실험을 하고자 한다면, 투명액체로 글리세린과 물을 혼합한 용액을 사용할 수 있다. 석영유리막대를 글리세린 속에 넣고 물을 조금씩 붓고 두 물질을 잘 휘저으면서 석영유리막대를 관찰하다보면 석영유리막대가 보이지 않게 되는데, 이때에 석영유리막대의 굴절률과 글리세린과 물의 혼합용액의 굴절률이 같아진 것이다. 글리세린이 약간 끈적끈적하고 손에 묻으면 잘 씻어지지 않으므로 석영유리 막대를 낚싯줄 같은 것으로 묶어서 실험을 하는 것이 보다 편리하다. 파이렉스 유리막대를 가지고 실험을 하는 경우에, 시장에 가면 그림 6-6에서 보여주는 바와 같은 식물성 기름을 쉽게 구할 수 있다. 이러한 식물성 기름(옥수수기름의 굴절률: 1.47~1.474)의 굴절률은 파이렉스 막대의 굴절률(=1.474)과 거의 같아, 별도로 용액을 준비하지 않고 시장에서 쉽게 구할 수 있는 식물성 기름을 가지고 본 실험을 수행할 수 있다. 표 6-1은 실험에 사용가능한 몇몇 물질들에 대한 굴절률을 나타낸 것이다.

[표 6-1] 여러 물질에 대한 굴절률

고 체		액 체	
다이아몬드	2.417	설탕물(80%)	1.49
결정(crystal)	2.0000	옥수수기름(25℃)	1.47~1.474
사파이어	1.757~1.779	해바라기기름(25℃)	1.467~1.469
수정	1.544~1.553	카놀라기름(40℃)	1.465~1.467
유리	1.569~1.805	글리세린	1.473
석영유리	1.459	아세톤	1.36
파이렉스 유리	1.474	레몬기름	1.481
투명 플라스틱	1.46~1.55	물(20℃)	1.3328

실험결과에 대한 동영상 보기

참고자료

① http://www.exploratorium.edu/snacks/disappearing_glass_rods/index.html.
② http://gr5.org/index_of_refraction/.
③ http://faraday.physics.uiowa.edu/optics/6A40.30.html.
④ http://www.fas.harvard.edu/~scdiroff/lds/LightOptics/DisappearingPrism/DisappearingPrism.html.

6.4 물줄기를 이용한 빛의 전반사

준비물

He-Ne 레이저(또는 레이저 포인터): 1대, 높이를 조절할 수 있는 받침대: 1대, 지름이 10 cm 정도이고 높이가 약 15 cm인 투명 플라스틱 실린더(또는 용량이 약 2 L 정도인 투명 플라스틱 음료수 통): 1개, 물받이 통: 1개

실험방법

① 그림 6-8과 같이 준비물을 준비한다.

② 밑이 막힌 투명 플라스틱 실린더 또는 음료수 통에 바닥으로부터 높이가 약 3 cm 정도 되는 위치에 지름이 약 2 mm인 구멍을 뚫는다. 플라스틱 실린더에 구멍을 만들 때 플라스틱의 양 표면을 깨끗이 처리하여 물이 구멍을 통하여 흐를 때 와류가 생기지 않도록 한다.

[그림 6-8] 물줄기를 이용한 빛의 전반사 실험

③ 플라스틱 실린더 또는 음료수 통에 뚫린 구멍을 통하여 물이 새지 않도록 플라스틱 실린더 또는 물통의 표면에 비닐테이프를 붙인다.

④ 물의 높이가 구멍으로부터 15 cm 정도가 되도록 물통에 물을 넣는다.

⑤ 높이 조절 받침대의 높이를 조절하여 He-Ne 레이저(또는 레이저 포인터)로부터 나오는 레이저 빛이 구멍의 중심을 통과하도록 한다.

⑥ 물통의 위치가 변하지 않도록 잘 잡은 상태에서 물통표면에 붙인 비닐테이프를 제거하여 물이 구멍을 통하여 밖으로 나오도록 한다.

⑦ 물이 처음에는 거의 직선모양으로 나오다가 물 높이가 낮아지면서 곡선모양으로 변하게 되며, 레이저 빛이 직선모양으로 직진하지 않고 물줄기를 따라서 진행하는 것을 관찰한다.

⚠ 주의 레이저 포인터를 사용할 경우, 손으로 스위치를 누르고 있으면 흔들리면서 레이저의 진행방향이 변하여 실험에 어려움이 있으므로 작은 고무 밴드 또는 집게를 사용하여 실험 중에 레이저가 항상 켜져 있도록 한다.

실험결과 및 토의

빛은 같은 매질 내에서는 직진하는 성질을 가지고 있다. 하지만 빛이 진행하는 매질이 변하면 빛의 진행속도가 차이가 나게 된다. 즉, 공기 중에서 빛의 속도는 3×10^8 m/s로 진공에서의 진행속도와 거의 같지만, 물속에서의 속도는 2.33×10^8 m/s로 공기 중에서의 속도에 비하여 약 3/4 정도로 느리다. 이러한 진행속력의 차이 때문에 빛이 공기 중에서 물속으로 진행하거나 물속에서 공기 중으로 진행하는 경우에 두 매질의 경계면에서 빛의 진행방향이 변하게 되며, 이와 같이 진행방향이 변하는 것을 빛의 굴절이라 한다. 따라서 공기로부터 투명물체로 빛이 진행하다가 공기와 물체의 경계면에서 빛의 진행방향이 많이 변하는 경우에 물체의 굴절률이 크다고 한다.

굴절률이 큰 물질에서 굴절률이 작은 물질로 빛이 진행할 때(예를 들면, 물속에서 공기 중으로), 입사각이 임계각(경계면에 입사하는 빛이 전부 반사되어 전반사가 시작되는 각)보다 큰 각으로 입사하면 전반사가 일어나게 된다. 본 실험에서도 빛이 직진하지 않고 휘어진 물줄기를 따라 진행하는 것은 이러한 빛의 전반사에 기인한 것이다. 즉, 빛이 물줄기 속에서 진행하다가 공기와의 경계면에서 부딪치면서 물줄기 속으로 전반사가 일어나게 되는데 이와 같이 물줄기와 공기와의 경계면에서 수많은 전반사를 일으키면서 휘어진 물줄기를 따라 진행하게 된다.

물줄기에 의한 전반사 실험결과에 대한 동영상 보기

반원형 플라스틱에 의한 전반사에 대한 동영상 보기

6.5 투명플라스틱 컵을 이용한 빛의 전반사

준비물

투명플라스틱 컵: 2개, 송곳: 1개, 유성 펜: 1개, 수조: 1개, 마른 수건(또는 휴지): 1개

실험방법

① 그림 6-9에서와 같이 1개의 투명한 플라스틱 컵의 바깥표면에 유성 펜으로 원하는 그림을 그린다.

② 다른 하나의 투명플라스틱 컵의 밑면에 송곳으로 구멍을 뚫는다. 납땜인두의 뾰족한 끝을 사용하여 구멍을 만들면 보다 쉽게 만들 수 있다.

③ 그림이 그려진 컵을 안쪽에, 구멍이 뚫린 컵을 바깥쪽으로 하여 컵 2개가 빠지지 않도록 잘 겹친다.

④ 구멍을 손으로 막고 겹친 컵을 물속에 넣으면서 안쪽 컵의 표면에 그려진 그림이 사라지는지를 관찰한다.

⑤ 구멍을 막고 있던 손을 치워 물이 구멍을 통하여 들어가면 과정 ④에서 사라졌던 그림이 나타나는지를 확인하고 결과에 대하여 같은 조원들과 토의한다.

[그림 6-9] 빛의 전반사 실험

실험결과 및 토의

본 실험을 이해하기 위해서는 전반사에 대해서 이해해야 하는데 전반사에 대해서는 앞의

실험 6-4에서의 설명을 참조하기 바란다. 본 실험은 물에 의한 전반사 효과를 보기 위하여 투명한 플라스틱 컵의 표면에 물에 녹지 않는 유성 펜으로 글씨를 쓴 후에 2개의 플라스틱 컵을 겹쳐 놓아 2개의 컵 사이에 공기층이 있는 경우와 없는 경우에 대한 전반사 효과를 시각적으로 쉽게 관찰함으로써 전반사를 이해하고자 하는 실험이다. 바깥쪽 컵의 윗면에는 작은 구멍을 만들어 두어서 필요한 때에 두 컵 사이의 공기층에 물을 넣을 수 있도록 하였다(그림 6-10 참조). 안쪽 컵의 표면에 "물"자를 쓰고, 바깥쪽 컵의 표면에 "리"를 써서 겹쳐서 보면 그림 6-11과 같이 보인다. 우리가 무엇을 본다고 하는 것은 태양 빛 또는 기타 광원에서 나온 빛이 물체에 부딪친 다음에 반사하여 우리 눈에 들어오기 때문이다. 안쪽 컵의 표면에 쓴 "물"자로부터 눈으로 들어오는 광선 ①과 바깥쪽 컵의 표면에 쓴 "리"자로부터 눈으로 들어오는 광선 ②에 의하여 "물리"라는 두 글자를 선명하게 볼 수 있다.

[그림 6-10] 물의 전반사 실험용 투명 컵

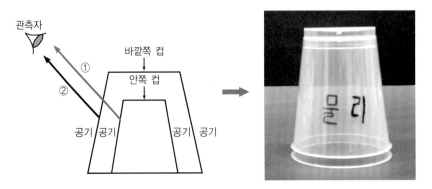

[그림 6-11] 글씨를 쓴 2개의 컵을 겹쳐 놓고 공기 중에 둔 경우

이제 바깥쪽 컵의 윗부분에 있는 작은 구멍을 손으로 막아 물이 안쪽으로 들어가지 못하게 하면서 물속에 넣으면 어떤 일이 벌어지는지에 대해서 생각하여 보자. 그림 6-12에서 ①로

표시한 광선은 빛이 물속에서 진행하는 과정을 나타낸 것으로 물속에서 진행하다가 바깥쪽 컵의 안쪽 면에서 공기를 만나, 점선으로 표시된 방향으로 전반사를 일으킨다. 이는 굴절률 이 큰 물질에서 굴절률이 작은 공기로 빛이 진행하는 경우에 일어나는 현상으로 안쪽 컵의 표면에 쓴 "물"자에 도달하는 빛(①ᵃ로 표시한 광선)이 없어 "물"자에서 반사되어 눈으로 들 어오는 빛이 없기 때문에 눈으로 "물"자를 인지하지 못하게 된다.

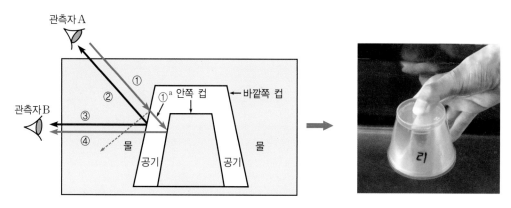

[그림 6-12] 글씨를 쓴 2개의 컵을 겹쳐 놓고 물속에 넣은 경우

따라서 관측자 A의 눈에는 바깥쪽 컵의 표면에 쓴 "리"자만을 보게 된다. 이러한 전반사 가 일어나는 것은 모든 방향에서 일어나는 것이 아니라 앞에서 설명하였듯이 표면에 입사하 는 광선에 대한 입사각이 임계각보다 큰 경우에만 가능하다. 따라서 입사각이 거의 "0"이 되 는 관측자 B의 위치에서 관찰하게 되면 안쪽 컵의 "물"자가 보이게 되어 전체적으로 "물리" 라는 단어를 보게 된다.

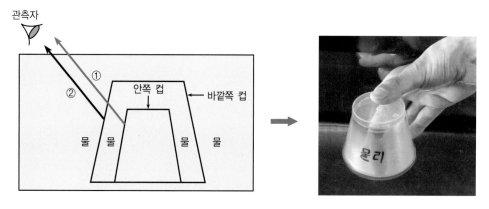

[그림 6-13] 두 컵 사이에 물이 들어간 경우

이제 손으로 막고 있던 작은 구멍을 통하여 안쪽 컵과 바깥쪽 컵 사이의 공기층에 물을 넣으면 어떻게 되는지 알아보자. 이 경우에는 물의 굴절률과 플라스틱의 굴절률이 거의 비슷하기 때문에 물과 플라스틱의 경계면(바깥쪽 컵의 안쪽면)에서 전반사가 일어나지 않는다. 따라서 바깥쪽 컵의 표면에 쓰인 "리"자와 안쪽 컵의 표면에 쓰인 "물"자가 합하여 "물리"라는 단어를 선명하게 볼 수 있다.

실험결과에 대한 동영상 보기

6.6 설탕물 속에서의 빛의 진행

준비물

He-Ne 레이저(또는 레이저 포인터): 1대, 투명 수조(가로 약 6 cm, 세로 약 15 cm, 길이 100 cm 이상): 1개, 수조받침대: 2개, 설탕 : 1 봉지, 수조에 넣을 물

실험방법

① 그림 6-14와 같이 수조에 물을 넣지 않은 상태에서 투명수조를 수조 받침대 위에 올려놓은 후, 수조의 바깥쪽에 놓인 레이저가 움직이지 않도록 잘 고정한다.

② 레이저가 수조의 바닥에 닿지 않고 진행하는지를 확인한 후 레이저를 끈다.

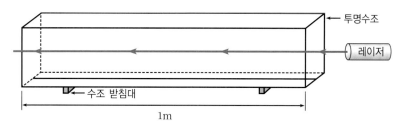

[그림 6-14] 물이 없는 수조 안에서의 레이저의 진행

③ 투명수조의 바닥에 길이 방향으로 설탕을 골고루 넣는다. 설탕의 양이 너무 적으면 실험이 잘 안 되지만 너무 많으면 설탕이 모두 물에 녹지 않으므로 주의한다.

④ 설탕물의 농도가 아래와 위가 같아지지 않도록 천천히 수조 높이의 약 2/3까지 물을 넣고, 바닥에 있는 설탕이 모두 녹았는지를 확인한다. 물을 한 번에 빨리 넣으면 설탕물의 농도가 밑바닥이나 위에서 같아지기 때문에 그림 6-15와 같은 현상을 관찰하기 힘들게 된다.

⑤ 설탕이 모두 녹은 것을 확인한 후, 레이저가 그림 6-15와 같이 진행하는지를 확인한다.

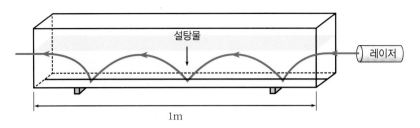

[그림 6-15] 설탕물 속에서의 레이저의 진행

⑥ 레이저를 껐다가 일정시간이 지난 후에 다시 관찰하여 본다. 물의 온도에 따라서 약 2일 정도가 지난 후에도 그림 6-15와 같은 빛의 진행이 관찰되는데, 얼마나 오래 지속하는가는 물의 온도와 관계가 있다.

⑦ 손 또는 젓개를 사용하여 설탕물을 완전히 휘저은 후에, 레이저의 진행을 관찰한다. 이번에는 레이저가 그림 6-15와 같이 진행하지 않고 똑바로 진행한다는 것을 알 수 있다.

> ⚠ 주의 레이저가 설탕물 속에서 진행하는 모습을 좀 더 쉽게 관찰하기 위해서는 물에 우유를 약간 타면 된다. 우유를 너무 많이 타면 레이저가 수조의 반대편 끝까지 도달되지 않을 수도 있으므로 눈으로 보았을 때에 아주 약간 뿌여면서 수조의 반대편 끝까지 잘 진행되는지를 관찰하면서 우유를 탄다. 실험을 보다 쉽게 하기 위해서는 수조에 높이가 약 7 cm 정도로 물을 넣은 다음에 우유를 조금 넣되 물 8,500 cc 정도에 흰 우유 약 0.6 cc를 넣는다. 우유를 젓개로 저어 골고루 퍼지게 한 다음에, 레이저를 비춰 레이저 빔이 한쪽 끝에서 반대쪽 끝까지 잘 전달되는지를 관찰하면서 레이저의 경로가 옆에서 보았을 때에 잘 보이는지도 관찰한다. 잘 관찰이 안 되면 우유를 약간만 더 타서 관찰하되 레이저의 진행경로가 잘 보이면, 각설탕을 수조 안에 천천히 넣고 설탕이 녹을 때까지 기다린다. 저녁에 각설탕을 넣고 다음날 아침에 관찰하는 것이 시간절약을 위해서도 좋다. 사진을 찍지 않고 육안으로만 관찰하는 경우에는 우유를 사용하지 않고 물을 그냥 사용하면 된다.
>
> 수조를 준비하는 데 있어서 수조 바닥의 유리(또는 플라스틱)의 두께는 3 mm 이내로 하는 것이 좋다. 이는 수조 바닥의 안쪽 면에서의 부분 내부 반사와 바깥 면에서의 전반사를 가져오며 이러한 2번의 반사(그림 6-16 참조)가 감지할 정도가 되면 위에서 설명한 효과가 줄어들게 되기 때문이다. 동영상 촬영시에 사용된 설탕물의 농도는 약 9 L의 물에 백설탕 약 600 g을 사용하였다.

🔲 실험결과 및 토의

그림 6-15에서와 같이 레이저가 진행하는 이유는 설탕물의 농도가 밑바닥으로부터 위로 올라갈수록 점진적으로 작아지기 때문이다. 수조의 밑바닥(약 84 %의 설탕이 존재)에서 설탕물의 굴절률은 약 $n=1.50$이 되는데 비하여 바닥으로부터 위로 수 센티미터 떨어진 곳에서의 순수한 물의 굴절률은 약 $n=1.33$ 정도가 되므로 굴절률에서의 변화가 크게 된다. 따

라서 수조의 길이 방향으로 향한 레이저는 밑으로 굴절되며, 수조 밑면의 바깥쪽 표면에서 유리(또는 플라스틱 수조의 경우에는 플라스틱)−공기의 경계면에서 완전 내부 반사에 의해 수조를 벗어나지 못하고 설탕물 쪽으로 되돌아온다.

설탕물로 되돌아온 레이저 빛은 위쪽으로 호를 그리면서 진행을 하다가 완전 내부굴절과 정을 통하여 다시 아래 방향으로 향하다가 유리−공기의 경계면에서 전반사가 다시 일어나는 것을 반복하게 된다. 설탕물의 농도차이, 레이저가 바닥으로부터 얼마의 높이에서 수조로 입사하느냐에 따라서 레이저 빛은 한 번에서 여러 번 위와 같은 반사를 반복하게 된다.

레이저 빛의 진행을 보다 면밀히 관찰하여 보면, 설탕물의 농도가 진한 아래 방향으로 빛이 진행하는 경우에는 레이저 빛의 굵기가 굵어지고(이는 레이저 빛이 퍼짐을 의미한다), 설탕물의 농도가 진한 밑 부분에서 위쪽 방향으로 진행을 하는 경우에는 퍼졌던 레이저 빛의 굵기가 다시 작아진다(이는 레이저 빛이 한곳에 모이는 기능을 의미)는 것을 알게 된다. 즉, 이러한 현상은 설탕물의 농도가 변하는 수직방향으로만 일어난다.

[그림 6-16] 바닥 유리(또는 플라스틱)와 공기의 경계면에서의 반사

실험결과에 대한 동영상 보기

참고자료

① http://www.fas.harvard.edu/~scdiroff/lds/LightOptics/BouncingLightBeam /BouncingLightBeam.html.

② W. M. Strouse, *Am J Phys* 40, 913 (1972) "Bouncing Light Beam".

6.7 빛의 복굴절

준비물

방해석결정: 1개, 흰 종이: 1장, 볼펜 또는 사인펜: 1개, 회전이 가능한 편광자: 1개

실험방법

① 그림 6-17과 같이 준비물을 준비한다.

② 흰색바탕의 종이 위에 펜으로 지름이 약 2 mm 정도인 점 1개를 찍는다.

③ ②의 과정에서 만든 1개의 점 위에 방해석 결정을 올려놓고 1개의 점이 2개로 보이는지를 관찰한다.

④ 편광자를 회전시키면서 2개의 점을 관찰하면, 한 개의 점이 안 보일 때가 있는데 이 각도를 표시하고 다시 편광자를 회전시키면, 안 보이던 점이 다시 보이게 되고 조금 전에 보이던 점이 안 보이게 되는지를 관찰한다. 한 점이 보이다가 안 보이고 다른 점이 보일 때까지 회전시킨 편광자의 각도를 측정한다.

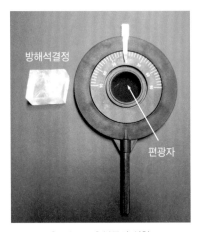

[그림 6-17] 복굴절 실험

⑤ 점 위에 방해석 결정을 올려놓은 상태에서 방해석 결정을 회전시키면서 2개의 점의 운동을 관찰한다.

실험결과 및 토의

복굴절은 방해석과 비등축계 결정 및 셀로판과 같은 압력을 받은 플라스틱에서 일어나는 복잡한 현상으로서 같은 결정 내에서도 빛의 진행속력이 빛의 편광상태에 따라서 차이가 나기 때문에 생기는 현상이다. 등방성이란, 유리와 같은 투명물체 속에서 빛이 진행하는 경우에 진행방향이 달라져도 빛의 전달특성이 변하지 않는 특성을 말하며, 이러한 특성을 가지는 물질을 등방성 물질이라고 한다. 대부분의 물질은 등방성이고, 등방성 물질을 통과하는 빛의 속력은 모든 방향에 대해서 같다.

물질을 구성하고 있는 원자나 분자들의 배열 때문에 복굴절 매질은 비등방성이고 광속은 편광면과 빛의 전파방향에 의존하는데 비등방성 물질에 빛이 입사하게 되면, 정상광선과 이상광선이라 불리는 2개의 광선으로 분리된다. 이러한 정상광선과 이상광선의 편광방향은 서로 수직이며, 복굴절 매질 내에서 서로 다른 속력을 가지고 진행한다. 빛의 굴절은 진행속력의 차이에 의해서 생기게 되므로, 복굴절 매질에 입사한 빛은 그림 6-18에서 보는 바와 같이 두 개의 경로를 따라서 진행하게 된다. 이처럼 빛이 굴절되는 방향이 2개 존재한다고 해서 이러한 물질을 복굴절 물질이라고 한다.

복굴절 물질에서 이싱광선과 정상광선의 속력이 같은 방향이 존재하는데 이 방향을 결정의 광축이라고 한다. 빛이 광축방향으로 진행하는 경우에, 정상광선과 이상광선에 대한 빛의 속력이 같기 때문에 정상광선과 이상광선으로 나눠지는 일이 발생하지 않으나, 광축방향에 대하여 임의의 각으로 입사한 빛은 진행속력의 차이로 인하여 서로 다른 방향으로 분리된다 (그림 6-18 참조).

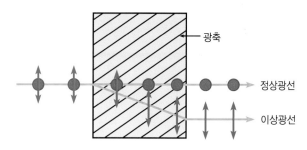

[그림 6-18] 복굴절 물질에 입사한 빛의 분리

전기장의 진동방향(즉, 빛의 편광방향)이 광축에 대해 수직한 정상광선에 대한 굴절률을 n_o, 수평한 이상광선에 대한 굴절률을 n_e라고 했을 때, 복굴절의 정도는

$$\Delta n = n_e - n_o \qquad (6.2)$$

와 같이 정의한다. $\Delta n > 0$인 경우를 양의 복굴절, $\Delta n < 0$인 경우를 음의 복굴절이라 한다. 표 6-2에 몇몇 대표적인 복굴절 물질들의 예를 나타내었다. 방해석은 쉽게 구할 수 있는 대표적인 복굴절 결정 중의 하나이다.

[표 6-2] 대표적인 복굴절 물질

물 질	n_0	n_e	Δn
녹주석/ $Be_3Al_2(SiO_3)_6$	1.602	1.557	-0.045
방해석/ $CaCO_3$	1.658	1.486	-0.172
염화 제1수은/ Hg_2Cl_2	1.973	2.656	$+0.683$
얼음/ H_2O	1.309	1.313	$+0.004$
리튬니오베이트/ $LiNbO_3$	2.272	2.187	-0.085
불화마그네슘/ MgF_2	1.380	1.385	$+0.006$
석영 / SiO_2	1.544	1.553	$+0.009$
루비/ Al_2O_3	1.770	1.762	-0.008
금홍석/ TiO_2	2.616	2.903	$+0.287$
감람석/ $(Mg, Fe)_2SiO_4$	1.690	1.654	-0.036
사파이어/ Al_2O_3	1.768	1.760	-0.008
질산나트륨/ $NaNO_3$	1.587	1.336	-0.251

우선 흰 종이 위에 볼펜 또는 사인펜으로 찍은 1개의 점을 편광자를 통하여 관찰한다. 편광자를 통하여 보면, 편광자 없이 관찰할 때보다 밝기가 약 1/2로 줄어드는 것이 관찰될 것이며, 편광자를 회전시키면서 점을 관찰하면 밝기가 변하지 않는다는 것을 알 수 있다. 이로부터 점으로부터 오는 빛은 편광되지 않은 빛임을 알 수 있다.

점 위에 방해석 결정을 올려놓고, 방해석 결정을 통하여 점을 관찰하면 한 개의 점이 2개로 관찰될 것이다. 이는 점으로부터 나온 빛이 방해석 결정을 통과하면서 서로 다른 2개의 경로를 따라 진행하여 눈에 들어오기 때문이다. 위의 실험과정 ④를 통하여 2개의 점을 편광자를 회전시키면서 관찰하면, 한 점이 선명하게 보이다가 안 보이는 대신에 다른 점이 선명하게 보이게 됨을 알 수 있고, 이때에 편광자의 회전각은 90° 차이가 남을 알 수 있다. 이로부터 1개의 점이 2개의 점으로 보이면서 2개의 점을 형성하는 빛의 편광이 서로 90° 차이가 남을 알 수 있다. 따라서 방해석의 두께가 약간 두꺼우면, 2개의 점을 완전히 분리할 수가 있어 편광되지 않은 빛을 편광된 빛으로 바꾸는 데 사용할 수 있다.

이 실험을 통하여 투명물질 내에서 빛이 진행하는 경우에, 물질을 구성하고 있는 원자나 분자들의 결합에 따른 구조로 인하여 빛이 진행한 경로에 따라 빛의 진행속력이 서로 다르다는 것을 알 수 있다.

실험결과에 대한 동영상 보기

6.8 편광판을 이용한 빛의 성질 관찰

준비물

손전등: 1개, He−Ne 레이저(또는 레이저 포인터): 1대, 편광자: 3개

실험방법

① 그림 6−19와 같이 준비물을 준비한
다.

② 흰색바탕의 스크린을 배경으로 손전
등을 스크린에 비춘 다음, 빛이 지나
가는 경로에 편광자 1을 설치하고
편광자 2를 회전시키면서 스크린에
도달하는 빛의 세기를 관찰한다.

[그림 6−19] 빛의 편광 실험 도구

③ 편광자 1의 방향을 고정시킨 다음에, 편
광자 2를 편광자 1뒤에 설치한 다음, 편광자 2를 회전시키면서 스크린 위의 빛의 세기를
관찰한다. 스크린에 도달하는 빛의 세기가 "0"이 되는 편광자 2의 각도를 찾은 다음 편광
자 2를 고정시킨다(그림 6−20 참조).

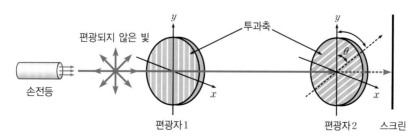

[그림 6−20] 편광자의 투과축이 서로 θ인 경우

④ 과정 ②, ③을 통하여 스크린에 도달하는 빛이 "0"인 상태에서 편광자 1과 편광자 2의 투과축이 이루는 각이 서로 90°가 되는지를 확인한다.

⑤ 편광자 3을 편광자 1과 편광자 2 사이에 두고, 이를 회전시키면서 스크린에 도달하는 빛의 세기를 관찰한다(그림 6-23 참조).

⑥ 편광자 3을 회전시키면서 스크린에 도달하는 빛의 세기가 최대가 될 때, 회전을 중지시키고 3개의 편광자의 투과축이 이루는 각도를 측정하여 기록한다.

⑦ 편광자 1, 2의 투과축이 서로 90°인 경우에 스크린에 도달하는 빛의 세기가 "0"이지만, 편광자 3을 중간에 삽입하여 회전시키면 다시 스크린에 빛이 도달하는 현상을 관측할 수 있는데 이의 원인에 대하여 조별로 토의한다.

실험결과 및 토의

편광은 시간에 따라서 크기가 변하는 전기장과 자기장으로 구성된 전자기파인 빛에 있어서 전기장의 진동방향을 설명하기 위해 도입된 개념으로, 횡파인 빛의 경우에 시간에 따른 전기장의 진동방향은 파의 진행방향에 대해 수직한 yz-평면에 있다(그림 6-21 참조). 그림 6-21에서 전기장은 yz-평면에서 진동하는 반면에 자기장은 xz-평면 위에서 진동한다. 횡파이면서 전자기파인 빛에 있어서 전기장의 진동방향이 항상 일정하거나 또는 특정한 유형을 가지고 변할 때, 빛은 편광되었다고 말한다. 하지만 공기 중에서 진행하는 음파와 같은 종파는 파의 진동방향이 파의 진행방향과 나란하므로 편광을 가지지 않는다.

빛의 편광을 좀 더 잘 이해하기 위해서는 빛의 기본성질에 대해서 먼저 알아볼 필요가 있다. 빛은 시간에 따라서 전기장의 크기가 변하는 전파와 자기장의 크기가 시간에 따라서 변하는 자기파로 구성되어 있어 전자기파라고 하며, 이러한 전자기파에서의 편광은 전기장의 방향을 기준으로 정의된다. 이러한 전파와 자기파는 그림 6-21에서 보여주는 바와 같이 진동방향이 서로 90°를 이루면서 빛의 진행방향(z-축 방향)에 대해서도 90°를 이룬다. 보다

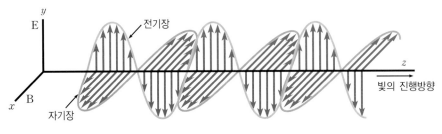

[그림 6-21] 전자기파인 빛의 진행

엄밀히 말해서 전파, 자기파 및 빛의 진행방향이 모든 경우에 서로 $90°$의 각을 이루면서 진행하는 것은 아니지만, 우리가 일상적으로 경험하는 거의 모든 경우에는 이러한 조건을 만족한다.

그림 6-21에서 전파(전기장)는 $yz-$평면에서 진동하며, 자기파(자기장)는 $xz-$평면에서 진동한다는 것을 알 수 있다. 이러한 전파나 자기파의 최대 크기를 진폭이라고 하는데 전파의 진폭을 E_0, 자기파의 진폭을 B_0라고 하면 진공 중에서 이들의 관계는 $E_0 = B_0 c$(c: 진공에서의 빛의 속도)로 주어지며, 빛의 속도가 v인 매질 내에서는 $E_0 = B_0 v$로 주어진다. 전파의 에너지나 자기파의 에너지는 크기가 서로 같다. 따라서 전자기파의 총 에너지는 전파 에너지와 자기파 에너지를 더한 것이 되므로 전파 에너지의 2배, 또는 자기파 에너지의 2배와 같다.

그림 6-21에서 전기장이 $yz-$평면에서 진동하고 있는데 빛의 편광을 나타낼 때의 기준은 전기장의 진동면을 기준으로 이야기한다. 앞에서 설명한 바와 같이 "전기장의 진동면이 항상 일정하거나 또는 특정한 유형을 가지고 변할 때, 빛은 편광된 빛이다"라고 하며, 대표적인 예는 레이저를 생각할 수 있다. 편광된 빛의 경우에 전기장의 진동형태에 따라서 수직편광, 수평편광, 타원편광, 원편광 등이 있다. 반면에 전기장의 진동면이 빛의 진행방향에 대하여 수직인 면에 균일하게 퍼져있는 빛은 편광되지 않은 빛이라고 하며, 태양으로부터 오는 빛 또는 백열전구에 의한 빛 등을 생각할 수 있다.

위의 실험 과정 ②를 통하여 손전등의 빛이 지나가는 경로 위에 편광자 1을 갖다 놓고 회전시키면 편광자가 없을 때와 비교하여 스크린 위의 빛의 세기가 약 1/2로 줄어든다는 것을 관찰하게 될 것이다. 편광자 1을 고정시키고 편광자 2를 회전시키면 스크린에 도달하는 빛의 세기는 연속적으로 변화다가 "0"이 되었다가 다시 증가하는 현상을 보게 된다. 왜 이러한 일이 일어나는지에 대해서 알아보자.

손전등에서 나온 빛의 전기장은 빛의 진행방향과 수직인 면 위에서 모든 방향을 향하고 있

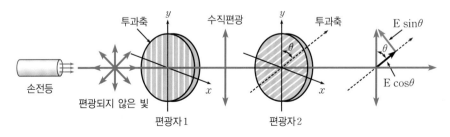

[그림 6-22] 2개의 편광자를 사용한 빛의 편광 실험

으며 이러한 빛은 편광되지 않은 빛이라고 한다(그림 6-22 참조).

투과축이 $y-$방향인 편광자 1에 편광되지 않은 빛이 입사하는 경우에, 편광자 1을 통과한 빛은 y축 방향으로 편광된 빛, 즉 수직 편광된 빛이 된다. 편광자 2의 투과축은 편광자 1의 투과축과 θ의 각을 이루고 있다. 편광자 1을 통과한 빛의 전기장의 진폭을 E라고 하고 편광자 2의 투과축과 평행한 성분을 $E_{평행}$으로 나타내면 $E_{평행}=E\cos\theta$가 되며, 마찬가지로 투과축과 수직한 성분을 $E_{수직}$으로 나타내면 $E_{수직}=E\sin\theta$이 된다. 즉, 투과축과 나란한 성분은 통과시키고, 수직한 성분은 편광자가 흡수를 하여 통과되지 않으므로 투과된 빛의 전기장의 크기는 $E_{평행}=E\cos\theta$이며, 투과축 방향으로 편광된다. 다시 말해서 편광자 1을 통과한 빛이 수직편광된 빛이라 하더라도 편광자 1의 투과축과 θ의 각을 이루는 편광자 2를 통과한 빛은 편광자 2의 투과축 방향으로 편광된 빛을 만들고, 편광자 2를 통과한 빛에 대한 전기장의 크기는 편광자 1을 통과한 빛에 대한 전기장 크기에 $\cos\theta$을 곱한 값이 된다. 빛의 세기는 전기장 진폭의 제곱에 비례하므로 편광자 1을 통과한 빛의 세기가 $I_1(I_1=E^2)$이라고 하면, 편광자 2를 통과한 빛의 세기는

$$I=(E\cos\theta)^2=E^2\cos^2\theta=I_1\cos^2\theta \quad (I_1=E^2) \qquad (6.3)$$

이 되며, 이를 말루스 법칙(Malus' law)이라고 한다. 이러한 사실을 염두에 둘 때에, 편광자 2의 투과축이 편광자 1의 투과축과 서로 $90°$가 되는 경우에 스크린에 도달하는 빛의 세기가 "0"이 됨을 알 수 있다. 이는 편광자 1을 통과한 빛의 편광방향이 편광자 2의 투과축과 $90°$가 되어 편광자 2를 통과하지 못하기 때문이다. 물론 편광자 2의 투과축이 편광자 1의 투과축의 방향과 이루는 각(θ)이 $0°$이거나 $180°$인 경우에 편광자 2를 통과하는 빛의 세기는 편광자 1을 통과하는 빛의 세기와 같은 I_1이다.

과정 ③의 실험에서 편광자 1과 편광자 2의 투과축이 서로 수직이다. 따라서 편광자 1과 2를 통하여 스크린에 도달하는 빛의 세기는 "0"이 된다. 하지만 편광자 3을 그림 6-23과 같

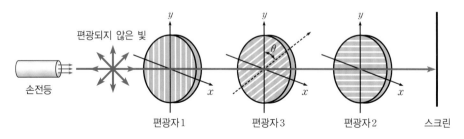

[그림 6-23] 편광자 3을 편광자 1, 2 사이에 삽입한 경우

이 편광자 1과 2의 사이에 두고 회전시키면서 스크린에 도달하는 빛을 관찰하면, 스크린에 빛이 도달하게 됨을 알게 된다. 편광자 1, 2의 투과축이 서로 90°가 되는 경우에는 스크린에 도달하는 빛이 없다가 편광자 3을 편광자 1, 2 사이에 두고 회전을 시키면 다시 스크린에 빛이 도달하는 이유에 대해서 생각하여 보자.

실험과정 ③을 통하여 편광자 2의 투과축이 편광자 1의 투과축과 이루는 각이 θ인 경우에 편광자 2를 통과한 빛의 세기가 말루스의 법칙으로 주어짐을 알았다. 그림 6-23을 보면, 편광자 1의 투과축과 편광자 3의 투과축이 이루는 각이 θ이다. 따라서 편광자 1을 통과한 빛의 세기가 I_1이라고 할 때에, 편광자 3을 통과한 빛의 세기는 $I_1 \cos^2\theta$로 주어진다. 한편 편광자 3과 편광자 2의 투과축이 이루는 각에 대하여 생각하여 보자. 편광자 1과 편광자 2가 이루는 각이 90°이고, 편광자 1과 편광자 3이 이루는 각이 θ이므로 편광자 3과 편광자 2가 이루는 각은 $90°-\theta$가 된다. 따라서 편광자 2를 통과한 빛의 세기는 편광자 3을 통과한 빛의 세기에 $\cos^2(90°-\theta)$을 곱해준 값이 되므로, $I_1 \cos^2\theta \cos^2(90°-\theta) = I_1 \cos^2\theta \sin^2\theta$이 된다. 참고로 $\cos^2(90°-\theta) = \sin^2\theta$로 표현된다. 이러한 결과로 볼 때에, 투과축이 서로 직각인 편광자 1과 편광자 2만을 사용하는 경우에 편광자 1, 2를 모두 통과한 빛은 없으나, 편광자 1, 2 사이에 편광자 3을 두어 회전시키면 3개 편광자 모두를 통과하여 스크린에 일부의 빛이 도달하게 된다.

지금까지의 실험은 손전등을 사용하여 편광자 1에 들어가는 빛이 편광되지 않은 빛이었으나, 손전등 대신에 He-Ne 레이저와 같이 편광된 빛을 사용하는 경우에는 3개의 편광자가 필요 없고 2개의 편광자만을 사용하여 위의 실험이 가능하다. 그 이유는 손전등을 사용하는 경우에 편광자 1이 편광되지 않은 빛을 편광된 빛으로 바꾸는 기능을 하지만, He-Ne 레이저에서 나오는 빛은 이미 편광된 빛이기 때문이다. 다시 말해서 손전등을 사용하는 경우에 편광자 1을 통과한 빛의 성질과 He-Ne 레이저에서 나오는 빛의 성질이 서로 같기 때문이다.

실험결과에 대한 동영상 보기

━━ 참고자료

Paul A. Tipler, Gene Mosca, *Physics for Scientists and Engineers*, 한글판: 물리학, 제5판, 물리교재편찬위원회 역, 청문각(2006).

6.9 이중슬릿에 의한 빛의 간섭

빛은 파동성을 가지고 있으므로 진행하는 두 빛이 어느 한 점에서 만나면, 만나는 조건에 따라서 두 빛의 세기를 합한 것보다 더 강해지기도 하고 더 약해지기도 하는데, 이러한 현상을 간섭이라 한다. 간섭이 일어나는 데에 있어서 반드시 2개만의 빛이 있어야 되는 것은 아니며 가장 간단한 경우가 두 빛에 의한 경우이기 때문에 두 빛에 의한 간섭을 이야기한다. 하지만 간섭이 일어나기 위한 조건은 최소한 2개의 빛이 한 지점에서 만나야 된다는 것이다. 이제 2개의 빛이 한 관측점에서 만나는 2가지의 경우에 대해서 생각하여 보자.

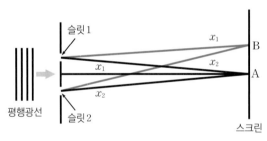

[그림 6-24] 두 빛에 의한 간섭

그림 6-24는 광원으로부터 나온 평행광선이 슬릿 1, 2를 통과한 다음, 스크린 위의 관측점 A와 B에 도달하는 경우를 나타낸 것이다. 슬릿 1, 2의 중심으로부터 관측점 A에 도달하는 빛은 모두 같은 거리를 진행하게 된다. 하지만 관측 점 B의 경우에 슬릿 1, 2의 중심으로부터 빛이 진행한 거리는 서로 같지 않다. 그림 6-24는 스크린 위에서의 관측점을 2개의 위치만 나타내었는데 스크린 위에서의 관측점은 무수히 많다. 하지만 이처럼 무수히 많은 관측점들은 크게 다음과 같이 2가지로 분류할 수 있다. ① 빛이 슬릿 1과 슬릿 2의 중심으로부터 관측점에 도달한 진행경로의 차이($|x_2-x_1|$)가 없거나 파장의 정수배인 경우, ② 두 빛의 진행경로의 차이가 파장의 정수배에 반파장을 더한 값과 같은 경우이다. 간단히 하기 위하여

빛이 같은 매질 내에서 진행한다고 가정하고 위에서 언급한 2가지 경우에 대해서 좀 더 자세히 알아보자.

A. 두 빛의 진행경로의 차이가 없거나 파장의 정수배인 경우

그림 6-25는 빛의 진행을 거리의 함수로 표현한 것으로 6-25(a)와 6-25(b)는 진행거리가 서로 같은 경우로서 이들이 서로 만나든지, 아니면 6-25(b)와 6-25(c)와 같이 진행거리가 빛의 파장만큼 차이가 나는 경우로서 서로 만나더라도 마루와 골의 위치가 서로 같아 그림 6-25(d)와 같이 진폭이 2배가 되는데, 이러한 간섭을 보강간섭이라고 한다. 이러한 사실로부터 관측점에 도달하는 두 빛의 진행거리가 같거나 파장의 정수배만큼 차이가 나는 경우에는 보강간섭이 일어남을 알 수 있다. 파의 에너지는 진폭의 제곱에 비례하므로, 진폭이 A로 같고 진동수가 같은 각각의 파의 에너지는 A^2에 비례하여 두 파의 총 에너지는 $2A^2$에 비례한다. 하지만, 보강간섭이 일어난 곳에서는 진폭이 2A가 되어 에너지는 $4A^2$에 비례하므로 전체적으로 에너지가 2배로 증가한다. 이처럼 두 빛이 만나서 보강간섭을 일으키기 위한 조건은 식 (6.4)와 같이 표현된다.

$$\text{경로차: } |x_2 - x_1| = m\lambda \quad (m = 0, 1, 2, \cdots ; \lambda = \text{빛의 파장}) \quad (6.4)$$

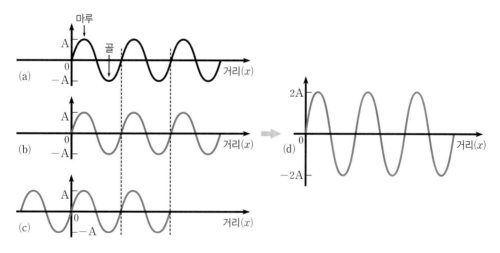

[그림 6-25] 두 빛에 의한 보강간섭

B. 두 빛의 진행경로의 차이가 파장의 정수배에 반파장을 더한 값과 같은 경우

그림 6-26(a)와 6-26(b)의 차이는 관측점에 도달하는 두 빛의 진행경로가 반파장만큼

차이가 나는 것을 제외하고는 서로 같다. 따라서 6-26(a)와 6-26(b)가 서로 만나는 경우에 그림 6-26(c)와 같이 진폭이 "0"이 되는데 이러한 간섭을 소멸간섭이라고 한다. 보강간섭에서 설명한 바와 같이 파의 에너지는 진폭의 제곱에 비례하므로 진폭과 진동수가 같은 두 파가 만나서 소멸간섭을 일으키는 경우에 에너지는 "0"이 된다. 즉, 두 빛의 진행거리가 파장의 정수배에 반파장을 더한 것만큼 차이가 나면 소멸간섭이 일어나며, 소멸간섭이 일어나는 조건은 식 (6.5)와 같이 표현된다.

$$경로 차: |x_2 - x_1| = (m + \frac{1}{2})\lambda \quad (m = 0, 1, 2, \cdots ; \lambda = 빛의 파장) \quad (6.5)$$

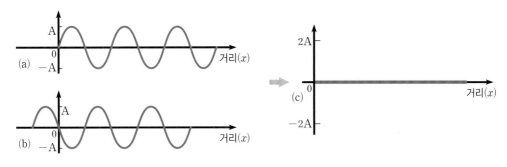

[그림 6-26] 두 빛에 의한 소멸간섭

보강간섭이 일어난 곳에서는 에너지가 2배로 증가하는 반면에 소멸간섭이 일어나는 곳에서는 "0"이 되어 전체적으로 보면 에너지가 증가되거나 소멸되는 일이 없으므로 에너지보존이 성립한다.

위에서 언급한 보강간섭과 소멸간섭에 대해서 좀 더 생각하여 보자. 그림 6-27(a)는 반지름이 각각 R_1, R_2인 가상 구의 중심에 점모양의 광원을 둔 것이다. 광원에서 나온 빛의 세기가 항상 일정하고 모든 방향으로 균일하게 퍼져 나가면 반지름 R_1인 구의 표면을 통과한 빛은 모두 반지름 R_2인 구의 표면을 통과하며, 반지름 R_1인 구의 표면적 $4\pi R_1^2$은 반지름 R_2인 구의 표면적 $4\pi R_2^2$보다 더 작다. 빛이 두 구의 중심으로부터 모든 방향으로 균일하게 퍼져나갈 때, 매질에 의해서 빛의 에너지가 흡수되지 않는다고 가정하면, 반지름이 R_1인 구 표면에서의 단위면적당 빛의 세기는 반지름이 R_2인 구 표면에서의 단위면적당 빛의 세기보다 더 세게 되는데 이는 에너지보존 법칙에 대한 또 다른 표현이다. 이로부터 빛의 세기는 광원에서 멀어질수록 단위면적당 빛의 세기가 감소함을 알 수 있다.

그림 6-27(b)는 두 개의 슬릿으로부터 나온 빛이 스크린 위의 3지점, A, B, C에 도달하

는 경우를 나타낸 것이다. 그림 6-27(b)에서 A 지점에서 C 쪽으로 갈수록 간섭무늬의 밝기는 2가지 요인에 의해서 줄어드는데 이들에 대해서 좀 더 자세히 알아보자. 빛이 슬릿 1과 2로부터 스크린 위의 3지점, 즉, A, B, C에 도달하는 경우에 A 지점에서 C 또는 C′ 쪽으로 진행하게 되면 평균진행 거리가 멀어지게 된다. 따라서 단위면적당 빛의 세기가 줄어들게 되므로 두 슬릿의 중심축 A로부터 C 또는 C′ 쪽으로 멀어짐에 따라서 간섭무늬의 밝기는 줄어든다.

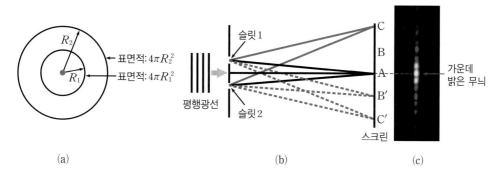

[그림 6-27] 스크린 위의 간섭무늬 지점에 따른 간섭무늬의 밝기

또 하나의 요인으로는 빛의 가간섭성에 의해서 C 또는 C′ 쪽으로 갈수록 간섭무늬의 밝기는 줄어드는데 빛의 가간섭성에 대해서 알아보자. 두 빛이 얼마나 간섭효과를 지속적으로 잘 유지할 수 있느냐 하는 정도를 나타내는 성질을 가간섭성이라고 한다. 이러한 빛의 가간섭성은 유한한 거리 내에서만 유지되는데, 중심축으로부터 멀어짐에 따라서 빛의 진행거리가 길어지므로 두 빛이 간섭할 수 있는 가간섭성이 줄어들어 간섭무늬의 밝기는 줄어들게 된다.

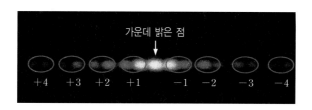

[그림 6-28] 이중슬릿에 의한 간섭무늬

간섭무늬의 세기는 위에서 설명한 2가지 요인에 의해 C 또는 C′ 쪽으로 멀어질수록 감소하게 되는데 가간섭성의 감소에 기인한 요인이 더 크다. 일부 책에서 제시한 간섭무늬에 대한 사진을 보면 간섭무늬의 세기가 스크린 위의 모든 점에서 같은 것처럼 보이는데 이는 A 부근에 생기는 일부의 간섭무늬만을 나타내었기 때문으로 풀이된다. 엄밀한 의미에서 간섭무늬의 세기는 그림 6-27에서 보여주는 바와 같이 중심축 위의 A 지점으로부터 상하 양쪽

으로 멀어질수록 약해진다(또는 그림 6-28에서는 좌우로 나타냄).

　일부책에서 이중슬릿에 의한 현상들을 사진과 같이 설명하고 있는 것을 보면, 밝고 어두운 간섭무늬가 여러 개의 점들로 표시되어 있지 않고 하나의 밝고 어두운 무늬로 표시되어 있는 것을 볼 수 있는데 이는 잘못된 설명이다. 이중슬릿에 의한 간섭무늬를 이야기할 때에는 우선 이중슬릿의 구조에 대한 설명과 함께 이뤄져야 한다. 우선 슬릿의 폭과 슬릿 사이의 관계를 알아야 정확히 이중슬릿에 의한 간섭무늬를 이야기할 수 있다. 그림 6-29(a)를 보면 각 슬릿의 폭이 $d=0.1\,\mathrm{mm}$이고 한쪽 슬릿의 중심에서 다음 슬릿 중심까지의 거리가 $h=0.2\,\mathrm{mm}$이다. 따라서 $h/d=2$의 관계가 성립한다. 이는 각각의 밝은 무늬 내에 2개의 간섭무늬가 생긴다는 것을 의미한다. 또한, 그림 6-29(b)에서와 같이 슬릿의 폭이 $d=0.1\,\mathrm{mm}$이고 한쪽 슬릿의 중심에서 다음 슬릿 중심까지의 거리가 $h=0.4\,\mathrm{mm}$인 경우에, $h/d=4$이므로 각각의 밝은 무늬 내에 4개의 간섭무늬가 생긴다는 것을 의미하며, 이러한 현상들은 그림 6-29(a, b)를 통해서도 알 수 있다.

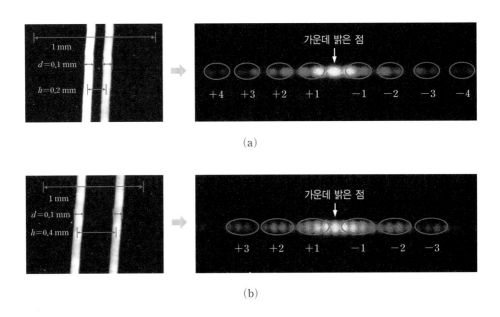

(a)

(b)

[그림 6-29] 실험에 사용된 2 종류의 이중슬릿 및 간섭무늬들

실험결과에 대한 동영상 보기

6.10 쐐기형 박막에 의한 간섭무늬

준비물

현미경용 슬라이드 유리: 2개, 단색광원: 1개, 얇은 종이: 1개

실험방법

① 그림 6-30과 같이 준비물을 준비한다.

② 두 개의 현미경용 슬라이드 유리판을 서로 겹쳐 놓는다.

③ 단색광원을 켜고 쐐기형 박막에 의한 간섭무늬를 관찰한다.

④ 단색광원 대신에 백색광원을 사용하여 쐐기형 박막에 의한 간섭무늬가 관찰되는지에 대해서 알아본다.

⑤ 실험결과에 대해여 조원끼리 토의한다.

[그림 6-30] 쐐기형 박막의 간섭무늬

실험결과 및 토의

유리판에 입사하는 빛은 유리판 ⓐ의 윗면과 아랫면에서 반사된다. 마찬가지로 유리판 ⓐ를 통과하여 유리판 ⓑ에 도달한 빛도 유리판 ⓑ의 윗면과 아랫면에서 반사된다(그림 6-31 참조). 반사된 모든 빛들이 만나면, 진행한 경로차에 따라서 간섭무늬를 만들게 된다. 반사된 모든 빛을 다루기는 복잡하므로, 두 유리판 사이의 공기가 있는 경계면상에서의 반사만을 고려하여 관측되는 간섭무늬의 원인에 대해서 설명하기로 한다.

그림 6-31(a)는 이해를 돕기 위하여 쐐기형 간섭계를 확대하여 나타낸 구조로 두 유리판 ⓐ와 ⓑ 사이의 한쪽에 매우 얇은 종이조각을 넣음으로써 두 유리판 ⓐ와 ⓑ가 이루는 각(θ)은 매우 작다. 6-31(b)는 간섭계에 입사하는 광선 및 반사광을, 6-31(c)에는 간섭계에 의

해 형성된 간섭무늬를 나타내었다. 빛이 진행하면서 매질이 변하면 반사파가 생기므로 그림 6-31(b)에서와 같이 빛이 위로부터 아래로 향한다고 할 때에 전체적으로 보면 유리판 ⓐ의 윗면과 아랫면, 그리고 유리판 ⓑ의 윗면과 아랫면의 4군데서 반사가 일어난다. 이중에서 반사파 ②와 ③은 경로차(공기층 두께의 약 2배)가 비교적 적어 이들이 만나면 간섭효과가 비교적 잘 나타난다. 반사파 ①과 ④는 유리판의 두께에 의해 경로차가 너무 크기 때문에 인지할 정도의 간섭무늬를 보여주지 못한다. 여기서 고려해야 할 사항은 ②는 유리 속을 진행하다가 공기를 만나면서 생긴 반사인데 비하여 반사파 ③은 공기 속(소한 매질)을 진행하다가 유리(밀한 매질)를 만나면서 생기는 반사이다. 이처럼 빛이 소한 매질에서 밀한 매질로 진행하면서 생긴 반사파는 π(반파장; $\lambda/2$)만큼의 위상변화를 가져오므로, 실제의 경로차에 반파장을 더한 것이 파장의 정수배인 경우에 반사파 ②와 ③이 보강간섭을 일으키게 된다. 두 유리판의 접촉점에서 x만큼 떨어진 곳에서의 반사파 ②와 반사파 ③의 경로차는 약 $2d(x)$가 되는데 d의 크기가 x에 의존하기 때문에 $d(x)$로 나타내었다.

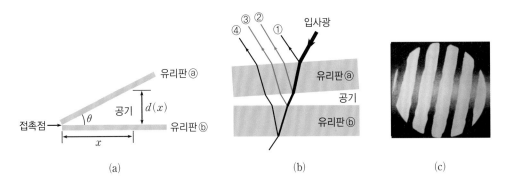

[그림 6-31] 쐐기형(피조) 간섭계의 구조와 간섭무늬

그림 6-31(b)에서 두 반사파 ②와 ③이 보강간섭을 일으키기 위해서는 경로차$(2d(x))$에 반사에 의한 위상의 변화$(\lambda/2)$를 더한 것이 사용 중인 빛의 파장의 정수배와 같아야 한다. 따라서 두 반사파 ②, ③이 보강간섭을 일으킬 조건은

$$2d(x) + \frac{\lambda}{2} = m\lambda$$

$$\Rightarrow 2x\tan\theta + \frac{\lambda}{2} = m\lambda \quad (m = 1, 2, \cdots) \qquad (6.6)$$

이 되는데 왼쪽 항이 항상 "0"보다 크므로 $m=0$인 경우는 배제된다. 한편, 소멸간섭에 대한

조건은

$$2x\tan\theta + \frac{\lambda}{2} = \left(m + \frac{1}{2}\right)\lambda \quad (m=0, 1, 2, \cdots) \tag{6.7}$$

와 같이 된다. 식 (6.6)과 (6.7)에서 m은 보강간섭과 소멸간섭에 대한 간섭무늬의 차수라고 한다.

두 유리판의 접촉점으로부터 보강간섭무늬가 나타나는 위치까지의 거리는 식 (6.6)에 의하여

$$x = \frac{\left(m - \frac{1}{2}\right)\lambda}{2\tan\theta} \quad (m=1, 2, 3, \cdots) \tag{6.8}$$

이 되며, 소멸간섭에 대해서는 식 (6.7)에 의해

$$x = \frac{m\lambda}{2\tan\theta} \quad (m=0, 1, 2, \cdots) \tag{6.9}$$

이 된다. 따라서 접촉점($x=0$), 즉 $m=0$에 해당하는 위치에서는 어두운 무늬가 나타난다. 식 (6.8)과 (6.9)로부터 알 수 있듯이 밝은 무늬 또는 어두운 무늬 사이의 간격은 간섭무늬의 차수 m에 관계없이 항상 일정함을 알 수 있다. 여기서 간섭무늬의 수를 세고 x를 측정하고 사용 중인 빛의 파장을 알면, 공기층의 두께를 알 수 있다. 이러한 결과를 6.11절에서 설명하는 뉴턴 고리간섭계의 결과와 비교하여 보는 것은 재미있다.

입사하는 빛의 색이 하나인 단색광 대신에 모든 색이 함께 섞여있는 백색광인 햇빛을 이용하면 그림 6-30과 같은 무지개 색의 간섭무늬가 생긴다. 이로부터 간섭무늬가 생기는 위치는 빛의 색, 즉 빛의 파장에 의존한다는 것을 알 수 있다. 그림 6-30에서 박막에 의한 간섭무늬를 보면 중앙에 어두운 부분을 중심으로 색깔별로 간섭무늬가 생겼는데, 가운데 부분이 어두운 것은 이 부분에서 공기층의 두께가 거의 "0"이 되어 소멸간섭이 일어났기 때문이다.

실험결과 토의에서 빛이 소한 매질에서 밀한 매질로 진행하면서 두 매질의 경계에서 반사되는 반사파는 위상이 π(또는 반파장)만큼 차이가 난다고 설명하였는데 이의 의미에 대해서 생각하여 보자. 아마도 이러한 현상에 대해 보다 명확한 이해를 위해서는 한쪽이 고정된 경우와 자유로이 움직이는 줄을 따라서 파가 이동하는 경우를 생각하면 이해가 쉬우리라 생각한다.

그림 6-32(a)는 줄의 한끝이 단단히 고정된 경우로 줄을 따라 왼쪽에서 오른쪽으로 진행하는 파에 대한 특정 순간에서의 모습을 나타낸 것이다. 그림 6-32(a)로부터 알 수 있듯이 입사파와 반사파의 모양이 서로 바뀌어져 있는 것을 볼 수 있다. 두 파동의 비교를 위해 나타

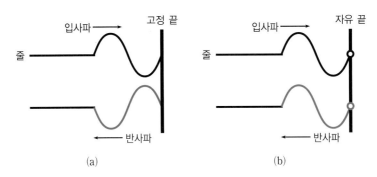

[그림 6-32] (a) 끝이 고정된 경우 (b) 자유로이 움직이는 경우

낸 그림 6-26을 참조하면 입사파와 반사파가 반파장(이를 위상각으로 표현하면 π에 해당)만큼 차이가 난다는 것을 알 수 있다. 하지만 그림 6-32(b)에서와 같이 한쪽 끝이 자유로이 움직일 수 있는 경우에 입사파와 반사파가 같은 모양임을 알 수 있는데 이로부터 입사파와 반사파는 위상이 같다고 말한다. 이처럼, 파가 진행을 하다가 서로 다른 매질을 만나면 반사파가 생기게 되는데 변하는 매질의 종류에 따라서 반사파의 위상이 입사파에 비하여 반파장(또는 π)만큼 변하거나 변하지 않게 된다.

위에서 설명한 것과 같은 원리에 의해서 빛이 진행하다가 매질이 변화면 두 매질의 경계에서 반사파가 생기는데, 공기(소한 매질)에서 유리 또는 물과 같은 밀한 매질로 진행하면 두 매질의 경계에서 반사파의 위상이 입사파에 비하여 반파장(또는 π)만큼 변화지만, 유리에서 공기로 진행하다가 유리와 공기의 경계에서 일어나는 반사파는 입사파와 위상이 같게 된다.

소한 매질과 밀한 매질

서로 다른 두 종류의 매질에서 매질을 구성하고 있는 원자나 분자들의 밀도가 작은 것을 소한 매질, 큰 것을 밀한 매질이라 한다. 예를 들어서 공기와 유리를 생각할 때에 공기는 소한 매질이 되고, 유리는 밀한 매질이 되는데 전문적인 용어로 소한 매질이란 빛의 속력이 큰 매질로서 굴절률(n)이 작고, 밀한 매질은 빛의 속력이 작은 매질로서 굴절률(n)이 크다. 굴절률은 앞에서 설명한 바와 같이 진공에서의 빛의 속력(c)을 매질에서의 빛의 속력(v)으로 나눈 값으로 정의된다.

실험결과에 대한 동영상 보기

참고자료

① http://www.practicalphysics.org/go/Experiment_118.html.

② http://dev.physicslab.org/Document.aspx?doctype=3&filename=Physical Optics_ThinFilmInterference.xml.

6.11 뉴턴 링(고리)에 의한 빛의 간섭

준비물

뉴턴 링 실험 도구: 1개, 단색광원: 1개

실험방법

① 그림 6-33과 같이 준비물
  을 준비한다.
② 단색광원을 켜고 뉴턴 링
  (고리모양의 간섭무늬)을
  관찰한다. 태양 빛을 이용
  하는 경우에 그림 6-33에
  서와 같이 무지개 색의 동
  심원이 생긴다.
③ 한 개의 평면렌즈와 한 개

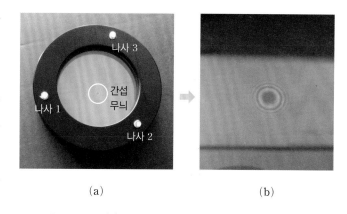

(a)   (b)

[그림 6-33] (a) 뉴턴 링 실험도구 및 간섭무늬 (b) 간섭무늬

  의 평면볼록렌즈를 결합하고 있는 조절나사를 조였다 풀었다하면서 뉴턴 링에 생긴 간섭
  무늬를 관찰한다.
④ 단색광원 대신에 백색광원을 사용하여 뉴턴 링이 잘 관찰되는지에 대해서 알아본다.
⑤ 뉴턴 링이 생기는 이유에 대해서 조원끼리 토의한다.

실험결과 및 토의

 뉴턴 고리간섭계의 원리는 쐐기형 박막에 의한 간섭원리와 거의 같으며, 큰 곡률반지름을
가지는 평면볼록렌즈의 볼록한 면을 평면유리판에 접촉시킨 후에 수직조명을 이용하여 간섭

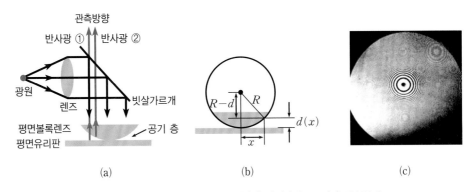

[그림 6-34] (a) 뉴턴 고리 간섭실험 (b) 간섭계의 구조 (c) 간섭무늬

무늬를 얻게 되는데 이의 원리를 개략적으로 나타내면 그림 6-34와 같다.

그림 6-34(a)에서 점모양의 광원으로부터 모든 방향으로 균일하게 퍼져 나오는 빛은 볼록렌즈에 의해서 서로 평행한 빛으로 바뀐 후에 빗살가르개에 도달한다. 빗살가르개에 도달한 빛의 일부는 빗살가르개를 통과하고 일부는 아래 방향의 평면볼록렌즈로 향하므로 빗살가르개는 들어오는 빛의 일부를 통과시키고 일부는 반사시키는 역할을 한다. 그림 6-34(b)로부터, 관계식 $R^2 = x^2 + (R-d)^2$이 얻어지는데, 이를 정리하면 $x^2 = 2Rd - d^2$와 같다. 실제의 뉴턴 고리간섭계에서 볼록렌즈의 곡률반지름(R)은 x와 d에 비해서 매우 크므로 d^2은 $2Rd$에 비하여 무시할 정도로 작아 x^2은 $2Rd$와 거의 같다고 볼 수 있고 이를 식으로 표현하면, 아래의 식 (6.10)과 같다.

$$x^2 = 2Rd - d^2 \fallingdotseq 2Rd \ \Rightarrow \ d = \frac{x^2}{2R} \tag{6.10}$$

식 (6.10)에서 기호 ≒은 "두 양이 거의 같다"는 의미를 나타낸다. 그림 6-34(a)에서 반사광 ①과 ②는 설명을 위하여 서로 분리시켜 나타냈으나, 실제는 빗살가르개의 같은 지점에서 반사되어 평면볼록렌즈의 평평한 윗면의 같은 지점을 통과한 후에, 반사광 ①은 볼록렌즈의 둥근 밑면과 공기층을 통과하여 평면유리판의 윗면에서 반사되었고, 반사광 ②는 볼록렌즈를 통과한 후에, 공기층과 만나는 볼록렌즈의 둥근 밑면에서 반사되었으므로 반사광 ①과 ②가 진행한 경로차이는 공기층 두께의 2배인 $2d(x)$가 된다. 한편, 반사광 ①은 공기층에서 평면유리판의 유리로 진행하면서 반사되었으므로 반사시에 π(반파장)만큼의 위상변화를 일으키지만, 반사광 ②는 볼록렌즈의 유리에서 공기층으로 진행하면서 일어난 반사이므로 위상의 변화를 가져오지 않는다. 따라서 반사광 ①과 ②가 만나서 간섭을 일으키는 경우에 $2d(x)$에 반파장을 더한 값이 사용 중인 빛 파장의 정수배와 같은 지점에 보강간섭무늬가 나

타난다. 즉,

$$2d_m + \frac{1}{2}\lambda_0 = m\lambda_0 \quad (m=1, 2, 3, \cdots) \tag{6.11}$$

인 곳에 보강간섭이 일어나며, λ_0는 공기(또는 진공) 중에서의 빛의 파장, m은 간섭차수를 의미한다.

매질의 굴절률(n)은 진공에서의 빛의 속력(c)과 매질에서 빛의 속력(v)의 비를 의미한다. 따라서 진공에서의 빛의 파장을 λ_0, 매질에서의 빛의 파장을 λ, 빛의 진동수를 f라고 할 때에, 매질의 굴절률(n)은

$$n = \frac{c}{v} = \frac{f\lambda_0}{f\lambda} = \frac{\lambda_0}{\lambda} \tag{6.12}$$

와 같이 정의된다. 따라서 평면볼록렌즈와 평면유리 사이에 공기 대신 굴절률이 n인 액체물질로 채워져 있다면

$$2nd_m + \frac{1}{2}\lambda_0 = m\lambda_0 \quad (m=1, 2, 3, \cdots) \tag{6.13}$$

인 곳에 보강간섭이 일어난다.

보강간섭이 일어나는 지점의 반지름을 식 (6.10)과 (6.13)을 이용하여 구하면

$$x_m = \left[\left(m - \frac{1}{2}\right)\frac{\lambda_0}{n}R\right]^{1/2} \quad (m=1, 2, 3, \cdots) \tag{6.14}$$

이 된다. 식 (6.14)로부터 알 수 있듯이 뉴턴 고리 간섭무늬의 반지름(x_m)이 차수(m)의 제곱근에 비례하므로 차수가 높아질수록 간섭무늬 사이의 간격이 좁아짐을 알 수 있다. 이는 쐐기 간섭계에 있어서 간섭무늬 사이의 간격이 일정한 현상과는 대조되는 현상이다. 또한 그림 6-34(a)에서 평면유리판을 통과한 빛에 의해서도 간섭무늬가 만들어지는데 이와 같이 투과된 빛에 의해 형성된 간섭무늬는 지금까지 설명한 반사에 의해 형성된 간섭무늬와 정반대의 특징을 보인다. 즉, 반사에 의한 간섭은 그림 6-34(c)에서와 같이 간섭무늬의 중앙에서 검게 보이는 어두운 무늬를 보이는데 비하여, 투과된 빛에 의한 간섭무늬는 밝은 무늬를 나타낸다. 따라서 그림 6-34(c)는 반사에 의해서 생성된 간섭무늬를 나타낸 것이다.

식 (6.14)의 유도

$$x_m^2 = 2Rd_m = 2R \cdot \frac{\lambda_0}{2n}(m-1/2) = (m-1/2)\frac{\lambda_0 R}{n}$$

$$\Rightarrow x_m = \left[(m-1/2)\frac{\lambda_0 R}{n}\right]^{1/2} \quad (m=1, 2, 3, \cdots)$$

곡률반지름

곡률이란 곡선이나 곡면의 휨 정도를 말하며, 곡률반지름은 원 또는 구의 반지름을 말한다. 반지름이 R인 원형구에서 색으로 칠해진 부분을 그림 6−35에서와 같이 잘라내면 평면볼록렌즈가 된다. 따라서 평면볼록렌즈의 경우에 휘어진 면의 곡률반지름은 반지름이 R인 원형구의 반지름과 같고, 평면의 곡률반지름은 무한대로 크다. 그러므로 반지름이 무한대라고 하는 말은 평면이라는 의미와 같다.

반지름이 R인 원형 구
평면볼록렌즈

[그림 6-35] 평면 볼록렌즈의 곡률반지름

실험결과에 대한 동영상 보기

참고자료

① Paul A. Tipler and Gene Mosca, *Physics For Scientists and Engineers*, 물리학, 제5판, 물리학교재 편찬위원회 역, 청문각(2006).

생각하여 보기

① 뉴턴 고리간섭계에서 고리모양의 간섭무늬가 생기는 원인은 무엇인가?
② 광원에서 나오는 빛의 파장이 짧은 것에서 긴 것으로 바뀌면 간섭무늬에는 어떠한 변화가 오겠는가?

6.12 빛의 회절

　빛이 진행하다가 빛이 투과하지 못하는 물체 위에 있는 원 모양의 작은 구멍을 통과하여 스크린에 비치도록 하면, 스크린에는 원 모양뿐만 아니라 주위에 밝고 어두운 현상을 관찰할 수 있다. 빛이 똑바로 진행하는 성질만을 생각한다면, 스크린에는 구멍크기와 같은 원형모양의 밝은 무늬만이 관찰될 것이다(그림 6-36 참조). 하지만 빛의 직진성에 기인한 예측으로부터 벗어나서 밝고 어두운 무늬가 생기는 이러한 현상을 빛의 회절이라고 하는데 이는 빛이 작은 알갱이가 똑바로 진행하는 입자성 외에 파동성을 가지고 있기에 가능한 것이다. 또한 빛이 통과하지 못하는 작은 원형모양의 물체를 빛이 지나가는 경로 위에 두었을 경우에, 스크린에는 원형물체의 그림자뿐만이 아니고, 원형물체의 그림자 주위에 밝고 어두운 무늬가 생김을 볼 수 있다. 이 경우에 스크린 위에 생긴 무늬는 그림 6-36에서 보여주는 것과 반대 모양으로 생긴다. 즉, 그림 6-36에서 밝은 부분은 어둡게, 그리고 어두운 부분은 밝게 나타

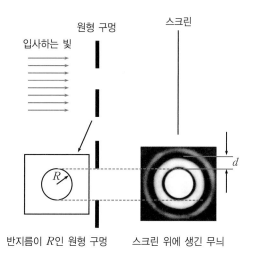

[그림 6-36] 원형모양의 구멍에 의한 회절무늬

난다.

그림 6-36에 표시한 어두운 무늬와 어두운 무늬 사이의 간격 d는 반지름이 R로 똑같은 원형구멍이 빛이 진행하는 경로 위에 놓여 있다고 하더라도 입사하는 빛이 빨강색이냐 아니면 청색이냐에 따라서 달라지는데 빨강색인 경우에 간격 d는 더 커진다. 전문적인 용어로 빨강색과 청색의 차이는 파장이 다르다고 말하며, 빨강색의 파장이 청색의 파장에 비해서 더 길다. 즉, 파장이 길수록 같은 크기의 원형구멍에 대해서 빛이 더 많이 휘어진다는 것을 알 수 있다. 또한 같은 빨강색의 빛이 진행하는 경우에는 원형구멍의 크기가 작을수록 회절무늬 사이의 간격은 더 넓어진다(그림 6-37(b) 참조). 이러한 사실로부터 회절을 일으키는 물체 (작은 구멍 또는 작은 물체)의 크기가 작을수록 회절무늬는 더 넓게 생긴다. 또한 회절무늬 사이의 간격은 회절을 일으키는 물체의 크기에 대한 입사하는 빛의 파장의 비(ratio)에 의해서 결정됨을 알 수 있다.

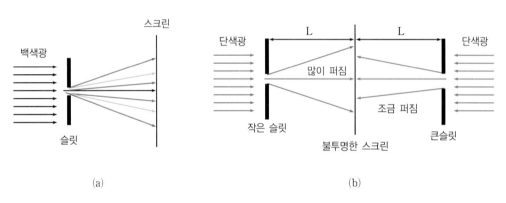

[그림 6-37] 단일 슬릿에 의한 빛의 회절특성

회절에 대한 개념은 빛에만 제한되는 것은 아니며 음파, X-선, 라디오파 및 물결파 등이 진행경로에 장애물을 만나면 언제든지 일어난다. 이러한 회절현상은 "빛의 1차 파면 위의 각 점이 모든 방향으로 진행하는 2차 구면파의 광원으로 작용할 수 있다"고 한 호이겐스(Huygens) 원리에 의해 정성적으로 설명된다. 개념적으로 볼 때에 간섭무늬와 회절무늬는 같다하더라도, 연속적인 광원의 분포에 기인한 경우는 회절효과로, 그리고 불연속적인 광원에 기인한 경우는 간섭효과로 분류한다.

그림 6-36은 빛이 통과하지 않는 물체에 반지름이 R인 작은 구멍을 통과한 빛이 스크린에 만드는 무늬를 나타내었다. 하지만 작은 구멍이 원형이 아니라 그림 6-38에서와 같은 슬릿이 세로로 놓이거나 가로로 놓여 있으면 어떻게 되겠는가? 이 경우에는 그림 6-38(b)에서 보여주듯이 슬릿의 중심을 지나는 선이 스크린과 만나는 점을 중심으로 세기가 가장 큰

회절무늬가 나타나고, 이를 기준으로 양쪽으로 같은 모양의 회절무늬가 반복되어 나타나지만, 중심에서 멀어질수록 회절무늬의 세기는 점점 약해진다. 그림 6-39는 빛이 통과하지 않는 물체에 정사각형 모양의 작은 구멍이 나 있는 경우, 구멍을 통과한 빛이 스크린에 만드는 회절무늬를 나타내었다. 정사각형 모양의 구멍은 그림 6-38에서 설명한 바와 같이 슬릿이 가로로 놓인 것과 세로로 놓인 것을 합한 경우와 같다. 물론 정사각형이 아니라 직사각형 모양의 슬릿을 놓아도 회절무늬는 생기며, 정사각형일 때와 약간 모양이 달라지는데 이에 대해서는 위에서 설명한 내용을 바탕으로 조원들끼리 토의하여 보기 바란다.

지금까지는 슬릿이 1개인 경우에 스크린에 생기는 회절무늬에 대해 이야기하였다. 그렇다면 2개 또는 그 이상의 슬릿이 매우 가까이 있다면 어떤 모양으로 회절무늬가 생기겠는가?

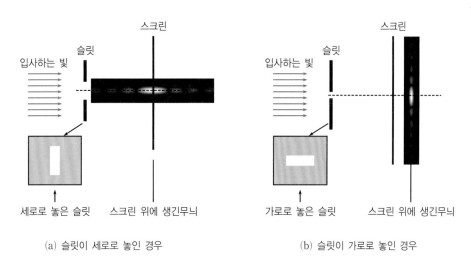

(a) 슬릿이 세로로 놓인 경우   (b) 슬릿이 가로로 놓인 경우

[그림 6-38] 슬릿에 의한 회절무늬

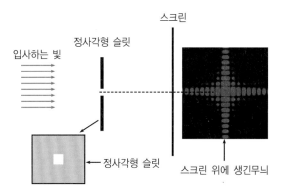

[그림 6-39] 정사각형 슬릿에 의한 회절무늬

그림 6-40에는 슬릿의 중심과 중심 사이의 간격이 모두 같도록 하여 똑같은 슬릿이 2개 가까이 있는 경우와 5개 가까이 있는 경우에 대한 회절무늬를 나타내었다. 이로부터 슬릿이 주기적인 구조를 가질 때 회절무늬가 더욱 날카로워진다는 것을 알 수 있다.

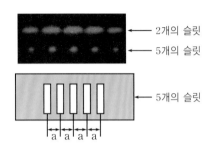

[그림 6-40] 슬릿 수에 따른 회절무늬

그림 6-41은 콤팩트디스크의 앞면에 빛을 비춘 다음 찍은 사진으로, 무지개와 비슷하게 보인다. 이는 콤팩트디스크의 앞면에 들어온 빛을 색깔별로 분리하기 때문인데 이러한 분리는 콤팩트디스크의 앞면에 새겨진 작은 홈들에 의한 빛의 회절 때문이다. 그림 6-41에 나타낸 길거나 짧은 홈들은 콤팩트디스크에 정보를 저장하기 위해 새겨진 것으로 약 5,000배의 배율로 확대하여 나타낸 것이다. 물론 새로 구입하여 데이터를 저장하지 않은 콤팩트디스크에는 이러한 홈들이 없지만, 데이터를 저장할 때에 이러한 홈들이 새겨지는 것이다. 빛의 회절은 프리즘이 백색광을 색깔별로 분리하여 주는 것처럼 백색광을 색깔별로 분리하는 기능을 하므로, 어떤 샘플에서 발생하는 빛을 색깔별로 분리하는 기기, 즉 분광기에 사용된다.

[그림 6-41] 콤팩트디스크에 의한 빛의 반사 및 표면 확대 사진

앞에서 설명한 바와 같이 빛의 회절현상은 태양 빛이나, 실험 중인 시료에서 발생하는 빛을 색깔별로 정밀하게 분리하여주는 역할을 하며, 이러한 기능을 하도록 만든 광학부품이 회절격자로서 분광기에서 가장 중요한 부품 중의 하나이다. 즉, 모든 분광기에는 이러한 회절격자가 들어있다.

참고자료

① http://en.wikipedia.org/wiki/Diffraction_pattern.

② 여기에 나타낸 일부 회절무늬들에 대한 자료는 참고자료 1에서 발췌하여 삽입한 것이다.

6.13 아파트 창문 관찰하기

저녁에 아파트의 창문을 통하여 가로등을 관찰하여 보자. 아파트의 창문을 보면 방충망이 있는 부분과 방충망이 없는 부분으로 되어 있는데 방충망이 없는 부분을 통하여 가로등을 관찰하면 하나의 가로등으로부터 오는 불빛만을 관찰하게 된다. 하지만 방충망이 있는 부분을 통하여 관찰하면 불빛이 그림 6-42(b)와 같이 십자가의 모양으로 퍼지면서 밝은 부분과 어두운 부분으로 형성되어 있다는 것을 관찰하게 된다. 그림 6-42(a)는 방충망이 없는 부분을 통하여 비교적 가까이 있는 가로등(주황색 불빛)과 멀리 있는 불빛(흰색 불빛)을 디지털카메라로 촬영한 것이다. 그림 6-42에서 제일 위쪽의 그림을 보면, 주황색 불빛과 흰색불빛을 동시에 찍었는데 방충망을 통하여 찍은 사진에는 십자가의 모양으로 빛이 퍼져

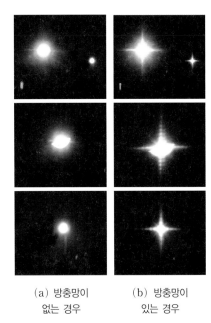

(a) 방충망이   (b) 방충망이
    없는 경우   있는 경우

[그림 6-42]
가로등 관찰을 통해 본 빛의 회절효과

있음을 알 수 있다. 흰색 불빛의 경우에 방충망이 없는 부분을 통해서는 원모양으로 보이나, 방충망을 통하여 본 경우에는 십자가의 모양을 하면서 색깔별로 분리되어 있음을 보게 된다. 이는 방충망에 의한 빛의 회절이 빛의 색, 즉 빛의 파장에 따라서 다르다는 것을 의미한다.

실험결과에 대한 동영상 보기

6.14 레이저를 이용한 안쪽의 풍선 터뜨리기

준비물

색이 없는 투명풍선: 2개, 빨강색 풍선: 1개, 초록색 풍선: 1개, He-Ne 레이저: 1대

실험방법

① 초록색 풍선을 불어, He-Ne 레이저의 빛이 지나가는 곳에 두어 풍선이 잘 터지는가를 보고 잘 터지지 않으면 보다 풍선을 크게 불어 어느 정도의 크기에서 풍선이 잘 터지는지를 알아본다.

② 투명풍선 안에 초록색 풍선을 넣는다.

③ 투명풍선과 초록색 풍선을 과정 ①에서 풍선이 잘 터지는 크기 정도로 하되, 초록색 풍선의 크기가 투명풍선보다는 구별이 쉬울 정도로 작게 한다.

④ 빨강색이 나오는 He-Ne 레이저를 켜서 레이저 빛이 두 개의 풍선에 부딪치게 하면서 안쪽의 초록색 풍선이 터지는지를 관찰한다. 잘 터지지 않으면 풍선의 크기를 보다 크게 한다.

⑤ 투명풍선 안에 빨강색 풍선을 넣어, 위에서와 같은 실험을 한다. 하지만 이번에는 풍선이 터지지 않음을 알게 된다.

실험결과 및 토의

날씨가 비교적 추운 겨울에 건물 밖에서 이야기를 하는 경우에 사람들은 그늘보다는 태양 빛이 잘 쪼이는 곳에 모여서 이야기를 나누게 되는데 이는 태양 빛을 받으면 따스하기 때문이다. 전문용어를 사용한다면, 태양 빛의 빛 에너지(또는 열에너지의 형태)가 몸에 전달되기 때문에 따스함을 느끼는 것이다.

투명비닐을 통하여 태양을 보면 무색으로 보이지만, 초록색 셀로판지를 통과한 빛을 보면 초록색, 청색 셀로판지를 통과한 빛을 보면 청색으로 보인다(그림 6-43 참조). 백색광원의

하나인 태양은 눈에 보이는 모든 색 및 눈에 보이지 않는 자외선과 적외선을 포함하고 있다. 따라서 이러한 태양 빛이 지나는 곳에 놓인 초록색 셀로판지를 통과한 빛은 초록색만 통과시키고 나머지 빛은 모두 흡수하여 버리기 때문에 초록색으로 보이는 것이다. 초록색을 제외한 모든 빛을 흡수하여 버리므로 셀로판지는 빛 에너지의 일부를 흡수하게 되는 것이다.

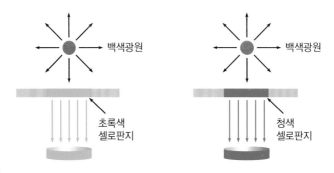

[그림 6-43] 셀로판지를 이용한 색의 분리

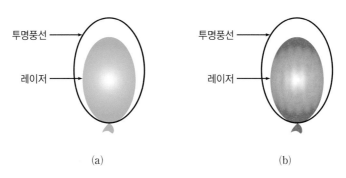

[그림 6-44] 투명풍선 속에 들어있는 초록색 풍선(a)과 빨강색 풍선(b)

이제 그림 6-44와 같이 안쪽에는 초록색 풍선을 넣고 바깥쪽에는 무색의 투명풍선을 두고 빨강색의 레이저를 풍선에 쪼이면 어떤 일이 벌어지겠는가? 그림 6-44(a)와 같이 투명풍선 안에 초록색 풍선이 들어 있는 경우에 He-Ne 레이저에서 나온 빨강 빛은 바깥쪽의 투명풍선을 통과하지만, 안쪽의 초록색 풍선에 의해 흡수되고 풍선의 두께에 따라서 모두 흡수되거나 일부만 통과하게 된다. 따라서 초록색 풍선에 의해 흡수된 빨강색 레이저의 에너지에 의해서 초록색 풍선은 터지게 된다. 하지만 그림 6-44(b)와 같이 투명풍선 안에 빨강색 풍선이 들어 있는 경우에 He-Ne 레이저에서 나온 빨강 빛은 투명풍선을 통과하여 안쪽의 빨강색 풍선에 도달하지만, 빨강색 풍선도 레이저에서 나오는 빛과 같은 색이므로 풍선에 의해서 흡수되지 않고 빨강색 풍선을 그대로 통과하게 되어 안쪽의 풍선은 터지지 않게 된다.

실험결과에 대한 동영상 보기

생각하여 보기

① 투명풍선 안에 투명풍선을 넣고, He-Ne 레이저에서 나온 빨강색의 레이저를 풍선에 비춰주면 어떻게 되겠는가?

② 빨강색 풍선 안에 초록색 풍선을 넣고, He-Ne 레이저에서 나오는 빨강색의 레이저를 풍선에 비춰주면 안쪽의 초록색 풍선은 어떻게 되겠는가?

③ 똑같은 종류의 풍선이 큰 경우와 작은 경우에 같은 세기의 레이저를 쪼이면 어느 쪽이 먼저 터지겠는가?

> 동영상 촬영에 사용된 레이저는 반도체 레이저로서 빛의 파장이 532 nm인 초록색으로 세기가 170 mw, 레이저에서 풍선까지의 거리는 약 120 cm 그리고 풍선의 지름은 약 15~20 cm이었다.

찾아보기